应变硬化水泥基复合材料
损伤失效与修复加固机理

王鹏刚　胡春红　田　砾　著

中国建材工业出版社

图书在版编目（CIP）数据

应变硬化水泥基复合材料损伤失效与修复加固机理/
王鹏刚，胡春红，田砾著．--北京：中国建材工业出版
社，2020.4
　　ISBN 978-7-5160-2839-1

Ⅰ．①应… Ⅱ．①王… ②胡… ③田… Ⅲ．①水泥基
复合材料—结构构件—损坏—研究 ②水泥基复合材料—结
构构件—修缮加固—研究 Ⅳ．①TB333.2 ②TU3

中国版本图书馆 CIP 数据核字（2020）第 036361 号

内 容 提 要

　　随着我国基础建设工程逐步进入维修期，如何选择安全、适用、耐久的修复材料和适当的修复方法，并保证修复后结构的可靠性、减少资源和能源消耗是既有混凝土结构修复领域的重中之重。因此，性能优越的修复加固材料和适当的修复加固方法对既有混凝土结构的维修意义重大。

　　本书着重介绍了应变硬化水泥基复合材料（SHCC）的基本设计理论，工作性能，基本力学性能，开裂损伤失效机理，干缩特性，耐久性劣化规律，以及作为修复加固材料时界面约束收缩规律，界面粘结锚固机理，SHCC 修复梁的刚度、裂缝和变形计算等。

　　本书可供从事纤维增强水泥基复合材料研发、设计、生产单位，以及混凝土结构修复加固企业工程技术人员阅读参考，也可作为高等院校土木工程专业、地下工程专业、无机非金属材料工程专业、硅酸盐工程专业的本科生和研究生教学与参考用书。

应变硬化水泥基复合材料损伤失效与修复加固机理

Yingbian Yinghua Shuiniji Fuhe Cailiao Sunshang Shixiao yu Xiufu Jiagu Jili

王鹏刚　胡春红　田　砾　著

出版发行：中国建材工业出版社
地　　址：北京市海淀区三里河路 1 号
邮　　编：100044
经　　销：全国各地新华书店
印　　刷：北京雁林吉兆印刷有限公司
开　　本：787mm×1092mm　1/16
印　　张：13.75
字　　数：310 千字
版　　次：2020 年 4 月第 1 版
印　　次：2020 年 4 月第 1 次
定　　价：80.00 元

序　言

　　混凝土结构是民之根本，国之基础。广厦万间，寒士欢颜离不开混凝土；蜀道难，畏途巉岩不可攀？有混凝土！一桥飞架南北、高峡出平湖……还是离不开混凝土！的确，当今世界不仅仅由"金木水火土"组成，道路、桥梁、隧道、民宅、公建、军事设施等都离不开混凝土。

　　然而，自现代意义上的混凝土诞生以来，它的固有缺陷——裂缝就一直如影随形，严重地影响着混凝土结构的安全性和耐久性。中华人民共和国成立以来，我国的土木工程建设数量不断增长，经过多年的运行，目前很多建（构）筑物及桥梁、隧道等已进入维修期。预计在不久的将来，我国既有混凝土结构的修复加固费用会超过新建结构。混凝土修复后再失效的失效形式主要表现为修复材料自身再次开裂或是从混凝土基体产生分层、剥离；其主要原因是所选用的修复材料性能不理想或是施工方法不当或是二者兼而有之。其结果便是短期内再次修复，从而增加维修费用。如能采取有效的防护措施，则可减少因拆除或短期内反复维修带来的能源和资源消耗，以及道路拥堵、污染增加等负面社会影响。因此，性能优越的修复加固材料和适当的修复加固方法对既有混凝土结构的维修意义重大。

　　近年来，王鹏刚博士所在的团队致力于应变硬化水泥基复合材料（SHCC）的开发与应用研究。该材料具有较高的拉伸延性和多微缝开裂特征，耗能能力强、耐久性好，在混凝土结构修复加固领域有着良好的应用前景。相信本书的研究成果对于从事混凝土结构修复加固材料研发、修复加固设计、结构施工领域的技术人员具有一定的指导意义和参考价值，对于该领域的本科生、研究生、科研人员等的研究工作具有借鉴意义，对于推动行业发展和社会进步具有积极作用。

中国工程院院士　缪昌文
2020 年 2 月于南京

前　言

　　我国是举世瞩目的基建强国。新型冠状病毒在神州大地上肆虐之时，火神山医院在亿万"云监工"的注视下，10 天竣工并投入使用，雷神山医院在 12 天内交付使用。这样的工程进度震惊世人。非常时期，施工速度是重中之重，而安全性、适用性、耐久性和美观性是建设项目的基本要求。目前，土木工程中体量最大的混凝土结构最早可追溯到古罗马时期的万神殿。波特兰水泥专利授权之后，现代意义上的混凝土工程则不足两百年。然而，自混凝土诞生以来，科学界和工程界一直受困于混凝土结构易开裂以及由裂缝诱发的各种耐久性问题。随着我国基础建设工程逐步进入维修期，如何选择安全、适用、耐久的修复材料和适当的修复方法，并保证修复后结构的可靠性、减少资源和能源消耗是既有混凝土结构修复领域的重中之重。本书是在国家自然科学基金重点合作项目"基于介质传输的钢筋混凝土结构可持续服役性能基础研究"（51420105015），NSFC-山东联合基金"复杂海洋环境下钢筋混凝土高耐久基础理论及关键技术"（U1706222），NSFC-山东联合基金"海洋环境下高耐久 FRP 筋海水海砂混凝土材料与结构设计基础理论研究"（U1806225），十三五国家重点研发计划子课题"典型混凝土制品开裂风险与耐久性评估"（2017YFB0310004-05），山东省泰山学者团队支持计划等的共同资助下研究编撰完成的。作者对上述科研项目的资金支持表示衷心的感谢。

　　应变硬化水泥基复合材料（SHCC）是以聚乙烯醇纤维增韧的水泥基复合材料，其单轴极限拉应变超过 3% 并具备多微裂缝开展特征。该材料具有高韧性、高耐久性、抗冲击和高耗能等特点，在混凝土结构修复加固领域应用前景广阔。本书着重介绍了 SHCC 的基本设计理论，工作性能，基本力学性能，开裂损伤失效机理，干缩特性，耐久性劣化规律，以及作为修复加固材料时界面约束收缩规律，界面黏结锚固机理，SHCC 修复梁的刚度、裂缝和变形计算等。本书可供从事纤维增强水泥基复合材料研发、设计、生产单位，以及混凝土结构修复加固企业工程技术人员阅读参考，也可作为高等院校土木工程专业、地下工程专业、无机非金属材料工程专业、硅酸盐工程专业的本科生和研究生教学与参考用书。

　　在本书撰写和科研过程中，尚君、吴瑞雪、黄巍林、高艳娥、李珍珍、司斌、付华、韩晓峰等做了大量工作，赵铁军教授在本书的编撰过程中提供了许多宝贵的指导意见，在此对他们表示诚挚的谢意。由于作者的水平有限，书中难免有疏漏、不当之处，敬请同行和广大读者批评指正。

2020 年 2 月于伦敦

目　　录

第1章 绪 论

杭州湾大桥、苏通大桥、青岛跨海大桥、胶州湾海底隧道、港珠澳大桥、深中通道等一大批大型跨江、跨海工程的建设和完工，标志着大型钢筋混凝土结构逐步、有序地向海洋扩展；自西部大开发战略实施以来，西部地区交通设施建设迅猛发展，而当地多是盐碱地或盐湖环境，道路、桥梁及隧道常会暴露在恶劣环境中。无论是海洋及近海地区的潮湿盐类环境，还是西部盐湖、盐碱地区，其环境都会给钢筋混凝土结构带来氯盐、硫酸盐腐蚀破坏，引发严重的钢筋锈蚀等耐久性问题，进而引起混凝土开裂，而各种裂缝的存在进一步加速了外界有害介质进入结构内部，加快了结构损伤劣化的进程，严重时混凝土保护层锈胀开裂甚至剥落，严重降低结构的耐久性，缩短其服役寿命。北方地区冬季寒冷，冻融破坏难以避免。而最近几年，南方冬季也偶发大面积雪灾，雪天到来后不得不向道路、桥梁等撒除冰盐，由此引发的钢筋锈蚀问题也必须重视。

1991年，P. K. Metha 教授在第二届混凝土耐久性国际会议上作了题为《混凝土耐久性——50 年进展》的主题报告，报告指出：当今世界钢筋混凝土结构破坏的因素按重要性递减顺序依次为：钢筋锈蚀、寒冷地区冻害以及侵蚀环境下的物理化学作用[1]。钢筋混凝土结构耐久性问题的出现很大程度上归因于混凝土高脆性、低抗拉强度的本质特性，在荷载或环境因素的影响下，其开裂是不可避免的，而且一旦出现开裂，裂缝宽度将很难得到控制，混凝土结构中的这些裂缝将大大加速氯盐、硫酸盐、二氧化碳等外部侵蚀介质向钢筋混凝土内部的侵入。因此，控制结构在荷载作用下的裂缝宽度、延缓裂缝的扩展速度、提高材料的韧性，以及冻融损伤后氯盐侵蚀破坏，对于提高钢筋混凝土结构的耐久性、保持基础设施建设的可持续发展具有重要意义。

近几十年来，混凝土等水泥基材料朝着高性能的方向发展，不仅强调了材料的强度，而且看重材料的工作性、耐久性等其他性能，以期从源头上提高结构的耐久性。吴中伟教授曾指出，复合化是水泥基材料高性能化的主要途径，而纤维增强是其核心[2]。纤维的使用可以有效地消除混凝土早期开裂、提高材料抗拉强度和韧性、将混凝土材料的脆性破坏模式转化为韧性破坏模式，随着纤维生产技术的提高和外加剂产品性能的不断进步，纤维增强混凝土或纤维增强砂浆在性能和应用上得到了长足的发展。众多研究者和研究机构对聚丙烯纤维混凝土、钢纤维混凝土、碳纤维混凝土等纤维增强水泥基材料进行了较多的研究。其中，聚丙烯纤维混凝土在限制混凝土早期塑性收缩方面优势明显，钢纤维混凝土在提高混凝土韧性、抗拉强度方面效果明显，碳纤维混凝土主要利用了碳纤维的导电性能[3]。但在拉伸荷载作用下上述纤维增强水泥基复合材料仍无法控制裂缝宽度。因此，在拉伸荷载作用下有效控制裂缝并限制裂缝的宽度在一个较低的水平且能保持荷载的稳定增长是各方期望的一个理想目标。

由美国密歇根大学 V. C. Li 教授和麻省理工大学 K. Y. Leung 教授[4]提出的 ECC

（Engineered Cementitious Composites）就是在拉伸荷载作用下具有应变硬化特性的水泥基材料之一。鉴于其应变硬化的特性，欧洲、日本、南非等国家学者通常称之为应变硬化水泥基复合材料（SHCC：Strain Hardening Cement-based Composite），徐世烺等[5]则将其称为"超高韧性水泥基复合材料"，本书称之为 SHCC，其极限拉应变通常可达到 3‰～5‰，是普通混凝土的 300～500 倍。它能呈现出明显的多缝开裂和应变硬化特性。因此，SHCC 在控制结构裂缝以及提高结构抗震性能等方面有广阔的应用前景。目前，SHCC 的设计理论、基本力学性能等方面的成果已经比较完善[6-9]。日本、美国、韩国、澳大利亚、巴西等国已逐步将其应用于实际工程，例如抗震结构关键部位的梁、柱、墙，大坝修复，桥面板，机场跑道，油气运输管道等[10-13]。我国研究者也陆续将其用于实际工程，例如，张君等[14]将其用于自流平水泥地面、混凝土结构永久性模板等。

只有全面了解材料的各方面特性，才能为工程应用领域提供可靠的保证。所以，随着 SHCC 在工程中的应用，人们也越来越重视其耐久性方面的研究。国际材料与结构研究试验联合会（RILEM）高性能纤维增强水泥基复合材料技术委员会（208-HFC 委员会）于 2005 年成立 SHCC 耐久性子委员会。2005—2009 年，SHCC 耐久性子委员会联合各国研究人员共同开展 SHCC 耐久性方面的研究，并于 2011 年出版了 "Durability of Strain-Hardening Fibre-Reinforced Cement-Based Composites（SHCC）"一书。该书汇总了 SHCC 耐久性方面的最新研究成果，但多数成果集中在未损伤 SHCC 的耐久性方面。对于实际服役条件下的结构构件，不管是在微观还是宏观尺度上，由各种力学荷载、收缩应力、温度应力等产生的裂缝或大或小总是存在的，结构本身通常也是带裂缝工作的。这些裂缝的存在为水分和有害离子的侵入提供了便捷通道，从而加速结构的性能劣化进程，使得非开裂状态的相关结构寿命预测与评估方法遭到质疑。因此，裂缝是 SHCC 中的关键和薄弱部位，研究开裂状态下 SHCC 的耐久性对其性能评估和寿命预测具有非常重要的意义。另外，材料在实际应用中不只承受外荷载（拉伸、压缩、剪切、疲劳等）的作用，还会遭受冻融循环、化学侵蚀、碳化、湿热等各种环境效应的作用，而这些环境的作用又会反过来进一步影响结构或材料的承载能力和完整性，例如冻融作用加速了碳化以及有害离子在材料内部的运输等。

近年来，美国、英国、日本、德国等发达国家的基础设施修复加固费用日益增加，用于旧建筑维修加固的投资占总建设投资的 50%以上。美国学者提出五倍定律描述了不同腐蚀阶段混凝土结构的防腐费用，如图 1-1 所示。从图中可以看出，如果采取有效的防护措施，其中 25%～40%的损失可以避免。因此性能优越的修复加固材料对混凝土结构的修复和加固意义重大。目前一半以上的混凝土修复发生失效，其主要原因是所选择的修复材料性能不理想，或是施工方法不当，或是两者兼而有之。其失效形式主要表现为修复材料自身再次开裂或从混凝土基体产生分层、剥离而破坏。传统混凝土修复加固材料主要包括水泥基材料，改性水泥基材料，聚合物改性水泥基材料以及纯聚合物材料。传统水泥基材料脆性大，易开裂，一旦开裂，裂缝宽度可达到 0.5～3mm，为有害离子的侵入提供便利通道，从而加速结构劣化[15-18]。

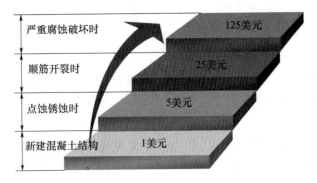

图 1-1　不同腐蚀阶段混凝土结构防护费用"五倍定律"

1.1　应变硬化水泥基复合材料基本理论

（1）纤维桥联准则（初裂应力准则）

1992 年，V. C. Li 教授和 K. Y. Leung 教授提出乱向短纤维增强水泥基复合材料的纤维桥联准则（初裂应力准则）[4]。该准则认为纤维产生的开裂桥联应力 σ_c 理论上可以表示为纤维及基体特性、纤维/基体界面特性以及裂缝张开位移 δ 的函数，而且材料的初裂应力必须小于最大桥联应力。否则纤维的断裂或拔出会使承载力突然下降，跨接裂缝的桥梁无法搭建，荷载也就无法传递回基体，更不会产生新的裂缝，应变硬化也就无从谈起。其表达式如式（1-1）所示。根据该准则的要求，基体低弹性模量将有助于降低纤维在基体中拔出时的强度损失。

$$\sigma_{fc} \leqslant \sigma_0 \tag{1-1}$$

式中，σ_{fc} 为材料的初始开裂应力；σ_0 为最大桥联应力。

（2）稳态开裂准则

随后，K. Y. Leung 提出了基于能量守恒原理的稳态开裂准则（Steady State Cracking）。该准则认为如果余能小于材料的开裂韧度（阻止被纤维桥联的裂缝扩展的最小能量），材料中的裂缝就会成为典型的格里菲斯裂纹（Griffith Crack），出现与 FRC 类似的应变软化现象；如果余能较大，裂缝稳态扩展，则由于纤维的存在，材料可以继续承受拉伸荷载，同时，荷载从裂缝又被传递回基体，在基体中其他有缺陷的地方形成新的裂缝。如此反复，就形成了多裂缝开裂和应变硬化现象。裂缝的稳态扩展是指裂缝扩展时，除裂缝尖端附近很小的区域外，裂缝宽度不会随着距裂缝尖端距离的增加而增加。Marshall 和 Cox 给出稳定裂缝扩展的条件如式（1-2）所示。

$$J_{tip} = \sigma_{ss}\delta_{ss} - \int_0^{\delta_{ss}} \sigma(\delta)\mathrm{d}\delta \tag{1-2}$$

式中，σ_{ss} 为稳态开裂应力；δ_{ss} 为稳态开裂应力对应的保持稳定的裂缝开口宽度；J_{tip} 为裂缝尖端韧度，在纤维掺量较少的情况下近似等于基体的韧度 K_m^2/E_m，方程的右边可以看作从 0 到 δ_{ss} 过程中外功减去裂缝尖端的非弹性耗散能。

复合材料中桥接应力 σ 的具体表达式见式（1-3）：

$$\sigma(\delta) = \begin{cases} \sigma_0 \left[2(\delta/\delta_0)^{1/2} - (\delta/\delta_0) \right] & \delta \leqslant \delta_0 \\ \sigma_0 (1 - 2\delta/L_f)^2 & \delta_0 \leqslant \delta \leqslant L_f/2 \\ 0 & \delta > L_f/2 \end{cases} \tag{1-3}$$

式中，δ 为裂缝开口位移；σ_0 为纤维最大桥联应力；δ_0 为达到最大桥联应力时的裂缝开裂位移；L_f 为纤维的长度。

（3）纤维临界掺量

在以上两个准则的基础上，V. C. Li 提出了实现复合材料应变-硬化特性的纤维临界掺量 V_f^{crit}（critical volume fraction）计算公式[19]，如式（1-4）所示。

$$V_f \geqslant V_f^{crit} \equiv \frac{12 J_c}{g \tau (L_f/d_f) \delta_0} \tag{1-4}$$

式中，J_c 为材料的裂缝尖端韧度（纤维体积掺量<5%时，约等于复合材料基体韧度）；g 为开裂状态下纤维的方向有效系数（snubbing factor）；τ 为纤维基体/界面平均粘结强度；δ_0 为达到纤维最大桥联应力时的裂缝张开位移；L_f/d_f 为纤维长径比，L_f 为纤维长度，d_f 为纤维直径。

所以，乱向短纤维增强复合材料中存在一个临界长径比如式（1-5）所示：

$$\frac{L_f}{d_f} = \frac{R_f^u}{2\tau} \tag{1-5}$$

式中，R_f^u 为纤维抗拉极限强度；τ 为纤维与水泥基的平均粘结强度。

如果纤维的长径比小于临界长径比，那么基材破坏时纤维容易被拔出，发挥增韧效果；反之容易被拉断，发挥增强效果。从上面三个基本准则可以看出，SHCC 组成成分的比例和用量决定了基体的性质，也决定了其自身的各方面性能。

1.2　荷载裂缝对 SHCC 耐久性的影响研究现状

Lepech、Sahmaran 等[20,21] 通过直拉试验获得不同应变水平下的 SHCC 试件，然后卸载进行水分渗透试验。研究发现，SHCC 的水分渗透系数随应变水平的增加而呈线性增加。尤其是当 SHCC 受拉区域出现多条较大裂缝时，水分能够沿这些裂缝快速侵入材料内部。张鹏等[22] 用中子成像技术对未开裂和直拉卸载后多缝开裂 SHCC 的吸水特性进行了可视化追踪和水分空间分布的定量分析。结果表明，SHCC 在无裂缝时吸水很少，中子成像无肉眼可见水分前锋，多缝开裂且裂缝宽度较大时，水分快速沿裂缝侵入材料内部，并通过纤维和水泥基体界面大量渗透而充满整个开裂区域。但该文在研究过程中只选取了一种拉伸应变水平下的试件进行研究。Schrofl[23] 等也采用中子成像方法分析了开裂后 SHCC 修复钢筋混凝土板的水分传输。结果表明由于 SHCC 层与混凝土层开裂裂缝宽度均较大，毛细吸水前 1~2min，水分就快速从 SHCC 与 RC 开裂处侵入试件内部，吸水 27h 水分已经满布整个试件。由此可见，即使是 SHCC 材料的微裂缝开裂，在裂缝宽度较大或数量较多时也不利于抵抗水分的侵入。Wittmann 等[24] 在直接拉伸试验中测定了拉伸区域裂缝条数和裂缝宽度随拉伸应变的变化。结果表明，随着拉伸应变的增加，裂缝条数增加，平均裂缝宽度变化不大，约为 $55\mu m$，但最大裂缝宽度

超过 $130\mu m$。卸载后很多微小裂缝闭合，使得平均裂缝宽度和最大裂缝宽度都相应变小。另外，试件的拉伸应变越大，毛细吸水系数越大，2% 应变水平下试件的毛细吸水系数为未受拉试件的 3 倍左右。Sahmaran 等[25]研究发现多缝开裂后 SHCC 的吸水率随裂缝数量的增多而增大。Kamal 等[26]指出 SHCC 作为修复材料时，其在受力过程中裂缝分布特性，尤其是裂缝密度对整个构件的耐久性是非常重要的。Li 等[27]将 SHCC 试件拉伸到不同的应变水平，卸载后将其放入 3%NaCl 溶液中浸泡，然后重新测试其拉伸特性。结果表明，拉伸过程削弱了 PVA 纤维与水泥基体之间的桥联作用，所以经过浸泡后其初裂强度有所降低，且平均裂缝宽度增大，达到 $100\mu m$。从水分侵入与结构长期耐久性考虑，该量级的裂缝宽度对构件非常不利。

在研究过程中，人们逐步意识到大裂缝和裂缝密度对 SHCC 耐久性的影响远比平均裂缝宽度要大[28]。认识到裂缝分布特性对 SHCC 耐久性的重要性之后，国内外研究者开始研究 SHCC 在受力过程中的裂缝开展规律。在以往的研究中，研究者往往用裂缝测宽仪测定裂缝宽度。由于拉伸试件上下夹头或者 LVDT 固定架的阻挡，导致无法测定拉伸区域靠近夹头或者固定架处的裂缝宽度，存在"测试盲区"。这也是以往研究者通常测定卸载后 SHCC 裂缝宽度的原因所在。针对此问题，Boshoff 等[29]用非接触式应变测试系统实时测定了 SHCC 在拉伸过程中的裂缝开展情况。根据结果画出裂缝宽度分布直方图，并用偏正态分布对其进行拟合。但根据该模型的假定，裂缝宽度可能出现负值，这是与实际情况不符的。Wang 等[30]借助数字图像处理技术准确地测量了 SHCC 直拉过程中的裂缝开展情况，同时画出裂缝宽度分布直方图，基于其偏态分布特性。用对数正态分布对其进行了拟合，发现拟合度非常高。Wagner 等[31,32]也采用数字图像处理技术研究了 SHCC 直拉过程的裂缝发展特性。并且在文中提出了一种用于评价裂缝分布特性对水分渗透性影响的计算模型，该模型同时考虑了裂缝密度和裂缝宽度对水分渗透性的影响，但并没有用试验进行验证。

从上述分析可知，目前的研究多是针对卸载后 SHCC 的水分渗透性及氯离子侵蚀性能。然而，持载状态下 SHCC 的耐久性才能真实反映其在实际服役状态下的性能。对于 SHCC 在实际受力状态下的耐久性，需要进行更系统的试验研究。另外，虽然裂缝密度、最大缝宽等裂缝分布参数对 SHCC 耐久性十分重要，但大多数研究成果基于单一试验，未开展系统试验研究，而且没有把裂缝分布参数与耐久性统一考虑，并找到两者之间的相互影响规律。

1.3 SHCC 干燥收缩性能及其损伤机理研究现状

根据裂缝产生的原因，水泥基材料在工程中所产生的裂缝大致分为两类：一类是结构承受荷载产生的裂缝，即"荷载裂缝"；另一类是水泥基材料的干缩变形、温度变化等引起的裂缝，即"非荷载裂缝"。统计资料表明，非荷载裂缝约占 80%，其中收缩裂缝又在非荷载裂缝中占绝大部分。水泥基材料的收缩按作用机理可分为自收缩、干燥收缩、化学收缩和碳化收缩等。有研究表明，水泥基材料的干燥收缩占总收缩的 $80\%\sim$$90\%$。因此水泥基材料的干缩也是很重要的研究对象。

收缩和徐变是水泥基材料的基本特征之一。以往人们认为干缩对结构的影响很小。但近年来的研究表明，干缩引起的裂缝虽然开始时限于表面，通常不会对结构物造成危害，但在不利因素作用下则会进一步扩展，为有害介质提供便捷的侵入通道，从而影响结构的耐久性能。所以，人们也越来越重视 SHCC 干缩性能的研究。Zhang 等[33]基于 Cox 教授的剪滞理论对干缩的影响因素进行了敏感性分析，发现纤维和基体的弹性模量以及纤维的长度和直径对 SHCC 的干缩影响最大。Lim、Li 等[34]的研究表明 SHCC 的干缩通常较大，为 $1200\sim1800\mu\varepsilon$，而普通混凝土的干缩应变为 $400\sim800\mu\varepsilon$。Li 等[35]的研究发现低碱水泥能有效减小 SHCC 的干缩变形。公成旭[36]通过对 SHCC 基材的改良，研制了高韧性低收缩 SHCC，其干燥收缩仅为传统 SHCC 的 $10\%\sim20\%$。Sahmaran 等[37]从内养护的角度研究了饱水轻集料对 SHCC 干缩的影响。结果表明：20% 的轻集料取代量可使 28d 干缩值降低 67%，90d 干缩值降低 37%，且干缩值降低的幅度随轻集料取代率的增加而增大。同时发现随着粉煤灰掺量的增加，SHCC 的干缩值也随之降低。刘志凤[38]研究发现早期的湿养护可以避免 SHCC 水分蒸发过快而延缓其干缩的速度，但其最终的干缩值将增大。

然而，工程中人们最关心的是干缩的预测以及由此引起的内应力。经过多年的研究，混凝土的干燥收缩模型有很多，例如基于毛细管压力理论的 DUCON 模型和 ENPC 模型；基于计算机模拟技术的 HYMOSTRUC 模型和 CEMHY3D 模型；基于试验回归的 ACI 模型、CEB 模型以及中国建筑科学研究院"混凝土收缩与徐变试验研究"专题组提出的多函数模型等。这些公式大多以最终收缩应变值或者名义收缩量乘以一个时间函数来表示。这些模型中的干缩变形大多以"干缩均化"为前提，其固有特性决定了它在本质上没有能力去捕捉混凝土这类脆性不均匀材料的非弹性变形特性，也就无法对实际工程中的表面"龟裂"等现象进行解释[39]。

从干缩的成因来看，干缩变形是由于混凝土等水泥基材料向周围环境扩散水分而引起的。干缩的来源一部分来自其内部水分的减小，另一方面来自其内部湿度梯度的影响。由于湿度梯度的存在，试件表层湿度小、内部湿度大，导致表层收缩大、内部收缩小的不均匀收缩，致使表层受拉、内部受压，当表层所受的拉应力超过其抗拉强度时，即产生裂缝。因此，从研究水泥基材料湿度场出发，探求其内部湿度的变化规律及变形与相对湿度的关系也是分析其干缩及干缩开裂的一个重要组成部分。所以水泥基材料在干燥环境中内部湿度场和干缩应力的研究逐步开展起来。其中，Bazant 等[40-47]从理论、试验和数值模拟方面研究了水泥基材料的湿度扩散及扩散模型的选取等问题，基本形成了湿度扩散和干缩应力计算的框架。但是湿度参数（湿度扩散系数等）及边界条件（表面水分蒸发系数等）无法直接从试验中获取或难以找出相对准确的范围，而湿度参数的准确性往往是决定干缩及干缩应力计算结果正确与否的关键。但研究者尝试用有限元法[48]、解析方法[49]、细观力学分析法[50]、反演分析法[51]等各种方法对湿度参数进行求解。结果表明，反演算法计算精度较高，同时反演分析法具有良好的适应性。目前混凝土等脆性材料湿度扩散和干缩方面的研究成果较多。但 SHCC 这种材料具有一些独特性质，使得混凝土等水泥基材料方面的研究成果不能直接用于 SHCC。Weimann 等[52]以 Fick 扩散定律和质量守恒方程为理论基础，通过湿度扩散方程的求解，求得了

SHCC 湿度扩散系数随湿度的变化。但作者并没有进一步求解由湿扩散引起的内部湿度梯度分布以及由此引起的内应力分布。所以，在 SHCC 干缩应力求解方面应进行更深入的研究，对 SHCC 干缩开裂进行定量评价，以便于研究其对 SHCC 耐久性的影响。

1.4 SHCC 冻融损伤研究现状

冻融损伤是高纬度地区混凝土结构破坏的主要形式[53,54]，并会大大缩短结构的使用寿命。混凝土结构一旦发生冻害，治理相当困难。如要维持结构原设计使用寿命，维护与修复费用可能高达原造价的 5～10 倍。另外，维护与修复过程将影响结构的正常使用，且浪费资源和能源，对环境和社会均造成不利影响。因此，国内外学者自 20 世纪 30 年代就开始了混凝土冻融破坏机理方面的研究，并陆续提出多种冻融破坏机理。如 Powers[55] 在 1945 年提出的静水压假说成功地解释了冻融循环过程中的很多现象，为冻融机理的发展奠定了基础。但对于引气混凝土在冻融过程中持续收缩的现象无法给出合理的解释。1953 年 Powers 与 Helmuth[56] 共同提出了渗透压假说，该假说与静水压假说最大的区别在于未结冰孔溶液的迁移方向。静水压假说认为孔溶液由大孔向小孔迁移，而渗透压假说则认为孔溶液由小孔向冰晶体迁移。Litvan[57-59] 于 1972 年提出多孔固体理论，该理论认为水泥基材料在冻结过程中孔溶液的行为主要受毛细孔的表面张力影响。Fagerlund[60] 于 1977 年提出了临界饱水度理论，为预测水泥基材料的抗冻性提供了理论基础。Setzer[61] 在分析水泥基材料结冰后形成的水-冰-蒸汽三相共存平衡关系的基础上，于 2001 年提出了微冰透镜理论，该理论是基于 Litvan 的多孔固体理论和热力学理论得到的，考虑了表面张力的作用，并且 Setzer 通过理论推导得出了填充在多孔固体中水分所产生压力的近似方程。从上述分析中可知，在严寒地区混凝土冻融损伤往往是导致建筑物结构劣化的最主要因素。虽然在实验室条件下，SHCC 具有拉伸应变硬化和多缝开裂特性，但在冻融条件下 SHCC 的性能是否发生显著改变也是人们关心的一个问题。

Lepech 等[62]研究发现，普通混凝土试件在经历 110 次冻融循环后，发生严重破坏；而 SHCC 试件在经过 300 次冻融循环后，其动弹性模量几乎没有降低。徐世烺等[63,64]研究发现，SHCC 即使在没有掺加引气剂的情况下经过 300 次冻融循环后其质量损失不到 1%，动弹性模量损失不到 5%，与引气量为 4.7% 的引气混凝土接近。并且，在 300次冻融循环后，SHCC 试件的弯曲强度仅降低了 27%，表现出优异的抗冻性能。Sahmaran 等[65]研究了不同粉煤灰掺量的 SHCC 在荷载作用下抵抗盐冻破坏的能力。刘曙光等[66]分析了 SHCC 在盐冻环境下的损伤原理及特性，并基于混凝土冻融试验建立了冻融损伤度与冻融循环次数之间的抛物线损伤关系。Sahmaran 等[67]根据 ASTM C666 试验标准，对 SHCC 抗冻耐久性进行了试验研究，测定了其经历冻融循环后的质量损失、超声波变化、弯曲参数（极限变形和弯曲强度）以及孔结构的变化。结果表明：SHCC 基体在经过 210 次冻融循环后严重劣化；而 SHCC 表现出良好的抗冻性能，极限拉伸强度和韧性只有很小幅度的降低。朱方之[68]研究发现在冻融作用下 SHCC 与老混凝土之间具有良好的粘结性能，从而减小了冻融损伤对钢筋粘结锚固性能的影响。

另外，钢筋与混凝土之间的粘结滑移本构关系的正确与否直接影响钢筋混凝土有限元分析的可靠性。所以，在以往的研究中，研究者对各种情况下钢筋与混凝土之间的粘结滑移本构关系做了大量的研究[69-71]。其中，冀晓东[72]、Yasuhiko Sato[73]和何世钦[74]从不同角度研究了冻融作用对混凝土与钢筋之间的粘结滑移性能的影响。但由于 SHCC 与混凝土性能存在本质区别，所以钢筋与混凝土的粘结滑移本构关系不适用于 SHCC。徐世烺等[75]通过试验建立了考虑锚固位置的 SHCC 与钢筋的粘结滑移本构关系。蔡新华[76]研究了 SHCC 与锈蚀钢筋的粘结性能。

通过上面的分析可以看出，SHCC 材料具有良好的抗冻性，这可能是因为纤维的掺入向基体中引入了大量的微气泡。根据静水压假说和渗透压假说，这些引入的气泡间隔系数越小，其抗冻性能就会越好。然而，目前关于冻融循环作用对 SHCC 耐久性以及 SHCC 与钢筋粘结滑移性能方面的研究报道不多。

1.5 SHCC 作为修复加固材料研究现状

SHCC 与既有混凝土界面性能，以及修复加固后整体结构的受力特性是其对既有混凝土结构修复加固的依据[77]。Li 等[78]对干燥收缩作用下表面处理对 SHCC 与混凝土修复体系性能的影响进行了试验研究。结果表明：在粘结界面处，当 SHCC 的收缩受到老混凝土约束时，在非弹性阶段，SHCC 不会像普通混凝土和钢纤维混凝土那样破坏，而是出现多微缝开裂；在平滑的老混凝土表面上进行修复，新混凝土、钢纤维混凝土与 SHCC 的界面间翘曲都较严重；当老混凝土表面起伏 $7 \sim 8 \mathrm{mm}$，SHCC 修复层与基材间的裂缝宽度、翘曲高度和长度（均小于 $60 \mu \mathrm{m}$）都远小于新混凝土（裂缝宽度 $> 210 \mu \mathrm{m}$）和钢纤维混凝土（翘曲高度 $> 275 \mu \mathrm{m}$），这对保持耐久性是足够的。高淑玲等[79]研究了 SHCC 修复构件的抗硫酸盐侵蚀性能。王楠等[80]进行了 SHCC 与既有混凝土粘结而成的立方体试件的劈拉和剪切试验，研究表明：在相同浇筑条件下，各种因素对 SHCC 与既有混凝土粘结劈拉强度和剪切强度的影响趋势基本一致；粘结强度随既有混凝土粘结面粗糙度以及抗压强度的增大而升高；粘结面为湿饱和状态的粘结试件强度高于干燥状态的粘结试件；水平向粘结面浇筑试件的粘结强度高于竖直向粘结面浇筑试件。田砾等[81]通过 SHCC 与既有混凝土粘结拉伸试验发现，初始裂缝在 FRCC 区域出现，随后又继续出现大量细密裂缝，峰值荷载达到 $3.5 \mathrm{MPa}$，拉应变超过 1.3% 时，混凝土区域仍未开裂。Li 等[82]开展了 SHCC/混凝土 T 形切口复合梁试验，发现 SHCC 修复层比钢纤维混凝土和普通混凝土修复层具有更好的裂缝分散能力。Zhang 等研究发现 SHCC 修复层微裂缝的数目与 SHCC/混凝土的界面剥离长度有关，该区域的最大弯曲应力直接影响 SHCC 修复层的破坏程度。Kamada 等[83]研究发现，混凝土界面光滑处理修复梁的挠度值超过粗糙处理的界面 $15 \% \sim 25 \%$，指出减小界面粗糙度能使 SHCC 修复层性能发挥更加出色。Yun Mook Lim 和 Victor C. Li[84]研究发现：界面开裂仅在切口两侧局部范围内发生，最终由于修复层内某一裂缝宽度不断增大而发生破坏，其破坏形式类似弯曲破坏。SHCC 修复层能够使内力重新分布，从而使更多的材料共同抵御破坏的发生。徐世烺团队[85-88]研究发现，当 SHCC 层厚度较小时，复合梁发生弯曲破坏，SHCC

被拉断，复合梁的承载力和跨中挠度也相应提高，当复合梁超过一定厚度时，发生剪切破坏。并且通过弯曲理论公式计算了弯曲梁的承载力和 FRCC 层的最小厚度。王冰[89]研究发现，增加老混凝土基体强度能增加 SHCC 与老混凝土的界面粘结性能，丁苯乳胶、膨胀剂等都有利于改善界面粘结性能。然而，SHCC 与混凝土界面性能，SHCC 修复构件在荷载作用下的破坏模式、裂缝以及变形发展是否能够满足构件正常使用和耐久性的要求尚不明确。这是 SHCC 作为既有混凝土结构修复加固亟须解决的问题。

第 2 章 应变硬化水泥基复合材料基本性能研究

应变硬化水泥基复合材料的基本性能研究是该材料能够应用于实际工程的基础。通过试验研究了 SHCC 的工作性能，骨料细度、养护龄期等对 SHCC 单轴拉伸性能、弯曲韧性和单轴压缩性能的影响。

2.1 SHCC 流动扩展度

2.1.1 试验方案

1. 试验材料

（1）水泥：P·O 42.5 级普通硅酸盐水泥，$80\mu m$ 标准筛筛余量不得超过 10%，其物理力学性能如表 2-1 所示。

表 2-1 P·O 42.5 普通硅酸盐水泥物理力学性能

标准稠度用水量（%）	比表面积（m²/g）	初凝时间（h：min）	终凝时间（h：min）	安定性，煮沸法	力学性能（MPa）			
					抗折强度		抗压强度	
					3d	28d	3d	28d
27.8	300	2：11	3：14	合格	6	12	30	60

（2）粉煤灰：Ⅰ级低钙粉煤灰，$45\mu m$ 标准筛筛余量 10%，需水量为 92%，其性能指标如表 2-2 所示。

表 2-2 粉煤灰基本性能指标

$45\mu m$ 筛余（%）	需水量比	烧失量（%）	含水率（%）	三氧化硫（%）
10	92.00	2.56	0.30	0.32

（3）砂：首先从普通粗河砂中筛分出不同细度（最大粒径分别为 0.3mm、0.6mm 和 1.18mm）的砂进行试验，但此情况下砂子筛余量过大，不仅使材料准备过程烦琐，也提高了材料成本和人工费用。为了降低造价，优化准备过程，另选用一种细河砂。此类砂除了部分杂质外，其 0.6mm 筛余量为 6.2%，基本无剩余，砂子种类如图 2-1 所示，砂级配表如表 2-3 所示，砂的基本性能如表 2-4 所示。

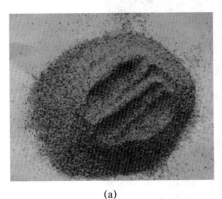

(a)　　　　　　　　　　　　　(b)

图 2-1　砂
(a) 粗河砂；(b) 细河砂

表 2-3　砂级配表

颗粒级配			筛孔直径（mm）				
			1.18	0.6	0.3	0.15	0.075
累计筛余量 （%）	粗河砂	A			24.8	4.2	0
		B	26.3	5.7	2.4	1.2	0
		C		34.0	6.6	1.6	0
	细河砂	C′		6.2	4.8	1.7	0

表 2-4　砂的基本性能

砂类型	表观密度 （kg/m³）	堆积密度 （kg/m³）	细度模数	含泥量 （%）	粒径 （目）
粗河砂	2580	1569	2.89	1.34	40～70
细河砂	1650	1280	1.60	0.65	70～100

　　(4) 减水剂：EAST-SAF 高效减水剂，减水率 15%～16%。

　　(5) 纤维：可用于水泥基材料的增强纤维品种很多，但并不是所有的纤维都有良好的阻裂和增韧效果，它必须同时具备以下几个基本条件：

　　① 具有较高的抗拉强度、弹性模量和良好的变形能力；

　　② 能均匀地分散在基材中，与水泥砂浆有良好的粘结性能；

　　③ 能够抵抗基材中的高碱性环境，即具有良好的耐久性；

　　④ 性价比高；

　　⑤ 目前研究比较广泛的合成纤维是聚乙烯醇纤维（Poly Vinyl Alcohol fiber，PVA 纤维）和聚乙烯纤维（Polyethylene fiber，PE 纤维）。由于 PE 纤维成本较高，所以试验选用日本 KURARAY 公司生产的 PVA 纤维（图 2-2），体积掺量为 2%，其主要技术指标如表 2-5 所示。

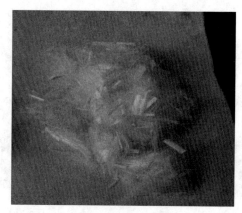

图 2-2 PVA 纤维

表 2-5 PVA 纤维主要技术指标

长度（mm）	直径（μm）	弹性模量（GPa）	极限延伸率（%）	抗拉强度（MPa）	密度（g/cm³）
12	39	42	7	1600	1.3

（6）水：普通自来水。

2. 试验配合比

SHCC 基本配合比如表 2-6 所示。研究过程中，按照表 2-3 变换砂子种类，试件编号说明详见相应小节。

表 2-6 SHCC 配合比　　　　　　　　　　　　　　　　　　　　　　　kg/m³

水泥	粉煤灰	砂子	水	纤维
550	650	550	395	26

3. 流动扩展度试验

（1）称料：将所需的胶凝材料和河砂在电子称上称量好，倒入搅拌锅；用量杯称量所需要的水及减水剂，在称好的减水剂中加入适量水，用玻璃棒搅拌均匀，以降低减水剂的稠度，利于倾倒；将所需的 PVA 纤维称好备用。

（2）搅拌：首先将称量好的粉煤灰、砂、水泥在搅拌锅内低速干拌 2min；然后将称量好的水及减水剂先后沿搅拌锅边缘缓慢加入，待搅拌均匀后将准备好的纤维沿着搅拌锅的旋转方向加入；待材料全部加入后，高速搅拌不少于 5min，直到纤维均匀分布。

（3）流动度试验

① 跳桌先空跳一个周期 25 次。

② 在制备 SHCC 之前，用湿布擦拭跳桌台面、试模内部、捣棒及材料所接触的用具，将试模放在跳桌台面中央并用湿布覆盖。

③ 将搅拌好的 SHCC 分两层迅速装入试模，第一层加到锥圆模高度约 2/3 处，用小刀在相互垂直方向各划 5 次，用捣棒由边缘至中心捣压 15 次；随后，装第二层，装至高出截锥圆模约 20mm，用小刀在相互垂直的两个方向各划 5 次，用捣棒由边缘至中心捣压 10 次。

④ 捣压完毕，取下模套，将小刀倾斜，从中间向两边分两次以近水平的角度抹去高出的 SHCC，然后将截锥圆垂直轻轻提起，立刻开动跳桌，以每秒一次的频率完成 25 次跳动。

⑤ 用游标卡尺量测 SHCC 扩展后的直径，即得到 SHCC 的流动扩展度。

⑥ 整个试验应在 6min 内完成。

2.1.2　试验现象与结果分析

骨料细度对 SHCC 流动度的影响如图 2-3 所示。减水剂用量和砂子种类对 SHCC 流动扩展度的影响如表 2-7 所示。结合试验现象可以发现：

（1）在未加减水剂之前，基体较为黏稠，搅拌机转动困难，加入减水剂后，基体变为流体状，随着纤维的加入，拌合物稠度逐渐增加。

（2）当减水剂掺量较少时，纤维不易分散，存在结团现象；随着减水剂掺量的增加，拌合物稠度降低，纤维分散性慢慢变好；但当减水剂超过一定量后，拌合物出现泌水现象。这是因为减水剂的加入，改变了颗粒的絮凝结构，释放粉细颗粒（如胶凝材料和细砂）所保持的水，增加自由水量，减少搅拌时的阻力，提高了纤维在砂浆中的分散性，使得 SHCC 的流动性增大。

（3）减水剂含量相同时，砂子粒径越大，SHCC 的流动性越大；反之，砂子粒径越小，SHCC 的流动度越低。这是因为随着砂粒直径的增加，拌和时的阻力增加，降低纤维在砂浆中的均匀性，纤维的絮凝现象较明显，自由水的含量相对较高，SHCC 的流动性提高；当砂子粒径减小，细集料填充了纤维与基材之间的空隙，使孔隙率降低，自由水的含量相对降低，纤维对 SHCC 的流动性产生抑制作用，使流动度降低。

除此之外，由于 PVA 纤维的引气效果较为明显，而较大粒径细集料在掺入纤维后，砂粒周围气泡较大，从而使流动度较大。

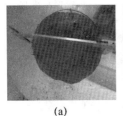   

(a)　　　　　　　(b)　　　　　　　(c)　　　　　　　(d)

图 2-3　骨料细度对 SHCC 的流动度的影响

(a) A；(b) B；(c) C；(d) C′

表 2-7　减水剂用量和砂子种类对 SHCC 流动扩展度的影响

砂子种类	A			B			C			C′		
减水剂含量（%）	2	3.5	4.2	1.5	2.5	3.5	2	3	3.5	2	3	3.5
扩展度（mm）	123.0	127.0	135.1	122.0	127.0	153.5	125.2	129.0	136.9	145.2	155.0	170.0

13

2.2 SHCC 单轴拉伸性能

2.2.1 试件设计与制作

1. 试件设计

单轴拉伸试件采用如图 2-4 所示的哑铃形试件。其中，变截面位置采用光滑的圆弧进行过渡，避免试件拉伸过程中由于应力集中从变截面处破坏。试件中间 80mm 长的等截面区域设计为裂缝发展区。每组试件各浇筑三个，试件编号规则如下：如 $C'_\&-1$，其中第一个字母代表选定的细骨料类别，有 A、B、C、D' 四种；下标 $\&$ 代表养护龄期，有 7 天、14 天、28 天三种；最后的数字（或字母）代表试件编号，有 1、2、3、A（代表前三个试件的平均值）四种。

2. 试件制作

试件制作具体操作流程如下：

（1）称料和搅拌过程详见流动扩展度试验。

（2）浇筑、振捣：所有试件分 3 层浇筑。每浇筑一层，放在水泥胶砂振实台上振动 60s，确保振动密实；浇筑完成抹平后再用振实台振动 60s。

（3）拆模：在室温下养护 24～36h 后拆模。

（4）养护：放入标准养护箱中养护至试验龄期。

3. 试验过程

目前单轴拉伸试验可分为外夹式、内埋式和粘贴式三种[90-91]，本试验采用外夹式。试验采用 300kN 微机控制液压伺服试验机，如图 2-5 所示。加载采用位移控制，速率为 0.005mm/s，变形通过两个 LVDT 和动态数据采集仪来测定，采集频率 0.5Hz，标距 80mm。为防止试件两端由于夹头应力集中使得试件提前破坏，试件两侧夹头位置处采用橡胶片包裹，如图 2-6 所示。

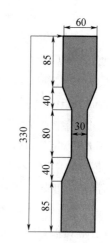

图 2-4 哑铃形试件尺寸
（试件厚度 15mm）
单位：mm

图 2-5 试验机照片

图 2-6 单轴拉伸试验照片

将到达龄期的试件提前一天从养护箱取出晾干。用直尺量取中间 80mm 用以测定试件位移。试验前，提前 5min 开启仪器进行预热，用动态数据采集仪检验 LVDT 可以正常工作后，将 LVDT 固定于试件上，将橡胶垫垫在试件端部，固定上夹头位置，移动横梁到合适位置后，缓慢地夹紧下夹头，防止由于仪器的冲击使试件提前受压。准备就绪后，开始加载。

2.2.2　骨料细度对 SHCC 单轴拉伸性能的影响

龄期为 7d 的 SHCC 应力-应变全曲线如图 2-7 所示。很明显，每种配合比的 SHCC 都会出现应变硬化与多缝开裂特征，而且其抗拉强度均比同强度等级的普通混凝土高。这是因为 PVA 纤维的掺入一方面抑制了 SHCC 中早期裂缝的出现，另一方面，纤维与水泥基体之间的握裹力相当于提前给 SHCC 施加了一个预压应力，SHCC 在拉伸时首先要抵抗其预压应力，然后才开始承受拉应力，这对裂缝的收缩与发展起到补偿作用。另外，由于纤维与不同细度砂之间的作用力不同，所以不同配比 SHCC 的抗拉强度也不同（A 型 SHCC 抗拉强度为 5.8MPa，B 型 SHCC 的抗拉强度为 5.0MPa，C 型 SHCC 的抗拉强度为 5.5MPa，C′ 型的抗拉强度为 6.5MPa）。这是因为，当水泥基体内掺入 PVA 纤维后，细骨料粒径越大引入气泡越多，使内部结构出现许多小孔而形成薄弱环节，应力传递不连续，在薄弱界面处产生应力集中，首先出现裂缝降低了构件的承载力。

从图 2-7 还可以看出，不同配比 SHCC 的极限拉应变也不同（A 型 SHCC 的极限拉应变达到 4.8%，B 型的为 1.6% 左右，C 型的为 2.0%，C′ 型的为 4.8%）。形成这种结果的原因主要是，A 型和 C′ 型试件在出现第一批裂缝后，由于纤维的桥联作用抑制了开裂处裂缝的急剧增大，使距离裂缝一定位置处相继出现裂缝，使构件的变形增大，形成几个屈服台阶，最终达到极限拉应变。B 型和 C 型 SHCC 在初始裂缝出现后，也会在一定范围内出现一些微小的裂缝，但其裂缝较少且分布不均匀，在较短时间内出现主裂缝而使试件断裂。试件断裂时，极限拉应变仅达到 2% 左右，相对而言，此种情况材料的均匀性略差，纤维的作用未能充分发挥。

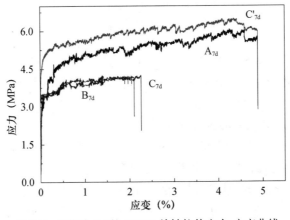

图 2-7　龄期为 7d 的 SHCC 单轴拉伸应力-应变曲线

2.2.3 养护龄期对 SHCC 单轴拉伸性能的影响

采用 C′ 配合比制作试件，在标准养护条件下养护至目标龄期进行单轴拉伸试验。不同龄期 SHCC 开裂情况如图 2-8 所示。在拉伸荷载作用下，当第一条裂缝出现后，SHCC 试件并没有像混凝土试件那样，裂缝迅速发展直至发生脆性破坏。而是随着荷载的增加，在平行于此裂缝的一定间距内陆续出现多条微裂缝。当荷载达到其抗拉强度极限值时，最弱截面处的裂缝宽度开始增大，由于纤维的桥联作用，裂缝宽度并没有立刻增加很多，而是随着荷载的增加，其他薄弱面的裂缝宽度也开始增加，最后某一处裂缝宽度较大形成主裂缝而破坏。观察破坏后试件断面发现，大部分试件的破坏是因为纤维从基体中被拔出而破坏。7d 龄期试件的裂缝间距很小，裂缝分布较密；随着龄期的增长，14d 和 28d 试件的裂缝间距逐渐变大，裂缝数量相应减少，其极限拉应变相应降低。从整体性能看，7～28d 龄期的 SHCC 试件破坏前裂缝几乎布满整个拉伸区域，且分布均匀，显示出多缝开裂的特性。

根据纤维-基体的界面粘结强度及纤维本身的性能，纤维增强水泥基复合材料通常存在两种不同的破坏模式：

（1）如果纤维强度较低，则基体的裂缝穿越纤维，导致纤维被拉断；

（2）如果纤维强度较高，而界面粘结相对较弱，则随着荷载的增加，纤维从基体中被拔出，纤维-基体界面在纤维断裂前就分离，此时基体裂缝不会引起毁坏性的破坏。SHCC 的断裂属于后者。

图 2-8 不同龄期 SHCC 试件开裂情况
(a) 7d 龄期试件；(b) 14d 龄期试件；(c) 28d 龄期试件

养护龄期对 SHCC 单轴拉伸应力-应变曲线的影响如图 2-9 所示。各龄期试件均表现出明显的应变硬化特性，且极限拉应变均超过 3%。不同龄期 SHCC 的单轴拉伸性能参数如表 2-8 所示。14d 试件的开裂强度比 7d 的提高 41.0%，28d 试件的开裂强度比 14d 的提高 15.9%；14d 试件的极限抗拉强度比 7d 的提高 23.7%，28d 试件比 14d 的提高 10.1%。表明随着养护龄期的增加，SHCC 的抗拉强度逐渐增加，14d 比 7d 的增加幅度大于 28d 比 14d 的增加幅度，说明试件早期强度增长较快，所以早期养护极其重要。此外，14d 试件的极限拉应变较 7d 的降低 9.7%，28d 的极限拉应变比 14d 的降低 9.6%。表明随着龄期的增加，SHCC 的变形能力有所下降，14d 比 7d 的降幅与 28d 比 14d 的降幅差别不大。

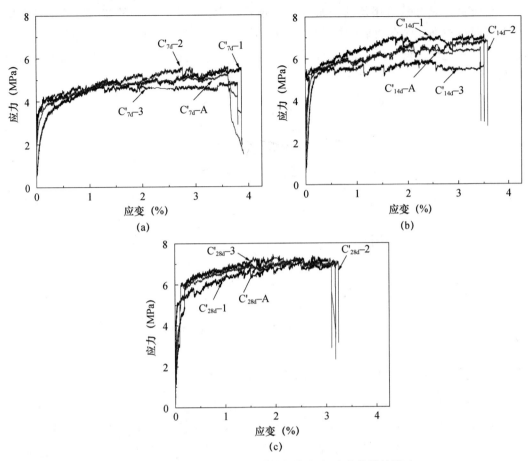

图 2-9　养护龄期对 SHCC 单轴拉伸应力-应变曲线的影响

（a）7d；（b）14d；（c）28d

表 2-8　不同龄期 SHCC 抗拉性能参数

试件编号	f_t（MPa）	ε_0（%）	E（GPa）	f_{tu}（MPa）	ε_{0u}（%）	ε_m（%）
C'_{7d}-1	3.67	0.020	18.3	5.55	3.81	3.88
C'_{7d}-2	3.75	0.022	17.0	5.63	3.61	3.90
C'_{7d}-3	3.55	0.023	15.4	5.06	3.76	3.80
C'_{7d}-A	3.68	0.022	16.7	5.27	3.80	3.88
C'_{14d}-1	5.10	0.028	18.4	7.14	3.50	3.58
C'_{14d}-2	5.09	0.026	19.5	6.89	3.41	3.44
C'_{14d}-3	5.45	0.027	20.1	5.94	3.50	3.56
C'_{14d}-A	5.19	0.027	19.2	6.52	3.43	3.51
C'_{28d}-1	5.83	0.028	20.8	7.22	3.10	3.18
C'_{28d}-2	6.12	0.030	20.4	7.26	3.25	3.25
C'_{28d}-3	6.04	0.031	19.5	7.46	3.05	3.11
C'_{28d}-A	6.02	0.030	20.0	7.18	3.10	3.18

注：表中 f_t 为开裂强度，ε_0 为开裂拉应变，f_{tu} 为极限抗拉强度，ε_{0u} 为极限拉应变，ε_m 为最大拉应变。

各组试件应力-应变平均曲线如图 2-10 所示。可以看出，随着龄期的增长，开裂强度和极限抗拉强度均有明显的提高，而极限拉应变有所降低。这是由于随着龄期的增长，试件水化反应越充分，强度逐渐提高，但随着强度的提高，试件的脆性增加，韧性降低。

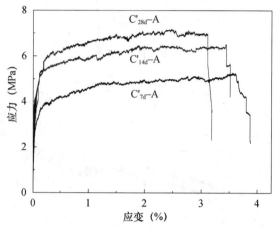

图 2-10　不同龄期 SHCC 应力-应变平均曲线

2.2.4　养护环境对 SHCC 单轴拉伸性能的影响

对标准养护（试件编号：SB）、室内养护（试件编号：SN）和室外养护（试件编号：SW）环境下养护 28d 的 SHCC 试件进行单轴拉伸试验，试件裂缝分布如图 2-11 所示。三种养护环境下 SHCC 均表现出显著的多缝开裂特征，裂缝大体能够均匀地布满整个测区。在拉伸荷载作用下，所有试件在初始裂缝出现后，裂缝的扩展很快因纤维的桥联作用而稳定下来；随着荷载的增加，试件在一定间距处陆续出现多条大体平行的微裂缝；每条新裂缝的出现反映在应力-应变曲线上通常都会有应力的瞬间抖动，新裂缝

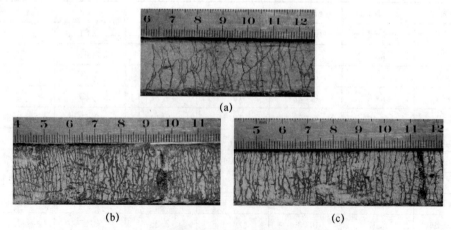

图 2-11　不同养护环境下 SHCC 多微缝开裂模式
（a）标准养护；（b）室内养护；（c）室外养护

越宽，对应的抖动越明显；荷载达到峰值之后，在试件相对薄弱的某一截面处，裂缝出现局部化扩展直至最终断裂。与标准养护 SHCC 相比，室内和室外养护环境下，SHCC 裂缝条数明显增多，相应的间距减小，特别是室内养护 SHCC。

不同养护环境下养护 28d 的 SHCC 试件单轴拉伸应力-应变曲线如图 2-12 所示，单轴拉伸性能参数如表 2-9 所示［平均极限裂缝间距 l_{mu} 和平均极限裂缝宽度 w_{mu} 两个指标[92]通过式 (2-1)、式 (2-2) 计算得到］。可以看出，三种养护环境下 SHCC 均表现出明显的应变硬化现象，极限拉应变可达到甚至超过 3%。

$$l_{mu}=80/n \tag{2-1}$$

$$w_{mu}=\frac{\varepsilon_{tu}\times 80}{n}\times 1000 \tag{2-2}$$

式中，l_{mu} 为平均极限裂缝间距，mm；80 为变形监测区长度，mm；n 为试验结束后试件上贯穿整个横截面的裂缝条数；w_{mu} 为平均极限裂缝宽度，μm。式中忽略了未开裂区域的弹性伸长，计算得到的平均极限裂缝宽度要略大于实际裂缝宽度。

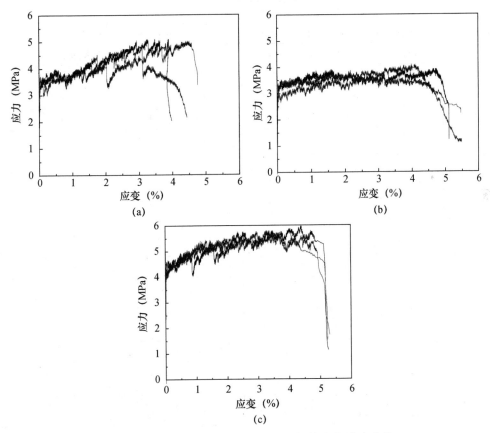

图 2-12　不同养护环境下 SHCC 单轴拉伸应力-应变曲线

（a）标准养护；（b）室内养护；（c）室外养护

表 2-9　SHCC 单轴拉伸性能参数

试件编号	f_t（MPa）	ε_t（%）	E（GPa）	f_{tu}（MPa）	ε_{tu}（%）	l_{mu}（mm）	w_{mu}（μm）
SB$_{28d}$-1	3.048	0.0219	13.903	5.084	3.907	3.200	125
SB$_{28d}$-2	3.534	0.0226	15.665	4.383	3.050	3.636	111
SB$_{28d}$-3	3.039	0.0218	13.925	4.948	4.534	2.286	104
平均值	3.207	0.0221	14.510	4.805	3.830	2.927	112
SW$_{28d}$-1	4.037	0.0237	17.005	5.750	4.764	1.290	61
SW$_{28d}$-2	4.276	0.0210	20.323	5.514	4.225	1.702	72
SW$_{28d}$-3	4.064	0.0227	17.903	5.549	4.463	1.633	73
平均值	4.126	0.0225	18.342	5.604	4.484	1.519	68
SN$_{1d}$-1	2.085	0.0239	8.731	2.827	4.637	0.899	42
SN$_{1d}$-2	2.050	0.0239	8.577	2.863	3.750	1.013	38
SN$_{1d}$-3	2.015	0.0234	8.626	3.146	4.353	0.920	40
平均值	2.050	0.0237	8.645	2.945	4.247	0.941	40
SN$_{3d}$-1	2.397	0.0239	10.029	3.422	4.350	0.964	42
SN$_{3d}$-2	2.451	0.0238	10.298	3.137	3.860	0.952	37
SN$_{3d}$-3	2.129	0.0227	9.379	3.420	4.420	0.825	36
平均值	2.326	0.0235	9.911	3.326	4.210	0.909	38
SN$_{7d}$-1	2.736	0.0230	11.916	3.207	3.932	1.081	43
SN$_{7d}$-2	2.767	0.0247	11.202	3.406	3.910	1.039	41
SN$_{7d}$-3	2.826	0.0241	11.746	3.660	4.838	0.833	40
平均值	2.776	0.0239	11.613	3.424	4.227	0.972	41
SN$_{14d}$-1	2.757	0.0245	11.262	3.737	4.662	1.026	48
SN$_{14d}$-2	2.863	0.0232	12.362	3.826	3.946	0.825	33
SN$_{14d}$-3	3.059	0.0250	12.226	3.688	4.399	0.976	43
平均值	2.893	0.0242	11.945	3.750	4.336	0.934	40
SN$_{28d}$-1	3.018	0.0232	13.009	3.874	4.764	1.212	58
SN$_{28d}$-2	2.721	0.0245	11.097	3.534	4.118	1.111	46
SN$_{28d}$-3	3.110	0.0235	13.223	4.064	4.112	1.000	41
平均值	2.950	0.0237	12.421	3.824	4.331	1.101	48
SN$_{45d}$-1	2.863	0.0220	13.014	3.711	3.760	1.481	56
SN$_{45d}$-2	3.127	0.0217	14.423	3.817	3.826	1.379	53
SN$_{45d}$-3	2.994	0.0228	13.132	3.948	4.350	0.909	40
平均值	2.995	0.0222	13.514	3.825	3.979	1.200	48
SN$_{60d}$-1	3.110	0.0218	14.266	3.852	3.302	1.455	48
SN$_{60d}$-2	3.039	0.0227	13.376	3.817	3.687	1.333	49
SN$_{60d}$-3	3.018	0.0230	13.120	3.874	3.612	1.270	46
平均值	3.056	0.0225	13.576	3.848	3.534	1.348	48

续表

试件编号	f_t (MPa)	ε_t (%)	E (GPa)	f_{tu} (MPa)	ε_{tu} (%)	l_{mu} (mm)	w_{mu} (μm)
SN$_{90d}$-1	3.090	0.0238	13.004	3.622	3.691	1.538	57
SN$_{90d}$-2	3.048	0.0216	14.111	3.899	3.144	1.702	54
SN$_{90d}$-3	3.083	0.0215	14.351	4.330	3.799	1.250	47
平均值	3.073	0.0223	13.795	3.950	3.545	1.472	52

注：① 初裂强度 f_t 为首条裂缝出现时的应力值；初裂应变 ε_t 为初裂强度对应的应变；拉伸弹性模量 E 为应力-应变曲线弹性阶段的斜率；极限抗拉强度 f_{tu} 为应力-应变曲线上最高点对应的应力值，即峰值应力；极限拉应变 ε_{tu} 为应力-应变曲线上软化点对应的应变值；平均极限裂缝间距 l_{mu} 为试验结束后变形监测区 80mm 长度范围内试件上贯穿整个横截面裂缝的平均裂缝间距；平均极限裂缝宽度 w_{mu} 为试验结束后变形监测区 80mm 长度范围内试件上贯穿整个横截面裂缝的平均裂缝宽度。

② 试件编号中 S 表示 SHCC，B、N、W 分别表示标准、室内、室外养护环境，下标 1d、3d、7d、14d、28d、45d、60d、90d 分别表示试件养护龄期，-后数字代表每组试件编号。

将表 2-9 中不同养护环境下 SHCC 拉伸相关参数与普通混凝土的相关参数进行对比分析，以工程中常用的 C35 普通混凝土为例，其抗拉强度为 2.20MPa，极限拉应变为 0.01%，弹性模量约为 31.5GPa；同时，对标准、室内和室外三种养护环境下 SHCC 的相关参数进行对比。对比结果如图 2-13 所示。

① 图 2-13（a）、（b）、（c）为 SHCC 与混凝土拉伸强度对比图，SHCC 的初裂强度与极限抗拉强度均比混凝土抗拉强度高。SHCC 在标准环境下的初裂强度 f_t 为 3.039～3.534MPa，室内环境下 f_t 为 2.721～3.110MPa，室外环境下 f_t 为 4.037～4.276MPa，是混凝土抗拉强度的 1.24～1.94 倍。这是因为水泥基体中加入纤维后，因纤维的复合作用推迟了裂缝的出现；SHCC 在标准环境下的极限抗拉强度为 4.383～5.084MPa，室内环境下的极限抗拉强度为 3.534～4.064MPa，室外环境下的极限抗拉强度为 5.514～5.750MPa，是混凝土抗拉强度的 1.61～2.61 倍，说明 SHCC 出现裂缝后，在纤维的桥联作用，极限抗拉强度显著提高。从图 2-13（c）可以看出，三种环境下 SHCC 的极限抗拉强度是初裂强度的 1.24～1.67 倍，说明不同养护环境下 SHCC 均具有明显的应变硬化特性。室内养护 SHCC 的初裂强度和极限抗拉强度的平均值分别是标准养护 SHCC 的 92%、80%，室外养护 SHCC 的初裂强度和极限抗拉强度的平均值分别是标准养护 SHCC 的 1.29 倍、1.17 倍。与标准养护 SHCC 相比，室内环境下 SHCC 的强度有所降低，硬化现象不够明显，室外养护 SHCC 的强度有所提高。

② 图 2-13（d）是 SHCC 首条裂缝出现时对应的应变与混凝土极限拉应变的对比图。显然，前者明显大于后者，SHCC 在标准环境下的初裂应变为 0.0218%～0.0226%，室内环境下的初裂应变为 0.0232%～0.0245%，室外环境下的初裂应变为 0.0210%～0.0237%，是混凝土极限拉应变的 2.1～2.45 倍，说明纤维的存在提高了 SHCC 开裂前的韧性。在图 2-13（e）中，SHCC 的极限拉应变超过 3%，远大于混凝土的极限拉应变，SHCC 在标准环境下的极限拉应变为 3.050%～4.534%，室内环境下的极限拉应变为 4.112%～4.764%，室外环境下的极限拉应变为 4.225%～4.764%，是混凝土极限拉应变的 305～476 倍，在纤维桥联作用下，SHCC 实现稳态开裂，从而使其韧性显著提高。另外，不同养护环境下，SHCC 的初裂应变相差不大，三者相应的平均值为 0.0221%～0.0237%。从图 2-13（e）可看出，室内和室外养护环境下 SHCC

的极限拉应变均高于标准养护 SHCC，其平均值分别为标准养护 SHCC 极限拉应变的
1.13 倍、1.17 倍，说明在早期养护充分的情况下，环境条件对 SHCC 初裂应变影响不
大，而且材料的整体变形能力不会低于标准环境。

③ 图 2-13（f）为 SHCC 与混凝土弹性模量的对比图。SHCC 在标准环境下的拉伸
弹性模量为 13.903～15.665GPa，室内环境下的拉伸弹性模量为 11.097～13.223GPa，
室外环境下的拉伸弹性模量为 17.005～20.323GPa，为混凝土的 35%～65%，明显低

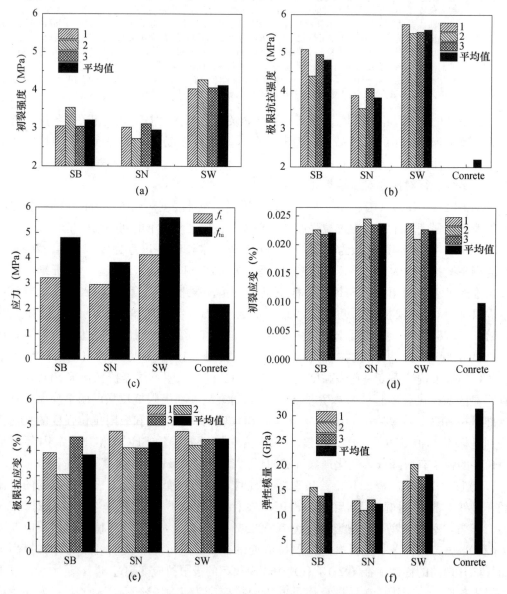

图 2-13　不同养护环境下 SHCC 拉伸性能参数对比图

(a) 初裂强度 f_t 对比图；(b) 极限抗拉强度 f_{tu} 对比图；

(c) 拉伸强度平均值 f 对比图；(d) 初裂应变 ε_t 对比图；

(e) 极限拉应变 ε_{tu} 对比图；(f) 弹性模量 E 对比图

于混凝土。这是因为，与混凝土相比 SHCC 中没有粗骨料。室内养护 SHCC 的拉伸弹性模量在三种养护环境中最小，其平均值约是标准养护 SHCC 拉伸弹性模量平均值的 86%，约是室外养护 SHCC 拉伸弹性模量平均值的 68%；室外养护 SHCC 拉伸弹性模量平均值高于标准养护 SHCC，约是标准养护 SHCC 拉伸弹性模量平均值的 1.26 倍。

　　④ 图 2-14 为不同养护环境下 SHCC 裂缝参数对比图。SHCC 在标准环境下的平均极限裂缝间距为 $2.286\sim3.636$mm、平均极限裂缝宽度为 $104\sim125\mu$m，室内环境下的平均极限裂缝间距为 $1.000\sim1.212$mm、平均极限裂缝宽度为 $41\sim58\mu$m，室外环境下的平均极限裂缝间距为 $1.290\sim1.702$mm、平均极限裂缝宽度为 $61\sim73\mu$m。与标准养护 SHCC 相比，室内和室外养护 SHCC 裂缝间距较密、裂缝宽度较小（特别是室内试件），在这两种环境下养护的 SHCC 能够较好地控制裂缝宽度。值得注意的是，与室内养护 SHCC 相比，室外养护 SHCC 的极限应变较大，同时裂缝间距和裂缝宽度也相对较大，可见裂缝间距大的 SHCC 极限应变并不一定小，极限应变还与裂缝宽度有关，这表明极限应变是极限裂缝间距和极限裂缝宽度共同作用的结果。

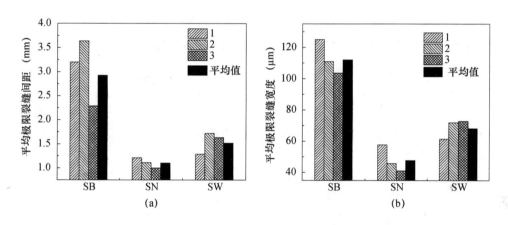

图 2-14　不同养护环境下 SHCC 裂缝参数对比图

（a）平均极限裂缝间距 l_{mu} 对比图；（b）平均极限裂缝宽度 w_{mu} 对比图

　　养护环境将影响 SHCC 内部水泥水化作用，从而影响其拉伸性能。与标准环境相比，室内环境湿度较低，从而延缓水泥水化进程，使得室内养护的 SHCC 试件拉伸强度下降，硬化现象不够明显，但其韧性没有降低，裂缝宽度得到有效控制。室外养护环境较为复杂，在早期充分浇水养护以及后期自然养护的共同影响下，SHCC 水化更充分，其强度和韧性并没有降低，甚至有所提高，裂缝宽度得到有效控制，在室外这种不利条件下养护的 SHCC 仍能保持良好的拉伸性能，这对工程应用 SHCC 是有利的。

2.2.5　SHCC 轴拉应力-应变曲线拟合

　　采用双线型和三线型模型分别对龄期为 28d 的 SHCC 应力-应变全曲线上升段进行拟合分析，双线型模型拟合曲线及模型图如图 2-15 和图 2-16 所示，且可表述为以下 3 个阶段：

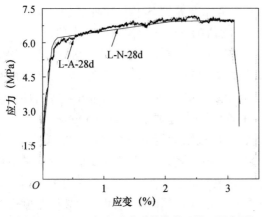

图 2-15 SHCC 应力-应变平均曲线双线型拟合图

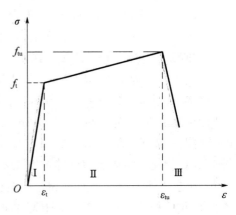

图 2-16 SHCC 应力-应变双线型模型

（1）弹性阶段（区域Ⅰ）

$\sigma = E\varepsilon$，$\varepsilon \leqslant \varepsilon_t$。式中：$E$ 为材料弹性阶段的弹性模量，ε 为任意点应变，ε_t 为初裂应力对应的应变。此阶段为第一条裂缝出现之前，应力-应变成比例直线增长，斜率即为材料的弹性模量。

（2）应变硬化阶段（区域Ⅱ）

$\sigma = f_t + [(f_{tu} - f_t)/(\varepsilon_{tu} - \varepsilon_t)] \times (\varepsilon - \varepsilon_t)$，$\varepsilon_t \leqslant \varepsilon \leqslant \varepsilon_{tu}$。式中：$f_t$ 为初裂应力，f_{tu} 为极限应力，ε_t 为初裂应力对应的应变，ε_{tu} 为极限应力对应的应变，ε 为任意点应变。此阶段为裂缝出现和发展阶段。随着应力的上下波动，裂缝条数增加，应变增加，应力上下波动的次数即为裂缝出现条数。当应力达到一定值后，裂缝的开展已基本完毕，此时的应变增加得益于纤维的阻裂作用，应力较第二阶段明显增加，此时应力主要用来将纤维拉断或从基体中拔出，所以应力值相应较高。由于裂缝宽度逐渐增大，应变持续增加，通常可达到 $3\%\sim4\%$。

（3）破坏阶段（区域Ⅲ）

$\sigma = f_{tu} - E'\varepsilon$。式中：$\varepsilon$ 为任意点应变，E' 为材料破坏阶段的弹性模量。在此阶段，试件中的最薄弱处的裂缝开始扩展，裂缝宽度明显增大，应力主要由桥接的纤维来承担，纤维拉断或拔出，导致试件在此处断裂而破坏。

此模型可根据试验过程中测得的峰值应力及对应的应变、初裂应力及对应的应变，计算得到上升段任一拉应变对应的应力值。

三线型拟合曲线及模型如图 2-17 和图 2-18 所示，可表述为 4 个阶段：

（1）弹性阶段（区域Ⅰ）

$\sigma = E\varepsilon$，$\varepsilon \leqslant \varepsilon_t$。式中：$E$ 为材料弹性阶段的弹性模量，ε 为任意点应变，ε_t 为初裂应力对应的应变。应变与应力成比例增加，其斜率较大。在此阶段，主要是基体承受外部荷载。

（2）多微开裂阶段（区域Ⅱ）

$\sigma = f_t + [(f_{tc} - f_t)/(\varepsilon_{tc} - \varepsilon_t)] \times (\varepsilon - \varepsilon_t)$，$\varepsilon_t \leqslant \varepsilon \leqslant \varepsilon_{tc}$。式中：$f_t$ 为初裂应力，f_{tc} 为多条裂缝开裂结束后的应力，ε_t 为初裂应力对应的应变，ε_{tu} 为多条裂缝开裂结束后

的应变，ε 为任意点应变。此阶段是裂缝稳定形成阶段，应力增量与应变增量的比值远比阶段（1）低得多，斜率较小。随着应力的上下波动，裂缝条数增加，应变增加，应力上下波动的次数即为裂缝出现条数。

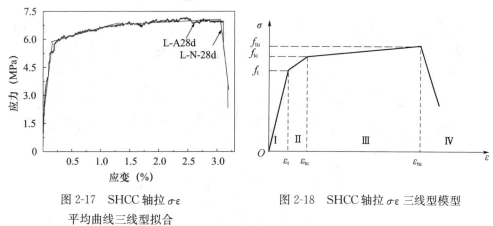

图 2-17   SHCC 轴拉 $\sigma\varepsilon$
平均曲线三线型拟合

图 2-18   SHCC 轴拉 $\sigma\varepsilon$ 三线型模型

（3）裂缝扩展阶段（区域Ⅲ）

$\sigma=f_{tc}+\left[\left(f_{tu}-f_{tc}\right)/\left(\varepsilon_{tu}-\varepsilon_{tc}\right)\right]\times\left(\varepsilon-\varepsilon_{tc}\right)$，$\varepsilon_{tc}\leqslant\varepsilon\leqslant\varepsilon_{tu}$。式中：$f_{tc}$ 为多条裂缝开裂结束后的应力，f_{tu} 为极限应力，ε_{tc} 为多条裂缝开裂结束对应的应变，ε_{tu} 为极限应力对应的应变，ε 为任意点应变。此阶段斜率进一步减小，此时为裂缝稳定扩展阶段，裂缝的开展已基本完毕，此时的应变增加得益于纤维的阻裂作用，应力较第二阶段明显增加，此时应力主要用来将纤维拉断或从基体中拔出，故应力值相应较高。由于裂缝宽度逐渐增大，故应变持续增加，通常可达到 3‰～4‰。

（4）破坏阶段（区域Ⅳ）

$\sigma=f_{tu}-E'\varepsilon$。式中：ε 为任意点应变，$E'$ 为材料破坏阶段的弹性模量。在此阶段，试件中的最薄弱处的裂缝开始扩展，裂缝宽度明显增大，应力主要由桥接的纤维来承担，纤维拉断或拔出，导致试件在此处断裂而破坏。

通过分析可知三线性模型能够较好地反映曲线本身的性质。

2.3   SHCC 弯曲韧性

2.3.1   试验方案

试验采用 300kN 微机控制液压伺服试验机，加载采用位移控制，速率为 0.010mm/s，变形通过两个数显千分表来测定，采集频率 0.5Hz，纯弯段标距 80mm。四点弯曲试件采用 330mm×60mm×15mm 的矩形薄板试件。每组试件各浇筑 3 个。试件编号规则如下：如 $W-C'_{7d}-1$，W 表示弯曲试验；C' 代表选定的细骨料类型；下标 7d、14d、28d 分别代表养护龄期为 7 天、14 天、28 天；1、2、3 代表试件编号，A 代表曲线平均值。

2.3.2   龄期对薄板试件裂缝发展的影响

不同龄期 SHCC 试件的弯曲半径如图 2-19 所示。可以看出，龄期较小时，试件弯曲半径较小，随着龄期的增加，其弯曲半径逐渐增大。这是由于早期试件的水化反应不完全，其强度较低，韧性较好，弯曲半径就小。随着龄期的增长，水化反应越来越接近饱和，试件的强度提高，韧性降低，弯曲半径增大。

图 2-19　不同龄期 SHCC 试件的弯曲半径

(a) 7d；(b) 14d；(c) 28d

不同龄期 SHCC 试件的裂缝分布图如图 2-20 所示。7～28d 龄期时，试件整个纯弯段上均布满微裂缝。但是龄期不同时，裂缝宽度和裂缝间距均不同，纯弯段裂缝数量不

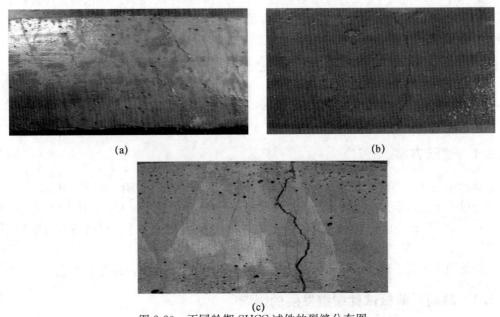

图 2-20　不同龄期 SHCC 试件的裂缝分布图

(a) 7d；(b) 14d；(c) 28d

等。龄期为 7d 时，裂缝宽度较小，间距较小，裂缝条数较多。随着龄期的增长，裂缝宽度越来越明显。14d 的微裂缝宽度明显比 7d 时大，且裂缝间距增加，裂缝条数减少，韧性降低。当龄期达到 28d 时，裂缝间距进一步增大。与聚丙烯纤维增强水泥基复合材料[93]相比，PVA 增强水泥基复合材料裂缝条数更多，裂缝宽度更小，韧性明显提高。

2.3.3　龄期对 SHCC 荷载-挠度曲线的影响

薄板四点弯曲荷载-挠度曲线如图 2-21 所示，从图中可以看出，SHCC 的变形过程类似钢筋荷载-位移曲线，大致分为 4 个阶段：第一阶段为弹性阶段，荷载-挠度接近线性关系，在该阶段水泥基体和纤维共同受力，基体承受主要作用力，该阶段的终点是第一条裂缝出现点；第二阶段为屈服阶段，该阶段荷载的增加速率远小于变形的改变量，显示出明显的非线性关系；第三阶段为应变硬化阶段，该阶段荷载在某值范围内波动，应变增加很快；第四阶段为破坏阶段。荷载-挠度曲线中表现出的两个硬化段与单轴拉伸应力-应变曲线中的两个硬化段相对应，即也可直接用较为简单的四点弯曲试验来代替复杂的轴拉试验来评价此种材料的特性，从而简化检验此种材料的试验过程。

采用式（2-3）～式（2-5）可计算开裂强度、抗弯强度及极限拉应变预测值，如表 2-10 所示。可以看出：（1）相同龄期各试件的开裂荷载及开裂挠度基本相同。这是因为在未开裂阶段，纤维与基体共同承受外力作用，基体承担的比例大于纤维，对于相同龄期的基体来说，基体强度基本相同，因此开裂强度相同，开裂挠度也基本一致。（2）随着龄期的增长，极限挠度减小，抗弯强度增加。其中 14d 的极限挠度较 7d 的降低 1.3%，28d 的极限挠度较 14d 的降低 37.5%，14d 的抗弯强度较 7d 的提高 24.6%，28d 的抗弯强度较 14d 的提高 8.7%。表明随着龄期的增长，强度提高幅度明显降低而韧性加速降低。这是因为，要使构件破坏，必须是纤维被拉断或纤维从基体中拔出，而纤维的抗拉强度很大，所以一般构件的破坏都是纤维从基体中拔出，因此纤维的桥接作用对基体的强度影响较大，龄期越长，基体水化反应越充分，纤维与基体的摩擦越大，其极限荷载越大，抗弯强度就越高。相应地，强度提高，其变形性能降低，因此极限挠度就会减小。试验测得的极限挠度分别为 19.85mm（7d）、19.59mm（14d）、12.25mm（28d），为试件跨度的 1/10～1/15。

开裂强度：$\qquad\sigma_c = M_c/I = p_c l_0/bh^2$ （2-3）

抗弯强度：$\qquad\sigma_u = M_u/I = p_u l_0/bh^2$ （2-4）

极限拉应变预测值：$\qquad\varepsilon_u = khf/sl_0^2$ （2-5）

式中，p_c 为开裂荷载；M_c 为开裂荷载对应的弯矩；I 为转动惯量；p_u 为极限荷载；M_u 为极限荷载对应的弯矩；l_0 为计算跨度，此处 $l_0 = 110mm$；b 为试件宽度；h 为试件厚度；s 为与荷载形式、支承条件等有关的系数，对于一般的四点弯曲构件，系数 $s = 1/8$；$k = h_t/h$，h_t 为受拉区高度；f 为跨中挠度。

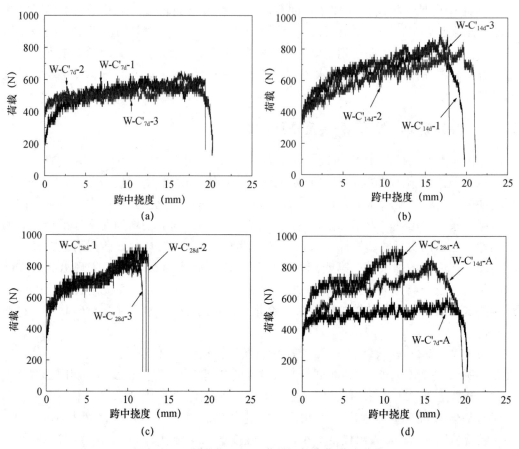

图 2-21 不同龄期 SHCC 薄板试件荷载-挠度曲线

（a）7d 荷载-挠度曲线；（b）14d 荷载-挠度曲线；（c）28d 荷载-挠度曲线；（d）荷载-挠度平均曲线

表 2-10 SHCC 薄板试件主要力学性能参数

编号	开裂挠度（mm）	开裂荷载（N）	极限挠度（mm）	极限荷载（N）	开裂强度（MPa）	拉应变预测值	抗弯强度（MPa）
W-C′$_{7d}$-1	0.31	382.66	19.86	636.17	3.1	6.6	5.2
W-C′$_{7d}$-2	0.36	399.68	20.24	637.55	3.3	6.7	5.2
W-C′$_{7d}$-3	0.43	406.94	19.45	653.45	3.3	6.4	5.3
W-C′$_{7d}$-A	0.37	396.43	19.85	642.39	3.2	6.6	5.2
W-C′$_{14d}$-1	0.35	401.77	19.78	871.08	3.3	6.5	7.1
W-C′$_{14d}$-2	0.33	398.99	21.11	844.31	3.3	7.0	6.9
W-C′$_{14d}$-3	0.40	414.89	17.89	839.73	3.4	5.9	6.8
W-C′$_{14d}$-A	0.36	405.22	19.59	851.71	3.3	6.5	6.9
W-C′$_{28d}$-1	0.31	439.09	12.30	936.10	3.6	4.1	7.6
W-C′$_{28d}$-2	0.38	518.61	12.57	916.22	4.2	4.2	7.5
W-C′$_{28d}$-3	0.33	462.98	11.88	836.70	3.7	3.9	6.8
W-C′$_{28d}$-A	0.34	473.56	12.25	896.34	3.8	4.0	7.3

2.3.4　龄期对 SHCC 弯曲韧性的影响

韧性是评价材料弯曲性能的主要指标之一。参考美国 ASTM C1018 标准[94]和日本的 JCI SF-4 方法[95]计算 SHCC 的弯曲韧性。美国 ASTM 韧性指数的计算原理如图 2-22 所示。其中，A 为初裂点，δ 为初裂点挠度，以 3δ、5.5δ、10.5δ 之前的荷载-挠度曲线下的面积与 δ 时荷载-挠度曲线下面积的比值定义弯曲韧性，以 I_5、I_{10}、I_{20} 表示。日本 JCI 提出的弯曲韧性计算原理如图 2-23 所示。其中，$\overline{p}$ 为试件加载至跨中挠度 $\delta_{lb}=L/150$ 时的平均荷载，则弯曲韧性计算公式为 $f_{ft}=TL/bh^2\delta_{lb}$。

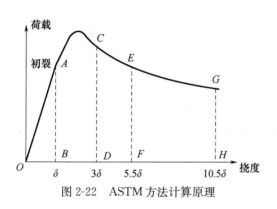

图 2-22　ASTM 方法计算原理

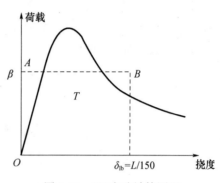

图 2-23　JCI 方法计算原理

从图 2-21 可知，SHCC 荷载-挠度曲线在屈服阶段和应变硬化阶段荷载在某一值附近上下波动。为简化计算，本书采用其拟合后的模型进行计算，计算模型如图 2-24 所示。弯曲韧性计算结果如表 2-11 所示。文献[96]指出，当 $I_x>x$ 时，材料为韧性材料。由表 2-11 可知，任何龄期，I_x 均大于 x，材料可定义为韧性材料，且随着 x 的增加，I_x 与 x 的差值增加，说明随着材料变形的增加，韧性随之增加。另外，采用 ASTM 方法计算的弯曲韧性中，14d 的韧性系数较 7d 的降低了 2.3%，28d 的较 14d 的提高了 3%。采用 JCI 方法计算的弯曲韧性指数随龄期变化规律较明显，14d 的韧性指数较 7d 的增加 17.2%，28d 的较 14d 的提高了 25.1%。

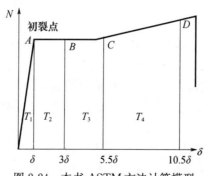

图 2-24　本书 ASTM 方法计算模型

表 2-11　弯曲韧性计算结果

编号	龄期	ASTM 方法韧性系数			JCI 方法韧性指数
		I_5	I_{10}	I_{20}	
WJC′	7d	5.42	11.46	23.33	11.31
	14d	5.29	11.29	25.18	13.25
	28d	5.44	11.76	25.65	16.57

2.3.5　荷载-挠度拟合曲线分析

采用三线型模型对薄板四点弯曲荷载-挠度曲线进行拟合，如图 2-25 所示。与拉伸荷载作用下应力-应变拟合曲线对比发现两者各个受力阶段的变形特点基本一致，均可分为弹性阶段、屈服阶段、裂缝扩展阶段和破坏阶段。

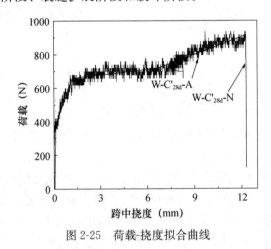

图 2-25　荷载-挠度拟合曲线

（1）弹性阶段：荷载和挠度成比例增加，表现为线性关系。但其斜率较拉伸应力-应变曲线的小。该阶段均为水泥基体和纤维共同承受外部荷载，基体承担的比例大于纤维，该阶段的终点即第一条裂缝出现点。

（2）屈服阶段：试件开始表现出塑性变形特征。随着跨中挠度的增加，荷载值增加的幅度降低。在一定条件下，荷载会在某一值范围内上下波动，荷载波动的过程即微裂缝开展的过程。

（3）裂缝扩展阶段：此阶段材料表现为变形硬化和多缝开裂特征，裂缝扩展需要能量，随着应变的增加，荷载也会随之增加。此阶段越长，说明纤维的桥接作用越明显，此阶段荷载上下波动的次数越多，说明纤维的阻裂效果越好，荷载上下波动越小，说明裂缝开展与发展越稳定，形成的裂缝宽度越小，此阶段的终点代表裂缝开展已基本完毕。

（4）破坏阶段：此阶段裂缝发展已经完毕。由于试件薄弱处某一条或多条裂缝中的纤维被拔出或拉断，出现局部破坏，最终导致试件破坏。

根据以上分析，实验室条件有限时，可采用薄板四点弯曲试验代替哑铃形直接拉伸试验评价 SHCC 的韧性，但要求弯曲韧性指数必须满足 $I_x > x$。

2.4　SHCC 单轴压缩性能

2.4.1　试件类型对 SHCC 受压裂缝发展的影响

试验采用圆柱体与立方体试件来测试 SHCC 的抗压性能。圆柱体试件直径 75mm，高度 150mm。立方体试件采用抗折试验后的一半试件进行试验，受力面尺寸为 40mm×40mm。图 2-26 和图 2-27 分别为压缩荷载作用下圆柱体 SHCC 试件和立方体 SHCC 试件破坏形态。很明显，圆柱体和立方体试件的裂缝发展情况与破坏模式也不尽相同。在压缩荷载作用下，圆柱体试件首先在顶部周围出现一些微裂缝，随着荷载的增加，试件最薄弱部位的纤维被拔出或拉断，形成一条主裂缝，随着荷载的继续增加，该裂缝宽度逐渐增加并沿一定角度向下扩展，当延伸至距试件顶部约 1/3 位置时，顶部其他部位一些裂缝相继扩展并延伸，最终在荷载作用下，宽度较大的裂缝贯通后产生斜向剪切破坏。立方体试件破坏时没有出现明显的环箍破坏，而是在试件表面观测到较多微裂缝，最终由于其中一条或多条裂缝宽度较大不能继续承载而破坏。所有试件在峰值荷载时均能保持良好的完整性，不会出现类似混凝土的脆性破坏。试验结束时可以观察到所有试件除了受压面中间的受压部分产生较大的压缩变形外，试件整体性良好。

图 2-26　圆柱体试件破坏形态

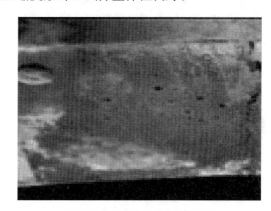

图 2-27　立方体试件破坏形态

2.4.2　SHCC 抗压应力-应变全曲线分析

不同龄期 SHCC 圆柱体试件压应力-应变平均曲线如图 2-28 所示。从图中可以看出，SHCC 试件 28d 抗压强度接近 40MPa。曲线形状类似混凝土的压应力-应变曲线，也分为上升段和下降段。曲线上峰值应力对应的应变均值分别为 1.8%（7d）、1.5%（14d）和 1.3%（28d），明显高于普通混凝土的 0.2%。因此，虽然 SHCC 的压应力-应变全曲线形状与普通混凝土抗压全曲线类似，都属于偏态的单峰曲线，其塑性变形能力明显优于普通混凝土。峰值应力后随着应变的增大，应力缓慢下降，下降段坡度较为平缓，当应力下降到峰值应力的 25%～30% 时，应力值基本保持不变，应变依然持续增加，极限压应变显著提高，表现出良好的塑性特征。这主要是当试件受到外应力或内应力作用而开裂时，均匀、无序地分散于其中的 PVA 纤维能对微裂缝的扩展起到限制和阻碍作用；纤维纵横交错，均匀分布，就如几亿根微"钢筋"植于水泥砂浆基体，使得微裂缝的扩展受到这些"微钢筋"的重重阻挠，微裂缝无法越过这些纤维继续发展，只能沿着纤维与基体之间的界面扩展。大量 PVA 纤维的存在，既要消耗能量，又能缓解相应的应力，而开裂是需要能量的，微裂纹要想继续扩展就必须先打破纤维的层层包围，所以应力下降速度缓慢，极限压应变显著提高。

圆柱体试件应力-应变平均曲线如图 2-28 所示。可以看出，随着龄期的增长，抗压强度不断提高，曲线上升段斜率逐渐增大，越来越陡峭。这是因为，试件龄期越大，基体水化反应越充分，PVA 纤维与基体的粘结性越好，摩擦较大，难以拔出。当外力荷载达到峰值应力后，压应力-应变曲线下降段斜率也不尽相同，龄期较短时，下降段斜率较小，应力速度下降较为缓慢，随着龄期的增长，应力下降速度也加快。

从表 2-12 知，随着龄期的增长，其抗压强度不断提高。14d 立方体试件抗压强度较 7d 增长 73％，28d 的强度较 14d 的增加 5％；圆柱体试件 14d 抗压强度较 7d 增长 42％，28d 的强度较 14d 的增加 25％。当龄期相同时，立方体试件抗压强度普遍比圆柱体试件抗压强度高，这说明试件尺寸效应和形状效应对其力学性能是有影响的，尺寸越大，高宽比越大，测得的材料强度就越低。且立方体试件为抗折试验后的一半试件，其受压面的尺寸大于受压面积，伸出标准夹具以外的部分由于纤维的连接作用在受压过程中不能发生脆性断裂，导致试件的横向变形受到约束，使试验测得的抗压强度明显高于圆柱体抗压强度值。

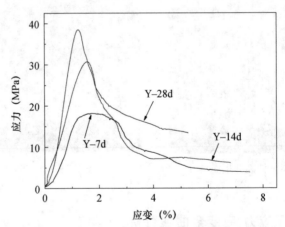

图 2-28　圆柱体试件压应力-应变平均曲线图

表 2-12　不同类型 SHCC 试件抗压强度平均值

立方体试件抗压强度（MPa）			圆柱体试件抗压强度（MPa）		
7d	14d	28d	7d	14d	28d
28.5	49.4	51.9	18.0	30.7	38.5

第3章 拉伸荷载作用下SHCC开裂损伤过程及其对耐久性的影响

目前，国内外对SHCC的基本力学性能、本构关系以及耐久性能等方面的研究已经取得了很大的进展[97]。然而，研究者对SHCC耐久性的研究主要是针对未受损伤构件进行的。此结果虽然能反映SHCC良好的耐久性，但与实际工程有一定差别。实际工程在施工以及使用过程中会受到各种荷载和环境的作用，而这些作用会对构件造成一定的损伤，损伤又会影响构件的耐久性。这就使得基于未受损伤构件的相关寿命预测与耐久性评估结果受到质疑。另外，水泥基材料中的钢筋锈蚀、冻融破坏、碳化等耐久性劣化过程都与水分的存在密切相关。并且无论在西部盐碱地地区的基础设施，或是北方寒冷气候条件下各种道路桥梁的除冰盐，或是东南沿海建筑，这些结构在服役过程中都暴露在氯离子侵蚀环境中。因此，研究损伤后SHCC试件的吸水特性和抗氯离子侵蚀性具有非常重要的工程意义。这对更好地认识和理解SHCC的劣化机理及其耐久性失效机制具有十分重要的科学意义。对此，本章采用数字图像处理的方法研究了拉伸荷载作用下SHCC的裂缝开展过程，并用数理统计和概率的方法对其进行分析。在此基础上进行毛细吸水试验和氯离子侵蚀试验，研究不同拉伸应变水平下SHCC的耐久性，同时研究了硅烷浸渍防水处理对开裂SHCC的防护效果。并基于上述研究结果给出SHCC裂缝特征与渗透性的关系，用于开裂SHCC的耐久性评价。

3.1 试验方案

3.1.1 原材料与试件制备

1. 试验原材料

（1）水泥：P·O 42.5级普通硅酸盐水泥，主要化学成分如表3-1所示，平均粒径约为 $27\mu m$，$3\sim30\mu m$ 的颗粒占总量的70%左右。

（2）粉煤灰：Ⅰ级低钙粉煤灰，主要化学成分如表3-2所示，平均粒径为 $5.4\mu m$，粒径<$19.9\mu m$ 的颗粒占总量的99.6%，而粉煤灰中粒径在 $5\sim19\mu m$ 范围内的颗粒体积分数与粉煤灰各龄期活性指数正关联[98]，因此所选粉煤灰的活性较高。

表3-1 P·O 42.5级普通硅酸盐水泥基本化学成分（%）

类别	CaO	SiO$_2$	Al$_2$O$_3$	MgO	SO$_3$	Fe$_2$O$_3$	K$_2$O	TiO$_2$	MnO	Na$_2$O	P$_2$O$_5$
水泥	57.27	20.60	7.17	4.70	4.43	3.85	0.77	0.40	0.35	0.17	0.13

表 3-2 Ⅰ级粉煤灰基本化学成分（%）

类别	CaO	SiO$_2$	Al$_2$O$_3$	SO$_3$	Fe$_2$O$_3$	K$_2$O	TiO$_2$	MnO	Na$_2$O	P$_2$O$_5$
粉煤灰	1.83	58.10	31.79	0.51	3.76	1.51	1.57	0.02	0.36	0.20

（3）砂子：最大粒径 0.3mm 的河砂。

（4）水：自来水。

（5）减水剂：占水泥质量 1% 的聚羧酸高效减水剂。

（6）PVA 纤维：采用日本 KURARAY 公司生产的 PVA 纤维，体积掺量为 2%。

（7）硅烷类防水剂：根据防水处理方式不同，可以将硅烷防水处理分为两种方式：一种是对已处于服役状态中的水泥基材料进行表面防护处理，另一种是在水泥基材料搅拌制备过程中直接掺入，改变水泥基材料的性质而实现整体防水。试验采用的表面浸渍型防水剂为德国某公司生产的凝胶型有机硅防水剂，其主要成分为烷基烷氧基硅烷，是一种触变凝胶防水剂。其性能和主要技术指标如表 3-3 所示。该产品适用于楼房、道路和桥梁等混凝土和钢筋混凝土结构的保护和维护。研究表明，对于水泥基材料采用 400g/m^2 的用量涂覆于试件表面时，可以取得很好的防水效果[99]。在防水处理前要将 SHCC 试件在恒温恒湿（20℃±3℃、RH=65%）环境中放置 7d 以上，确保 SHCC 防水处理时其内部湿度不至于太大，保证硅烷能够顺利渗透到混凝土内部。试验采用的内掺型防水剂为德国某公司生产的乳液型有机硅烷防水剂，其主要成分也是烷基烷氧基硅烷，含有 50% 的活性有效成分，是一种易溶于水的硅烷胶粒悬浮乳液，其掺量为胶凝材料质量的 2%，其性能和主要技术指标如表 3-3 所示。

表 3-3 试验所用防水剂的性能和主要技术指标

	密度（g/cm^3）	硅烷含量（%）	状态	特点
表面浸渍型防水剂	0.96	75%～100%	凝胶	抗老化、抗风化好，透气性好，适用各种基材，黏着力强，渗透性非常好，粒径 3～20mm
内掺型有机硅烷防水剂	0.94	50%	乳液	渗透性好，收缩值小，不易受气候的影响，当相对湿度高于 80% 时，吸水量降低

2. 试验配合比

SHCC 的配合比如表 3-4 所示。

表 3-4 SHCC 配合比　　　　　　　　　　　　　　　　　kg/m^3

水泥	粉煤灰	砂子	水	纤维	高效减水剂
550	650	550	395	26	12

3. 试件制备

单轴拉伸试验采用哑铃形试件，形状与尺寸如图 3-1 所示，试件厚度为 30mm。试件成型 24h 后拆模并放入标准养护室中养护 7d，然后取出放进干缩室（温度为 20℃±3℃，相对湿度 50%）中。对于 SHCC 和整体防水 SHCC（内掺有机硅烷乳液防水剂的

SHCC），要在干缩室内一直放置到 21d 龄期，使试件内外达到湿度平衡，便于测量试件吸水性能和抗氯离子侵蚀性能。对于表面防水处理 SHCC，在干缩室中放置 7d 后，将试件中间拉伸部位（60mm×120mm 截面）进行表面防水处理，并将处理后的试件在干缩室再放 7d，这将使得硅烷凝胶有充足的时间向水泥基材料内部渗透。且在这种环境湿度条件下，渗入 SHCC 内部的硅烷分子将完成水解缩合反应并与硅酸盐基体结合形成憎水层，发挥防水的作用。然后对试件进行单轴拉伸试验，测量其拉伸过程中的裂缝宽度分布，并进行吸水和氯离子侵入试验。

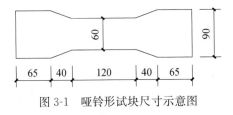

图 3-1　哑铃形试块尺寸示意图

3.1.2　单轴拉伸过程中裂缝宽度测量

单轴拉伸试验装置如图 3-2 所示。首先，对试件进行单轴拉伸试验，当达到目标拉应变后，利用带微距镜头的高分辨率单反相机对直拉测试区域进行拍照。为提高图像的分辨率，把测试区域等分为 10 个小区域，并对每个区域拍照。然后，利用 Image J 对图像进行后处理。为提高统计的精确度，在进行裂缝宽度计算时沿图 3-3 中的实线分别量测裂缝的宽度，得到不同拉伸应变下 SHCC 的裂缝宽度分布规律。然后，用数理统计的方法对其进行分析，得到其概率密度函数。

图 3-2　单轴拉伸试验装置

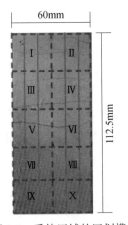

图 3-3　受拉区域的区划模式

3.1.3　毛细吸水试验

水泥基材料是非均质、多孔且具有显微裂缝结构、表面粗糙的高渗透性材料。若其表面与水溶液接触，溶液就会通过毛细吸收作用吸附到其表层，并进一步渗透到其内部，进而在严寒地区引起材料冰冻和解冻；并且，如果混凝土等水泥基材料长期受空气中水分的侵蚀，还会使基材遭受干湿交替的影响，引起表面开裂，而裂缝的产生和发展将导致溶解于水的有害物质被水分运送到其内部。综合混凝土等水泥基材料的各种劣化机理可知，几乎所有影响其耐久性的化学和物理过程都涉及两个主要因素，即水和水在水泥基材料孔隙和裂缝中的迁移[100]。

研究表明：水在混凝土等水泥基材料中的迁移有三种方式——毛细吸收作用、扩散作用及在压力梯度下的渗透。而在非压力作用情况下，水在混凝土内部的扩散是一个非常缓慢的过程。因此毛细吸收作用在混凝土等水泥基材料中，尤其在非饱和基体的表面附近，是水向其内部迁移的主要方式。而目前对毛细吸收作用的研究多集中在未损伤基体，对开裂后水泥基材料的毛细吸收作用则研究得不多。尤其对 SHCC 在持载并且多缝开裂状态下的吸水特性研究更少。

当未饱和水泥基材料与溶液接触时，会使毛细孔隙压力上升，导致溶液被吸收到其孔隙内。溶液的吸收过程受溶液的黏滞系数和表面张力、基体的孔径分布、孔隙率和孔隙的连通状况等因素的影响。Hall[101]认为溶液在非饱和水泥基材料中的一维吸收过程符合达西定律，如式（3-1）所示，由于毛细吸收力 F 与毛细吸收能 ψ 的导数的负值相等，对达西方程进一步推导，得到式（3-2），然后对时间 t 求偏导数得式（3-3）。

$$u = K(\theta) \times F \tag{3-1}$$

$$u = -K(\theta) \times \nabla\psi \tag{3-2}$$

$$\partial\theta / \partial t = \nabla K(\theta) \nabla\psi \tag{3-3}$$

式中，u 为溶液的流速，m/s；t 为时间，s；F 为毛细吸收力，kN；θ 为溶液吸收量与混凝土的体积比；ψ 为毛细吸收能，kg/m^3。

Kelham[102]通过研究发现水泥基材料的单位面积毛细吸收量与时间的平方根成线性关系，如式（3-4）所示：

$$\Delta W = A\sqrt{t} \tag{3-4}$$

式中，ΔW 为单位面积水泥基材料的毛细吸收量，g/m^2；A 为水泥基材料的毛细吸收系数，$g/(m^2 \cdot h^{1/2})$；

水泥基材料的毛细吸收系数 A 的大小能够反映其渗透性能，而水泥基材料的渗透性与其耐久性之间又有着密切的联系，所以毛细吸收系数 A 被认为是评价水泥基材料耐久性的重要指标之一。毛细吸收系数 A 与其孔径大小和分布、孔隙率以及溶液性质有关[103]。其表达式如式（3-5）所示。

$$A = \psi B = \psi \sqrt{(r_{\text{eff}}\sigma\cos\Theta) / 2\eta} \tag{3-5}$$

式中，B 为水泥基材料的渗透系数，$m/h^{1/2}$；r_{eff} 为孔结构中孔径分布的有效孔径，m；σ 为水的表面张力，0.074N/m；Θ 为水泥基材料与溶液的接触角；η 为水的黏滞度，$0.001N \cdot h/m^2$。

吸水试验装置如图 3-4 所示。该吸水试验装置由"带刻度的 U 形玻璃管"和"有机玻璃容器"组成。当试件拉伸达到目标拉伸应变后使试件继续保持持载状态，将"有机玻璃容器"与测试试件用橡皮泥固定粘接在一起，并将试件两个侧面用橡皮泥密封，以确保试件一维吸水。然后从"带刻度的 U 形玻璃管"加入水，直至液面达到刻度位置。在加水过程中要排净"有机玻璃容器"中的气泡，以减少由此引起的误差。在吸水试验过程中读取"带刻度的 U 形玻璃管"的刻度（总吸水时间为 3h）。这样就得到了吸水量与吸水时间的关系。对数据进行分析后可得到毛细吸收系数，进而评价持载开裂状态下 SHCC 的耐久性。

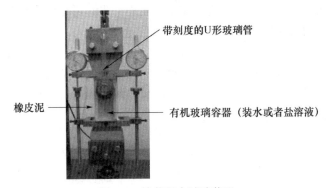

图 3-4　持载吸水试验装置

3.1.4　氯离子侵蚀试验

钢筋混凝土结构在服役过程中可能会遇到冻害、钢筋锈蚀、中性化等各种情况。研究表明，氯离子是最危险的一种侵蚀介质，它的危害是多方面的[104-106]。氯离子侵蚀试验仍采用图 3-4 所示试验装置。此时，将水换成浓度为 3％的 NaCl 溶液（总吸盐时间为 3h）。试验结束后从吸盐面开始，沿不同深度用混凝土粉末打磨机进行逐层研磨取粉，然后用氯离子选择电极测定不同层粉末中的氯离子含量，从而得到不同应变水平下的氯离子含量分布曲线。

3.2　拉伸荷载作用下 SHCC 裂缝分布特性分析

裂缝的存在为水分和侵蚀性介质的侵入提供了便捷通道，容易引起水泥基材料的耐久性劣化。与普通混凝土单缝开裂不同的是 SHCC 这种特殊材料具有多缝开裂特性。为更好地认识和理解开裂后 SHCC 的性能，需要首先定量描述其拉伸过程中的裂缝分布特性。

3.2.1　裂缝宽度统计参数分析

不同拉伸应变水平下 SHCC 的裂缝宽度统计参数如图 3-5～图 3-8 所示。从图 3-5 可以看出，试件裂缝密度随拉伸应变的增加而增加。当拉伸应变较小时（$\varepsilon \leqslant 2\%$），裂缝条数增加较快；当拉伸应变进一步增加时（$2\% \leqslant \varepsilon \leqslant 3\%$），裂缝条数增加平缓；当拉伸应变在 3％和 3.5％之间时，裂缝条数增加迅速。当拉伸应变进一步增加时，裂缝条数增加不多。这是因为此时 SHCC 试件的裂缝宽度大幅扩展。随拉伸应变的增加，裂缝密度的发展存在一个波峰，一个波谷。所以采用三次多项式对其进行拟合，R^2 超过 0.95，拟合优度较高。对比试件底面和试件成型面发现，试件成型面的裂缝密度明显大于试件底面。也就是说 SHCC 试件在拉伸过程中，其成型面出现的裂缝条数比底面多。

这是由试件成型工艺导致的结果。当 SHCC 搅拌完成后，将 SHCC 装入模具，并将模具放到振动台上振实以排除试件中的气泡。在振动过程中，需要用抹刀将试件成型面抹平。由于纤维的存在，相对于普通混凝土来说试件的抹平较难，所以需要反复多次。在此过程中，试件成型面的纤维被人为地在试件表面铺平，纤维大多数沿试件水平方向取向分布。而在试件的振动过程中，由于砂子的密度较大，有一部分砂子会下沉，纤维密度较小，会出现上浮的趋势。从而导致试件底面纤维分布较少，而且纤维多为垂直分布。综上所述，SHCC 在拉伸过程当中，成型面有更多的纤维可以分担拉应力，起到桥联作用，从而有效地控制裂缝宽度的扩展。而试件底面能够分担拉应力的纤维较少，导致裂缝条数较少，并且裂缝宽度较大。

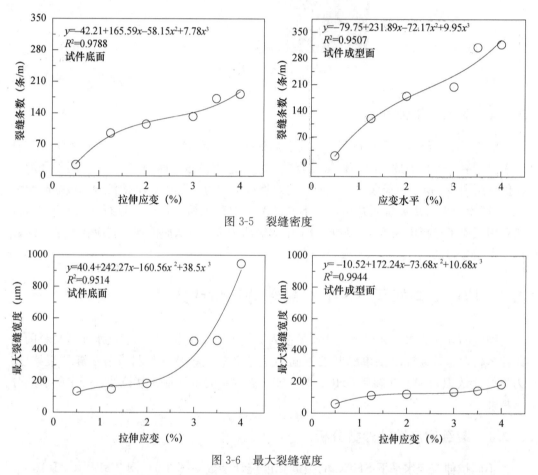

图 3-5　裂缝密度

图 3-6　最大裂缝宽度

另外，从图 3-7 可以看出，SHCC 试件的平均裂缝宽度随拉伸应变的增加变化幅度较小。其中，试件底面的平均裂缝宽度为 $62.7 \sim 87.8 \mu m$，试件成型面的平均裂缝宽度为 $32.2 \sim 41 \mu m$。表明 SHCC 具有良好的裂缝控制能力。但从图 3-6 可以看出，随着拉伸应变的增加，最大裂缝宽度逐步增大。并且试件底面和成型面表现出完全不同的趋势。对于试件底面，当拉伸应变小于 2‰ 时，最大裂缝宽度虽有增加，但幅度不大。但当拉伸应变大于 2‰ 时，试件底面的最大裂缝宽度增加非常迅速。当裂缝宽度达到 4‰ 时，试件底面的最大裂缝宽度达到 $945.8 \mu m$，这对于结构的耐久性来说是非常不利的。

试件成型面的最大裂缝宽度则随拉伸应变增长缓慢。结合裂缝密度，平均裂缝宽度结果可以发现，对于 SHCC 试件的应变硬化特性主要来自裂缝条数的增加和裂缝宽度的增大。

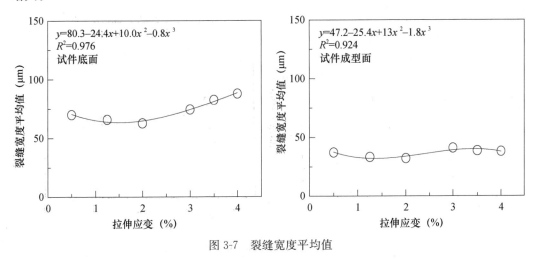

图 3-7　裂缝宽度平均值

图 3-8 为裂缝宽度的标准差，反映了裂缝宽度的离散性。随着拉伸应变的增加裂缝宽度标准差增大。尤其是试件的底面。这是因为，当拉伸应变水平较低时，小裂缝数量较多，但随着拉伸应变的增加，小裂缝进一步增多，而有一些小裂缝开始扩展为大裂缝，且大裂缝的增多幅度更大。

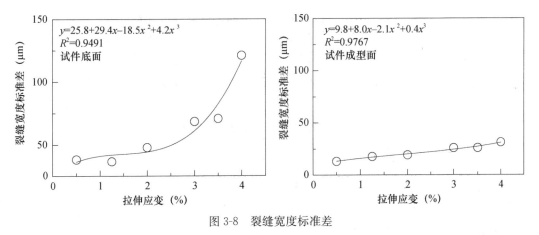

图 3-8　裂缝宽度标准差

3.2.2　裂缝宽度分布概率密度函数选取标准

从前述分析中可以看出，SHCC 在拉伸荷载作用下的裂缝宽度分布是一个符合某种规律的随机过程。随机变量概率分布类型众多，如何选出最合适的分布类型用于表述裂缝宽度的分布是首先要解决的问题。以下从概率论和统计学的相关理论入手，通过相关判断指标，选取最优的裂缝宽度分布概率密度函数，为后面建立 SHCC 裂缝宽度分布与耐久性的关系奠定基础。

（1）偏度——判断概率分布的不对称性

偏度是统计数据分布偏斜方向和偏斜程度的度量，是表征概率分布密度曲线相对于平均值不对称程度的特征数，其计算公式如式（3-6）所示。偏度的值可以为正、可以为负甚至无法定义。在数量上，偏度为负［负偏态或左偏态，如图 3-9（a）所示］意味着在概率密度函数左侧的尾部比右侧的尾部长，绝大多数的值位于平均值的右侧。偏度为正［正偏态或右偏态，如图 3-9（b）所示］意味着在概率密度函数右侧的尾部比左侧的尾部长，绝大多数的值位于平均值的左侧。偏度为零就表示数值相对均匀地分布在平均值的两侧，但不一定意味着其为对称分布。

$$\alpha = \frac{N}{(N-1)(N-2)\sigma^3} \sum_i (x_i - \mu)^3 \tag{3-6}$$

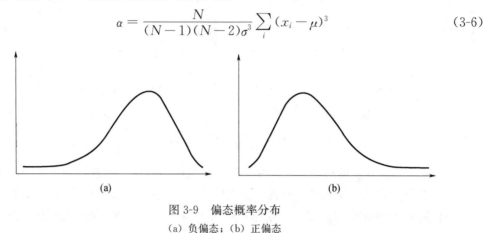

图 3-9　偏态概率分布

（a）负偏态；（b）正偏态

（2）分位数-分位数图（$Q\text{-}Q$ 图）——检验裂缝宽度概率分布模式

QQ 图是一种散点图，其横坐标为根据模型计算得到的变量数据分布理论值，纵坐标为变量数据观测值。如果所有数据点都落在 $y=x$ 直线上，那么该模型可以用于拟合样本。且 QQ 图可以用于判断哪些点被高估，哪些点被低估。所以，QQ 图可以用于检验数据的分布。从图 3-10 可以很明显看出对数正态分布较正态分布更适合于拟合所给定的样本数据。然而，有些情况下仅仅依靠 QQ 图并不能选出最合适的拟合曲线。

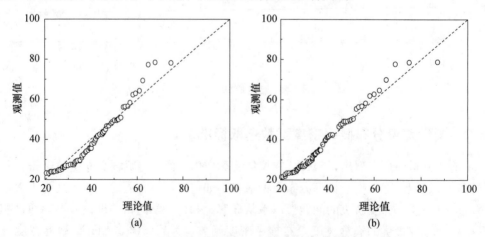

图 3-10　同一样本的正态分布 $Q\text{-}Q$ 图和对数正态分布 $Q\text{-}Q$ 图

（a）正态分布 $Q\text{-}Q$ 图；（b）对数正态分布 $Q\text{-}Q$ 图

图 3-11 为另一样本的正态分布 Q-Q 图和对数正态分布 Q-Q 图。从 Q-Q 图上来看，两者的数据分布差别不大，要选出最优的拟合曲线必须结合下面提到的相关系数 R^2。

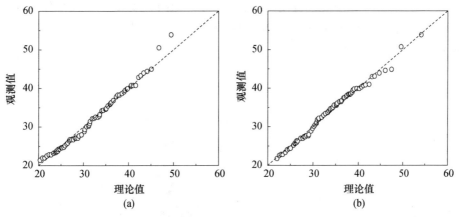

(a)　　　　　　　　　　　　(b)

图 3-11　同一样本的正态分布 Q-Q 图和对数正态分布 Q-Q 图

(a) 正态分布 Q-Q 图；(b) 对数正态分布 Q-Q 图

（3）相关系数（R^2）——判断所选分布模型与裂缝宽度分布情况的相关性

相关系数的大小决定了 X 与 Y 相关的密切程度。其计算公式如式（3-7）所示。R^2 越大，自变量对因变量的解释程度越高，自变量引起的变动占总变动的百分比高。观察点在回归线附近越密集。0 表示没有相关性。上面提到的图 3-11 无法根据 Q-Q 图优选拟合曲线，将 R^2 加到图中后得到图 3-12。显然对数正态分布的相关系数大于正态分布，由此可以对数正态分布拟合数据精度高于正态分布。

$$R^2 = 1 - \frac{\mathrm{SS_E}}{\mathrm{SS_T}} = 1 - \frac{\sum_{i=0}^{n}(y_i - \hat{y}_t)^2}{\sum_{i=0}^{n}(y_i - \overline{y})^2} \tag{3-7}$$

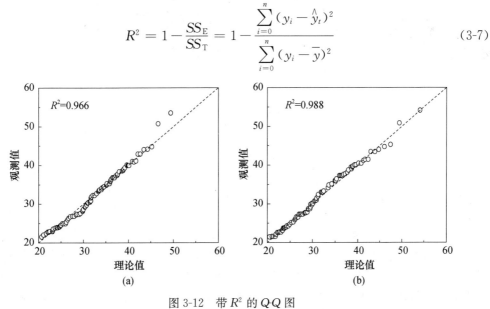

(a)　　　　　　　　　　　　(b)

图 3-12　带 R^2 的 Q-Q 图

(a) 正态分布 Q-Q 图；(b) 对数正态分布 Q-Q 图

3.2.3　裂缝宽度频率分布直方图

图 3-13 为 SHCC 表面裂缝宽度分布直方图。从图中可以看出，在拉伸荷载作用下 SHCC 试件的裂缝宽度分布呈现不对称特性。鉴于其不对称性，后面将计算不同拉伸应变水平下 SHCC 试件的偏度。

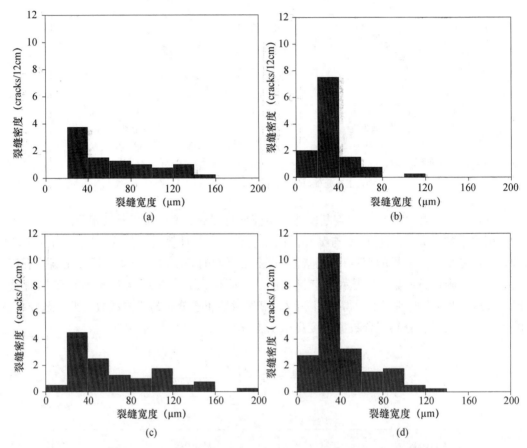

图 3-13　不同拉伸应变水平下 SHCC 表面裂缝宽度频数分布直方图
（a）拉伸应变：1.25%，试件底面；（b）拉伸应变：1.25%，试件成型面；
（c）拉伸应变：3%，试件底面；（d）拉伸应变：3%，试件成型面

3.2.4　裂缝宽度分布概率密度函数

1. 裂缝宽度分布偏度

不同拉伸应变水平下 SHCC 试件裂缝宽度偏度计算结果如图 3-14 所示。从图中可以看出，试件底面和试件成型面的裂缝宽度偏度均大于 0，表明 SHCC 试件在拉伸荷载作用下，其裂缝宽度的分布值绝大多数位于平均值的左侧，其概率密度函数右侧的尾部长于左侧尾部，即为右偏态。

2. 相关系数

常用的偏态分布有以下几种：对数正态分布、Gamma 分布、Weibull 分布。这三个

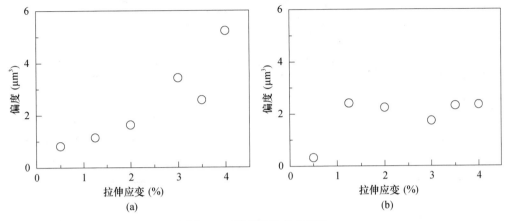

图 3-14　裂缝宽度分布偏度

（a）试件底面；（b）试件成型面

函数的另一优点是，其右偏态 x 的起点为 0，因为裂缝宽度恒大于 0，所以这三个函数与本试验的物理意义吻合。用这几种偏态函数对不同拉伸应变水平下的裂缝宽度数据进行拟合，得到不同函数的相关系数。作为对比，拟合过程中也采用了正态分布对试验数据进行了拟合，结果如图 3-15 所示。从图中可以看出，不管是试件底面还是试件成型面，Gamma 分布对于试验数据的相关系数最高。所以，SHCC 在拉伸荷载作用下的裂缝宽度概率密度分布函数采用 Gamma 分布。Gamma 分布的概率密度表达式如式（3-8）所示。Gamma 分布是由三个参数定义的，形状参数 α，尺度参数 β 以及阈值。对于本研究，Gamma 分布的阈值为 0，所以其概率密度函数由形状参数 α 和尺度参数 β 决定。另外，在 Gamma 分布的概率密度函数中参数 $\Gamma(\alpha)$ 表达式如式（3-9）所示。不同拉伸应变水平下 SHCC 裂缝宽度 Gamma 分布参数如表 3-5 所示。

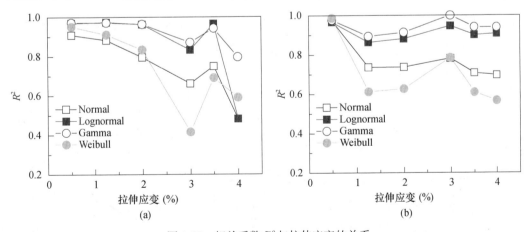

图 3-15　相关系数 R^2 与拉伸应变的关系

（a）底面；（b）成型面

$$f_i(x) = \frac{x^{\alpha-1}}{\beta^\alpha \Gamma(\alpha)} e^{\left(-\frac{x}{\beta}\right)}, \quad \alpha = \left(\frac{\mu}{\sigma}\right)^2, \quad \beta = \frac{\sigma^2}{\mu} \tag{3-8}$$

$$\Gamma(\alpha) = \int_0^\infty x^{\alpha-1} e^{-x} dx, \text{ for } x > 0 \tag{3-9}$$

表 3-5　不同拉伸应变水平下 SHCC 裂缝宽度 Gamma 分布参数

拉伸应变（%）	试件底面					试件成型面				
	0.5	1.25	2	3	4	0.5	1.25	2	3	4
α	3.348	3.232	1.721	1.180	0.527	7.942	3.540	2.813	2.506	1.482
β	20.876	20.358	36.441	62.969	166.754	4.684	9.408	11.448	16.361	25.714

3. Q-Q 图

用 Gamma 分布拟合得到不同拉伸应变水平作用下 SHCC 试件底面和试件成型面的 Q-Q 图，如图 3-16 所示。从图中可以看出，当裂缝宽度较大时，用 Gamma 分布函数计算出的裂缝宽度理论值被低估。

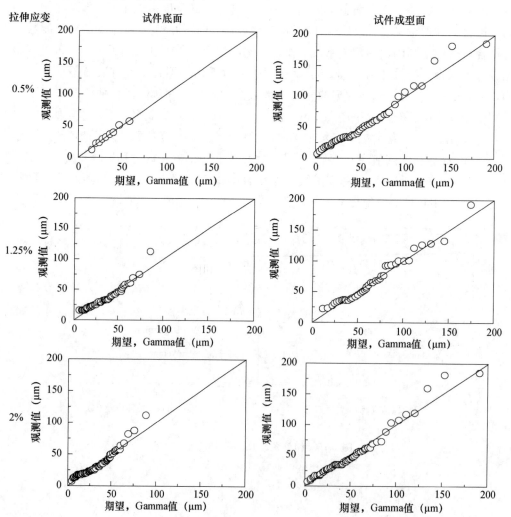

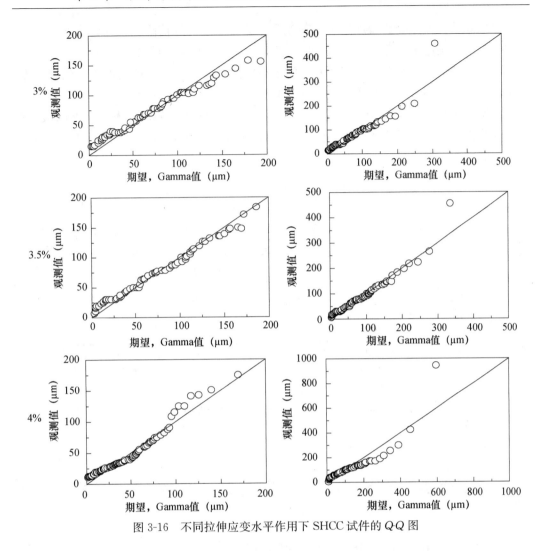

图 3-16　不同拉伸应变水平作用下 SHCC 试件的 *Q-Q* 图

从 Gamma 分布的概率密度函数表达式（3-10）可以看出，其形状参数 α 和尺度参数 β 均与样本的平均值和标准差有关。而从图 3-7 和图 3-8 可以看出，SHCC 裂缝宽度的平均值和标准差与拉伸应变存在一定函数关系。所以可以进一步建立拉伸应变与裂缝宽度概率密度函数的关系。所以根据以下公式可以计算任意拉伸应变下裂缝宽度分布的概率。

$$f_i(x) = \frac{x^{a-1}}{\beta^a \Gamma(\alpha)} e^{\left(-\frac{x}{\beta}\right)},\ \alpha = \left(\frac{\mu}{\sigma}\right)^2,\ \beta = \frac{\sigma^2}{\mu} \tag{3-10}$$

试件底面：
$$\mu = 80.3 - 24.4 \times \varepsilon + 10 \times \varepsilon^2 - 0.8 \times \varepsilon^3 \tag{3-11}$$
$$\delta = 25.8 - 29.4 \times \varepsilon - 18.5 \times \varepsilon^2 + 4.2 \times \varepsilon^3 \tag{3-12}$$

试件成型面：
$$\mu = 47.2 - 25.4 \times \varepsilon + 13 \times \varepsilon^2 - 1.8 \times \varepsilon^3 \tag{3-13}$$
$$\delta = 9.8 + 8 \times \varepsilon - 2.1 \times \varepsilon^2 + 0.4 \times \varepsilon^3 \tag{3-14}$$

不同拉伸应变水平下的概率分布曲线如图 3-17 所示。从图中可以看出：

（1）随着拉伸应变的增加，裂缝宽度分布曲线更平缓，出现大裂缝的概率也越大。

（2）随着拉伸应变的增加，裂缝宽度概率分布曲线的峰值降低，且峰值逐步左移，而曲线的尾部则逐步右移，分布越来越离散化。该趋势与试验现象相吻合。

（3）同拉伸应变水平下，试件底面的裂缝宽度概率分布曲线明显低于试件成型面，且试件成型面的裂缝宽度概率分布曲线更集中。

在实际工程中，如果 SHCC 构件暴露面不同，那么从耐久性考虑其允许的最大拉伸应变值也将不同。因此，SHCC 在实际应用中应该根据其所处环境的严酷程度以及暴露面考虑其耐久性问题。

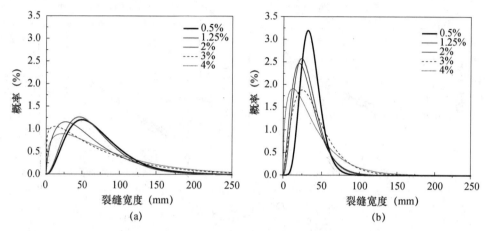

图 3-17　不同拉伸荷载作用下的 SHCC 试件的裂缝宽度概率分布曲线

（a）底面；（b）成型面

3.3　拉伸荷载作用下 SHCC 吸水特性及硅烷浸渍防护效果

3.3.1　拉伸荷载作用对 SHCC 吸水特性的影响

不同拉伸应变水平下 SHCC 的毛细吸水量变化曲线如图 3-18 所示。从图中可以看出：

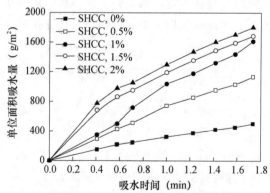

图 3-18　不同拉伸应变下 SHCC 吸水量与吸水时间平方根的关系

（1）SHCC 试件的单位面积吸水量随吸水时间的增加而增多，吸水初期的吸水速度快于后期。

（2）试件的单位面积吸水量随拉伸应变的增大而迅速增大。当拉伸应变为 2% 时，试件 3h 的吸水量为未受荷载试件的 3.5 倍。且试验过程中可以明显地看到此时试件内部已充满水。这是因为随着拉伸应变的增大，裂缝数量增多，较大裂缝的数量也相应增多，裂缝的存在为水分侵入提供了便利的通道。Park 等[107]研究发现，0.1mm 的裂缝加速水分渗透 1.5~2.9 倍，大于 0.2mm 的裂缝则影响更大，超过 13.6 倍。

对图 3-18 中 SHCC 试件 1h 的吸水曲线用式（3-4）进行拟合，得到不同拉伸应变水平下 SHCC 试件的毛细吸水系数，如表 3-6 所示。随着拉伸应变的增加，毛细吸水系数增大。当拉伸应变为 0.5% 时，试件的毛细吸水系数相对未加载试件增加 114%；当拉伸应变为 2% 时，试件的毛细吸水系数相对未加载试件增加 452%；拉伸应变越大，毛细吸水系数的增量越大。侵入受荷试件中的水分由两部分组成，一部分侵入未开裂基体，另一部分侵入裂缝。很明显，虽然 SHCC 试件的直接拉伸应变能够达到 4%，但从耐久性的角度来考虑其在使用过程中的最大拉伸应变达不到 4%。一旦达到 4%，甚至 1%，水分就会很快地侵入构件内部，如果侵入的水分带有 SO_4^{2-}、Cl^- 等有害离子，将大大缩短其服役寿命。这种情况下，必须采取措施对高应变水平下的 SHCC 进行有效地防护。

表 3-6　不同拉伸应变水平下试件的毛细吸水系数 A 　　g/（m² · h^{1/2}）

	拉伸应变（%）	A	R^2
SHCC	0	344.13	0.9846
	0.5	737.90	0.9994
	1	989.27	0.9823
	1.5	1322.4	0.9418
	2	1464.10	0.9220
表面浸渍 SHCC	0	12.62	0.9871
	1.5	248.20	0.9415
	2	290.12	0.9468
整体防水 SHCC	0	140.06	0.9864
	1.5	270.73	0.9603
	2	163.74	0.9800
开裂 SHCC 表面防护试件	0	12.62	0.9871
	0.5	26.11	0.912
	1	165.79	0.9534
	2	227.6	0.9963

不同拉伸应变下 SHCC 试件的毛细吸水系数如图 3-19 所示。从中可以看出，毛细吸水系数随拉伸应变的增加近似呈线性增加。对其进行线性拟合，拟合方程如式（3-15）所示。其相关系数 $R^2 = 0.9876$。通过该关系式可以计算该材料 0%~2% 之间任意拉伸应变水平下的毛细吸水系数，从而为耐久性设计提供依据。

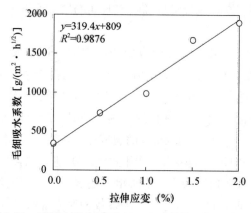

图 3-19　不同应变水平下 SHCC 试件的毛细吸水系数

$$A = 319.4 \times \varepsilon + 809 \tag{3-15}$$

式中，A 为毛细吸水系数，$g/(m^2 \cdot h^{1/2})$；ε 为拉伸应变，％。

3.3.2　表面硅烷浸渍对开裂 SHCC 防水效果的影响

3.3.1 节中提到，高应变水平下 SHCC 很容易产生一些大裂缝，并且裂缝密度也较大，这些裂缝的存在为水分以及其他有害离子的侵入提供了便利通道。如何采取措施提高其高应变水平下的耐久性是工程师们普遍关心的问题。针对此问题，首先对 SHCC 试件进行单轴拉伸试验，当达到目标拉伸应变后，保持荷载不变，在试件表面涂覆硅烷凝胶（用量为 $400g/m^2$）。然后，试件在持载状态下在干缩室（温度为 $20℃ \pm 3℃$，相对湿度 50％）内静置 7d，以便硅烷凝胶渗透进入试件内部，并与基体发生缩合反应，形成防水层。然后在持载状态下进行毛细吸水试验。结果如图 3-20 所示。从图中可以看出，开裂 SHCC 表面浸渍处理后吸水量明显减少。可见，对受荷后的结构进行防水处理可大大提高结构的耐久性。对图中试件 1h 的吸水曲线用公式（3-4）进行拟合，得到开裂 SHCC 试件经表面浸渍处理后的毛细吸水系数，结果如表 3-6 所示。从表中可以看出，开裂 SHCC 经硅烷凝胶处理后的毛细吸水系数甚至小于未开裂试件。从而能够有效防护开裂 SHCC，提高其耐久性和服役寿命。

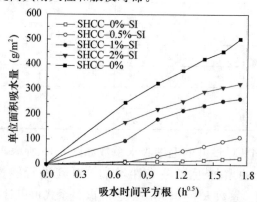

图 3-20　开裂 SHCC 表面浸渍处理后的吸水量与吸水时间平方根的关系

表面硅烷浸渍作用机理如下：当硅烷凝胶涂覆在试件表面后，在毛细吸收作用下硅烷凝胶被迅速吸入毛细孔隙，在孔隙水和湿气的作用下，烷基烷氧基硅烷分子首先与水反应生成硅烷醇，然后脱醇（图 3-21），形成三维交联有机硅树脂。树脂分子上带有反应活性基的硅氧烷能与硅酸盐基材中的羟基反应形成末端带有—Si—R* 基的硅氧烷烷链（图 3-22）[108]，并通过活性基团的缩合反应，在多孔的基材表面及毛细管孔内壁形成一层均匀且致密的斥水性网状硅氧烷聚合物憎水膜。这种膜具有很低的表面张力，能均匀地分布在多孔的 SHCC 硅酸盐基材的孔壁上，SHCC 基材表面与水的接触角由原先的锐角增大为 100°~130°，从而使基材表面的水只能以球形小水滴形式存在。硅氧烷憎水膜层的形成使基材表面的性质发生变化，而毛细管壁表面张力的降低，降低了毛细孔对水的毛细吸收作用，充分发挥其防水的功效，有效地阻止了外部水分和有害物质的侵入[109,110]，达到防水的目的。但该憎水膜只是均匀地分布在多孔的 SHCC 内部硅酸盐基材微孔孔壁上，而不是封闭其毛细管通道。所以，该方法并不会影响基材内部的水汽向外部的扩散，基材仍具有良好的透气性[111,112]。当 SHCC 试件与水接触时，由于硅烷憎水层的存在，液态水被抑制在试件外部，仅以水汽的形式向水泥基体内部扩散，随着更多水汽的进入，在裂缝深处两侧的非憎水基体上逐渐凝结，形成液态水后逐渐与外部水连接。此后，形成的水液面力图收缩表面，在液面产生附加压力即毛细管吸附力，导致水泥基体的吸水速度增大。如果裂缝较宽，裂缝处水分的侵入以及连接通道的建立过程就较快。其原理示意图如图 3-23 所示。

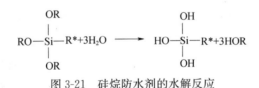

图 3-21　硅烷防水剂的水解反应

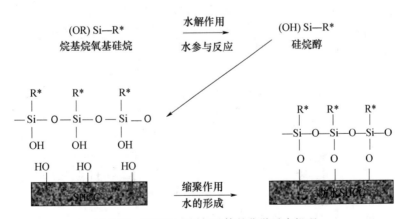

图 3-22　硅烷防水剂与基体的化学反应机理

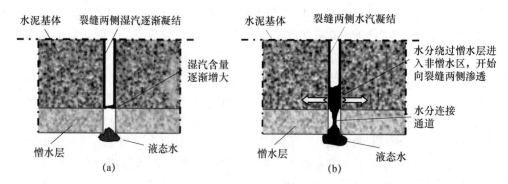

图 3-23　开裂 SHCC 经表面浸渍处理后的水分侵入示意图

（a）硅烷浸渍 SHCC 与水接触时；（b）水分绕过憎水层

3.3.3　拉伸荷载作用对整体防水 SHCC 吸水特性的影响

不同拉伸应变下整体防水 SHCC 吸水量与吸水时间平方根的关系如图 3-24 所示。从图中可以看出，整体防水 SHCC 试件在拉伸荷载作用下毛细吸水量远小于未做防水处理未加载 SHCC 试件的吸水量。对图中试件 1h 的吸水曲线用式（3-4）进行拟合，得到不同拉伸应变水平下整体防水 SHCC 试件的毛细吸水系数，结果如表 3-6 所示。很明显，在荷载作用下整体防水 SHCC 的毛细吸水系数远小于同拉伸应变水平下 SHCC 的毛细吸水系数。表明整体防水 SHCC 在荷载作用下，即使在开裂状态下也表现出良好的防水性。

试验所采用的整体防水 SHCC 之所以具有良好的防水效果，其作用机理与前述硅烷浸渍的防水机理基本相同，但作用过程有所不同。硅烷乳液掺入 SHCC 后，首先乳液中的硅烷胶粒会在试件的干燥失水过程中破裂（试件在养护室中养护 7d 后，放入干缩室 14d），释放出烷基烷氧基硅烷分子，然后与孔隙水发生水解反应生成硅烷醇，进而与硅酸盐基体中的羟基反应并相互缩合，在基体孔隙壁上形成一层憎水膜，起到抑制水分侵入的作用，从而使得 SHCC 整体憎水。在这种情况下，即使试件产生了裂缝，在裂缝深处的基体仍是憎水的。也就是说，即便有少量水汽沿裂缝路径进入试件内部，也不会在裂缝两侧大量凝结形成液态水，如图 3-25 所示。

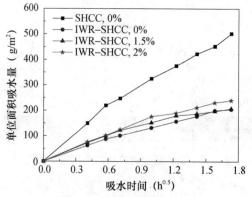

图 3-24　不同拉伸应变下整体防水 SHCC 吸水量

与吸水时间平方根的关系

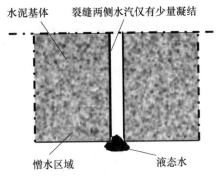

图 3-25　整体防水 SHCC 裂缝处的水分侵入示意图

　　内掺硅烷乳液虽然能够有效地抑制并大幅降低水分向 SHCC 中的侵入，但并不能绝对阻止水分的进入。这是因为首先酰硅烷乳液中硅烷胶粒的尺寸约为 100nm，即便是破裂后释放出的硅烷分子，由于其尺寸（1~3nm）仍大于一些微小 C—S—H 凝胶孔的尺寸，所以无法进入这些凝胶孔，使得这部分凝胶孔的孔壁不能被憎水化[113]，这些未憎水化微小凝胶孔仍能够吸收少量水分。其次，水分会以气体形式缓慢扩散入基体内部。未掺和掺加不同含量硅烷乳液改性混凝土的孔隙率和孔径分布，结果如图 3-26 所示[114]。从图中可以看，硅烷乳液的掺入对水泥基体的孔隙率和孔径分布没有明显影响；硅烷分子与水泥基材料中的羟基反应后，在孔隙壁上形成一层憎水膜的同时，并不会堵塞毛细孔隙，测得未掺硅烷试件的孔隙率为 18.8%，硅烷乳液掺量为 0.5%、1.0% 和 2.0% 的混凝土总孔隙率分别为 20.7%、20.3% 和 19%，总孔隙率变化幅度不大。并且从图中可以看出，硅烷乳液的掺入并没有明显改变材料的孔径分布，尤其是 3~10nm 范围内的凝胶孔径几乎相同。而透气性与材料的孔径分布密切相关，所以硅烷乳液的掺入只轻微影响水泥基体的透气性，从而允许水分能够以水汽形式扩散，保持其"可呼吸性"。

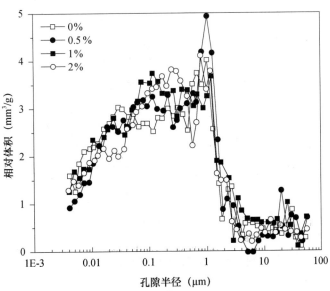

图 3-26　未掺和掺加硅烷改性水泥基体的孔隙率和孔径分布

3.4 拉伸荷载作用下 SHCC 抗氯离子侵蚀性能及硅烷防护效果

在海洋和除冰盐环境下，氯离子侵入混凝土结构内部引起钢筋锈蚀是混凝土结构耐久性失效的重要原因之一。SHCC 这种特殊材料通常被用于结构受拉区，所以有必要详细研究拉伸荷载作用下 SHCC 的抗氯离子侵蚀性能，并采取有效的措施提高其抗氯离子侵蚀能力。另外，氯离子向水泥基材料内部侵入必须以水为载体才能进行，3.3 节的试验结果表明，只要进行合理的表面硅烷浸渍和内掺硅烷改性，都能有效抑制荷载作用下 SHCC 的水分渗透。然而，表面硅烷浸渍和内掺硅烷改性是否能够在未损或者开裂损伤 SHCC 表面形成有效的氯离子隔离层呢？

3.4.1 拉伸荷载作用对 SHCC 抗氯离子侵蚀性能的影响

图 3-27 为不同拉伸应变水平下 SHCC 与氯盐接触 3h 后的氯离子分布曲线。从图中可以看出，拉伸荷载对 SHCC 试件的抗氯离子侵蚀性能有明显的影响。随着拉伸应变的提高，SHCC 试件内部的氯离子含量和氯离子侵入深度明显增加。出现这种试验现象的原因是，随着拉伸应变的提高，SHCC 试件中与荷载方向垂直的裂缝增多（详见3.2.1 节），从而导致试件的渗透性增大，这些裂缝为氯离子的输运提供了更为便捷的通道。当拉伸应变为 0% 时，SHCC 试件的氯离子侵入深度很小，仅为 10mm，且侵入量也很小。但当拉伸应变为 0.5% 时，氯离子已侵入整个试件。另外发现，试件背面的氯离子含量反而比吸盐面的氯离子含量还要高。出现这种现象的原因是，在 SHCC 试件的拉伸过程中，试件一旦开裂，裂缝逐步贯通整个试件。此时，为了防止 NaCl 溶液从试件背面流出，在试件的背面用橡皮泥将裂缝进行封堵，因此在试件的背面出现了氯离子的集中现象。所以，在沿海等氯盐环境中使用 SHCC 时，在满足力学性能要求的前提下，要严格限制裂缝的宽度。另一方面，当 SHCC 构件承受较高拉伸应变时，应考虑采取必要的防护措施以提高其抵抗氯盐侵蚀的能力。

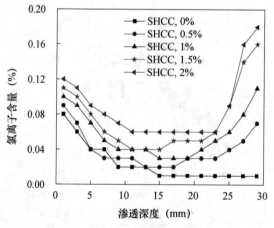

图 3-27 不同拉伸应变水平下 SHCC
中氯离子含量与分布

3.4.2　表面硅烷浸渍对开裂 SHCC 抗氯离子侵蚀性能的影响

开裂 SHCC 表面浸渍处理后的吸水量与吸水时间平方根的关系如图 3-28 所示。从图中可以看出,开裂 SHCC 经表面硅烷浸渍处理后侵入的氯离子很少。当拉伸应变为 2％时,其 1mm 处的氯离子含量仅为未加载未防水处理试件氯离子含量的 43％。硅烷凝胶在开裂 SHCC 表面建立了良好的憎水层。由于该憎水层的斥水作用,从而阻止或大大延缓了氯离子向其内部侵入的速度。因此,当试件开裂后对其进行表面浸渍处理可有效提高其抗氯离子侵入的能力,进而延长其服役寿命。

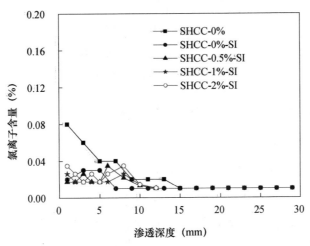

图 3-28　开裂 SHCC 表面浸渍处理后的
吸水量与吸水时间平方根的关系

3.4.3　拉伸荷载作用对整体防水 SHCC 抗氯离子侵蚀性能的影响

图 3-29 为不同拉伸应变水平下整体防水 SHCC 与氯盐接触 3h 后的氯离子分布曲线。从图中可以看出,拉伸荷载对整体防水 SHCC 的抗氯离子侵蚀性能影响不大。甚至当拉伸应变达到 1.5％时,试件的氯离子侵入深度和侵入量仍低于未受荷载试件。但当拉伸应变达到 2％时,试件的氯离子侵入量稍高于未加载未防水 SHCC 试件。可见,硅烷乳液的掺入,有效地阻止并延缓了氯离子向试件内部的渗透。但整体防水 SHCC 试件表面仍有氯离子侵入,即硅烷乳液的掺入并不能绝对阻止氯离子向其内部的侵入。这可以从整体防水处理的防水机理解释。水分向整体防水 SHCC 内部的传输分为两部分:一部分是以水蒸气的形式传输的,不能运输氯离子;另一部分少量水是被硅烷乳液无法防水处理的孔隙以及由于张拉所形成的裂缝吸入的,所吸入的水分把溶于其中的氯离子带入 SHCC 试件。但总体来看,在拉伸荷载作用下,整体防水 SHCC 表现出良好的抗氯离子侵蚀能力,形成有效的氯离子隔离层,大大降低严酷环境下结构中的钢筋锈蚀危险。

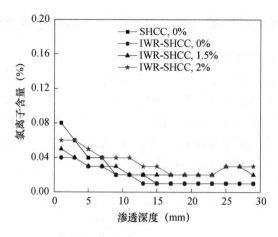

图 3-29　不同拉伸应变水平下整体
防水 SHCC 中氯离子含量与分布

3.5　裂缝特征与 SHCC 渗透性的关系

3.5.1　裂缝宽度多边形与 SHCC 渗透性的关系

　　根据不同拉伸荷载作用下 SHCC 试件的裂缝宽度原始数据，计算得到拉伸荷载作用下 SHCC 试件的裂缝宽度累积概率（计算区间 $\Delta w = 10\mu m$），试件成型面和试件底面的裂缝宽度累积概率分布图如图 3-30 和图 3-31 所示。可以看出，SHCC 试件的裂缝宽度累积概率分布图类似砂、石的粒度分布曲线。此处称为裂缝宽度多边形（Crack Width Polygons—CWP）。从 CWP 图很容易得到荷载作用下试件裂缝出现超过某一裂缝限制的比率。当拉伸应变为 0.5% 时，试件底面出现 $80\mu m$ 以上裂缝宽度的概率已经超过 40%，这对于材料本身的耐久性来说是非常危险的。当拉伸应变水平为 1.25% 时，出现 $80\mu m$ 以上裂缝宽度的概率已经超过 35%。而试件成型面的裂缝宽度则较小，原因如前所述。

　　而关于裂缝宽度多边形图中的渗透性等级边界，Wagner C.[115] 建议采用多项式格式，如式（3-16）所示。在该边界条件中有三个参数，如式（3-17）所示。而这三个参数均与不同渗透性等级所对应的最大允许裂缝宽度和最小允许裂缝宽度有关。通过这些边界曲线，将不同裂缝区间划分为不同的渗透性等级。这样从图 3-30 和图 3-31 就可以很直观地得到荷载作用下开裂试件所对应的渗透性等级。从而建立了试件开裂与其渗透性的关系。但该边界线的选取并没有经过严密的理论推导和试验验证，其实用性有待于进一步深入研究。

$$h_i = a \cdot w^2 + b \cdot w + c \tag{3-16}$$

$$a = \frac{-1}{(w_{max} - w_{min})^2}, \quad b = \frac{2 \cdot w_{max}}{(w_{max} - w_{min})^2}, \quad c = \frac{w_{min} \cdot (2 \cdot w_{max} - w_{min})}{(w_{max} - w_{min})^2} \tag{3-17}$$

　　式中，w 为裂缝宽度，mm；w_{max} 为 i 级渗透性等级对应的最大允许裂缝宽度，mm；w_{min} 为 i 级渗透性等级对应的最小允许裂缝宽度，mm。

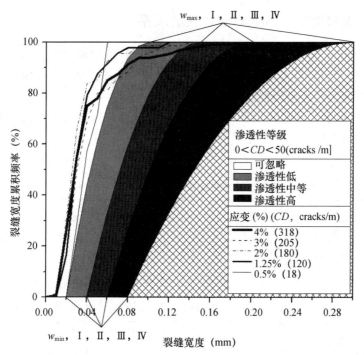

图 3-30　不同拉伸应变水平下 SHCC 试件的裂缝宽度多边形（成型面）

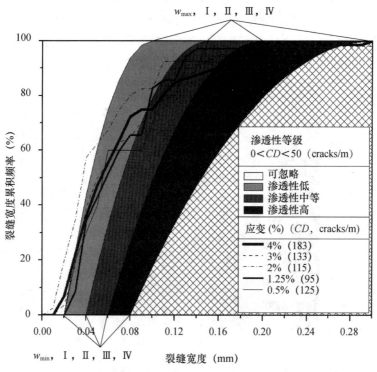

图 3-31　不同拉伸应变水平下 SHCC 试件的裂缝宽度多边形（底面）

3.5.2 累积裂缝宽度与 SHCC 渗透性的关系

3.5.1节提到，裂缝宽度累积概率曲线类似砂、石的粒度分布曲线，而在砂、石的粒度分布曲线中可以计算 k 值对其进行进一步分析。受此启发，根据裂缝宽度累积概率曲线（CWP 曲线）计算累积裂缝宽度值 CCV（Cumulated Crack Width Values）。计算式如式（3-18）所示。很明显 CCV 的计算值与裂缝划分区间 Δw 有关，本文计算时选取 $\Delta w = 10\mu\text{m}$。CCV 计算值如表 3-7 所示。

$$CCV = \sum \left[1 - CWP\left(w_j\right)\right], \quad \Delta w = w_j - w_{j-1} = \text{const} \tag{3-18}$$

表 3-7　根据试验结果计算得到的 CCV 值（$\Delta w = 10\mu\text{m}$）

应变（%）		0	0.50	1.25	2	3	4
CCV	成型面	0	4.43	3.81	3.53	4.44	4.32
	底面	0	7.60	7.40	5.88	7.72	7.67

对于具有多缝开裂特性的 SHCC 来说，其裂缝宽度分布概率与裂缝密度［cracks（m）］是密切相关的，并且这两个参数均影响其渗透性。这两者间的关系如式（3-19）所示。裂缝密度与裂缝宽度分布概率之间的关系如图 3-32 所示。从这个图中可以看出：（1）对于给定的渗透性等级其 CCV 最大值在该渗透性等级下裂缝密度基本值（$CD_{\text{base},i}$）处取得；（2）当裂缝密度低于 $CD_{\text{base},i}$ 时，其 CCV 不变，这是因为当裂缝密度非常低时，试件的渗透性主要由个别的较大裂缝控制；（3）如果给定渗透性等级和 CCV 值，则很容易求得该条件下的允许裂缝密度区间；（4）对于某一渗透性等级，随着允许裂缝密度的增加，CCV 值降低，从而导致 CWP 曲线向低裂缝区间移动。从这个角度来说，该方法优于裂缝宽度多边形方法。

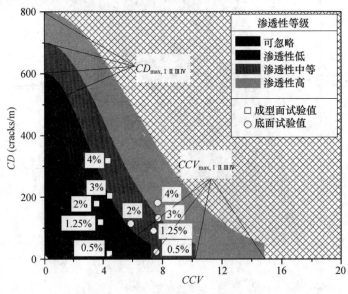

图 3-32　裂缝密度（CD）与裂缝宽度分布概率（CCV）关系图

图 3-32 中的散点图是根据前面不同拉伸应变水平下的试验值计算得到的数值。结

合图 3-32 和表 3-8 就可以很直观地判断出不同拉伸应变水平下 SHCC 试件的适用暴露环境。例如对于试件成型面，当拉伸应变为 0.5%、1.25%、2% 时，其适用暴露环境等级为Ⅱ级，可以在 XC3、XF2、XD2、XS2、XA2、WA 环境条件下使用；当拉伸应变为 3% 和 4% 时，其适用暴露环境等级为Ⅲ级，可以在 XC2、XF1、XD1、XS1、XA1、WF 环境条件下使用。而对于试件底面，当拉伸应变为 0.5%、1.25%、2% 时，其适用暴露环境等级为Ⅲ级，可以在 XC2、XF1、XD1、XS1、XA1、WF 环境条件下使用；当拉伸应变为 3% 和 4% 时，其适用暴露环境等级为Ⅳ级，可以在 XC1、WO 环境条件下使用。

$$CD_{adm,i}(CCV) = CD_{max,i} \cdot e^{\left[-\alpha v^2 \cdot \left(\frac{\ln\left(\frac{1}{S}\right)}{-\alpha v_{max,i}^2}\right)\right]} + \frac{(-CD_{max,i} + S \cdot CD_{base,i}) \cdot CCV}{S \cdot CCV_{max,i}}$$

(3-19)

式中，$CD_{adm,i}(CCV)$ 为给定 CCV 值和渗透性等级（i 级）情况下，裂缝密度 CD 的容许值；$CD_{base,i}$ 为 i 级渗透性等级下裂缝密度基本值（本文假定所有渗透性等级所对应裂缝密度基本值均为 50cracks/m）；$CD_{max,i}$ 为 i 级渗透性等级下裂缝密度最大容许值；$CCV_{max,i}$ 为 i 级渗透性等级下 CCV 最大容许值；S 为形状参数，$S \geq 1$（根据文献[115]，取 $S=20$）。

表 3-8　渗透性等级[116] 及相关参数特征值

渗透性等级		暴露环境		参数特征值				
				裂缝宽度分布参数			裂缝密度	
i	描述	水力梯度	环境等级	$w_{max,i}$, mm	$w_{min,i}$, mm	$CCV_{max,i}$	$CD_{base,i}$, cracks/m	$CD_{max,i}$, cracks/m
Ⅰ	可忽略	>40m/m	XC4、XF4、XD3、XS3、XA3、WS	0.1	0.02	4.2	50	500
Ⅱ	渗透性低	>25m/m	XC3、XF2、XD2、XS2、XA2、WA	0.15	0.04	7.2	50	600
Ⅲ	渗透性中等	>0m/m	XC2、XF1、XD1、XS1、XA1、WF	0.2	0.06	10.2	50	700
Ⅳ	渗透性高	无水压	XC1、WO	0.3	0.08	14.8	50	800

3.5.3　权重方程与 SHCC 毛细吸水特性的关系

3.5.1 节和 3.5.2 节从渗透性等级的角度建立了裂缝宽度分布与其渗透性的关系。本节将从裂缝宽度分布与毛细吸水系数关系的角度研究开裂 SHCC 的耐久性。Aldea 等[117]研究了低水压条件下开裂混凝土的渗透性，结果表明当裂缝宽度大于 0.1mm 时裂缝对水分渗透影响显著。此时，渗水量与裂缝宽度的三次方成正比。Lunk 等[118]认为混凝土吸水系数与裂缝宽度近似呈指数函数增长。Boshoff 等[119]用分段函数表示裂缝宽度对 SHCC 耐久性的影响，认为当裂缝宽度小于 $80\mu m$ 时，对耐久性几乎没有影响，当裂缝宽度大于 $80\mu m$ 小于 $300\mu m$ 时，影响系数与裂缝宽度的二次方成正比。Reinhardt[120]

等从流体动力学理论出发得到渗水量与裂缝宽度之间的关系，如式（3-20）所示。可以看出，渗水量与裂缝宽度的三次方成正比。在此基础上，文献[115]给出的裂缝损伤指标与裂缝宽度的关系式如式（3-21）所示。本节采用权重方程（Weight function）表征裂缝宽度对毛细吸收系数的影响。当裂缝宽度为 0 时，其对毛细吸收系数没有影响，则此时权重为1。另外，侵入开裂试件中的水分由两部分组成：一部分侵入未开裂基体；另一部分侵入裂缝。此处研究裂缝对毛细吸收系数的影响，所以毛细吸收系数项为开裂 SHCC 的毛细吸收系数减去未开裂 SHCC 的毛细吸收系数。综上，本文采用的权重方程格式如式（3-22）所示。3.2.4 节已经得到不同拉伸应变下试件裂缝宽度分布的概率密度函数。那么用该密度函数乘以裂缝宽度再乘以该裂缝宽度对毛细吸收系数的权重就能够得到该开裂状态此裂缝所占的权重，然后把每一条裂缝对毛细吸收系数的权重进行累加就得到该开裂状态对整个试件毛细吸收系数的影响，如式（3-23）所示。因为本试验中仅对持载状态下开裂 SHCC 试件的底面进行了毛细吸水试验，所以下面仅就试件的底面计算其权重方程。选取 0.5％和 1.25％两种拉伸应变水平的数据进行计算，如式（3-24）所示。试验数据如表 3-7 和表 3-8 所示。通过解方程组（3-24），得到权重方程参数 a 的解为 $a=0.000139$。权重与裂缝宽度关系如图 3-33 所示。从图上可以明显看出，当裂缝宽度小于 $50\mu m$ 时，权重很小；当裂缝宽度大于 $50\mu m$ 时，权重随裂缝宽度的增加而迅速增大。

$$Q_{r0} = \xi \cdot \frac{w^3 \cdot \Delta p \cdot l}{\eta \cdot d}\left[\frac{m^3}{s}\right] \tag{3-20}$$

式中，Q_{r0} 为液体流速，m/s；ξ 为粗糙度系数；w 为裂缝宽度，mm；Δp 为水头压力；l 为裂缝长度，mm；η 为液体黏滞系数，N·s/m²；d 为试件厚度，mm。

$$CDP(w_j) = \frac{1}{w_{crit}^3} \cdot w_j \tag{3-21}$$

$$w(x) = 1 + ax^3 \tag{3-22}$$

$$\int f_i(x) \times w(x)\mathrm{d}x = b(A_i - A_0) \tag{3-23}$$

$$\begin{cases} \iint f_{0.5}(x) \times w(x)\mathrm{d}x = b(A_{0.5} - A_0) \\ \int f_{1.25}(x) \times w(x)\mathrm{d}x = b(A_{1.25} - A_0) \end{cases} \tag{3-24}$$

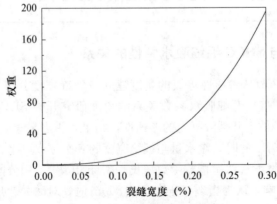

图 3-33　权重与裂缝宽度关系图

第 4 章 SHCC 收缩与抗裂性研究

水泥基材料的湿度扩散和干燥收缩是结构设计和施工建设过程中不容忽视的一个问题。以往因对水泥基材料湿度扩散和干缩变形特性认识的不足以及技术条件的限制，往往将试件总体干缩变形实测曲线作为已知量来进行干缩应力的计算。而试件总体干缩变形曲线一般通过试验数据直接连接或对实测数据进行数学拟合而得，这只能反映结构的宏观表象特征，无法反映试件真正的干缩应力分布特性。因此，实际工程中也很难对试件内部各点进行相对高精度的干缩应力计算。针对上述问题，从引起干缩的本质原因——"湿度扩散"着手，提出了一种干缩应力的反演分析方法，并通过应变硬化水泥基材料的干燥收缩试验验证该方法的可靠性。采用圆环约束收缩试验装置研究了室内和室外养护环境下 SHCC 收缩开裂模式，对 SHCC 约束收缩开裂性能进行了定量评价。针对传统混凝土结构修复加固技术存在的问题，研究了界面粗糙度、修复层厚度以及养护环境等对 SHCC 修复既有混凝土梁收缩开裂与分层模式，以及约束收缩应变的影响，为 SHCC 用于既有混凝土结构修复加固提供理论依据。

4.1 水泥基材料湿度扩散与湿度分布反演分析

4.1.1 反问题的基本理论及算法

1. 反问题简介

反问题是相对于正问题而言的，已知表述系统的模型及输入，求出输出，即正问题；而通过量测输出，求出系统的模型参数或其模型，就是反问题。反问题通常分为两类，分别是"参数辨识"和"系统辨识"。"参数辨识"是在系统的模型结构已知的情形下，根据能够测出来的输入和输出，来决定模型中的某些或全部参数。"参数辨识"是近几年发展较快的新学科，已广泛应用于自然科学和工程技术各个领域的研究。"系统辨识"是通过量测得到系统的输出和输入数据来确定描述这个系统的数学方程，即模型结构。为了得到这个模型，可以用各种输入来试探该系统并观测其响应，然后对输入-输出数据进行处理来得到模型。而"系统辨识"又可分为"黑箱问题"和"灰箱问题"。"黑箱问题"又称完全辨识问题，即被辨识系统的基本特性完全未知，要辨识这类系统是很困难的，目前尚无有效的方法。"灰箱问题"又称不完全辨识问题，在这类问题中，系统的某些基本特征为已知，不能确切知道的只是系统方程的阶次和系数，这类问题比"黑箱问题"容易处理。

2. 解反问题的特点、难点

反问题的求解与正问题密切相关，反问题的提出必须建立在正问题已经研究清楚的基础上。与正问题相比，反问题的求解有其自身的特点和难点。

（1）非线性问题：大多数反问题是非线性的，甚至对于许多线性正问题，其反问题也是非线性的[121]。解决反问题非线性的方法主要有两种：①"线性化近似"加上"迭代过程"非线性的处理方法。这种方法是解决反问题最常用的方法，该方法大多基于梯度信息，往往只具有局部收敛性；②完全非线性方法。不进行问题的局部线性近似，而是用各种途径直接求解，实现从数据空间到模型空间的映射。目前采用较多的是一些具有全局收敛能力的搜索方法，如模拟退火法、遗传算法、混沌优化法、一些改进的神经网络算法等。

（2）不适定性问题：即反问题一般都是非适定性的。一直以来，不适定性都是反问题理论研究和实际应用中的瓶颈问题[122]。不适定问题具有非常有意义的"适定外延"，这些"适定外延"对未知部分引进了一些先验假定，例如，Franklin[123]假定已知模型空间上一个先验统计，而 Tikhonov[124]假定解具有某种"正则"性质。对不适定性的研究包含对解的存在性、唯一性和稳定性研究三个方面内容。反问题解的存在性和唯一性的理论研究是非常困难的，而这又是保证反问题提法正确性的基础，包括附加条件类型、位置和数量的选取等具体研究内容。解的存在性和唯一性一般是通过反问题提法的正确性来进行初步保证。由于反问题目标函数往往是非凸的。具有多个局部极值，选取具有全局收敛性的反演算法也自然地成为降低反问题解不唯一性的有效计算措施。

（3）计算量大：由于反问题通常是非线性的，且要采取相应措施来处理问题的不适定性，在反问题求解过程中要花费大量时间多次进行正问题计算。寻求在可接受的计算量下成功求解反问题的计算方法，是反问题应用于实际的需要。

3. 常用的反演分析方法

在反演分析过程中，反演分析方法的选取至关重要，直接影响分析的效率和计算精度。目前，常用的反演分析方法有最小二乘法、阻尼最小二乘法、变量轮换法[125]、鲍威尔法、模式搜索法、复合形法、可变容差法[126]等，较新方法还有神经网络分析法[127]、摄动反演分析法[128]。近年来，人工神经网络、遗传算法等被逐步引入混凝土热力学参数、非稳定饱和-非饱和渗流场参数、岩土工程参数反演分析。陈彩营等[129]基于BP神经网络对混凝土热学参数进行反演分析求解。朱岳明[130]、刘有志[131]、张宇鑫[132]等应用遗传算法对混凝土的热学参数进行反演分析求解。施占新等[133]应用加速遗传法对深大基坑岩土工程参数进行了反演分析求解。同时，国内外学者尝试借助于实测相对湿度值以及先进的反演算法分析计算混凝土的湿度扩散参数。这方面 D. Xin[134]，J. K. Kim[135]，B. Vimann 和 V. Slowik[136]等做了一些有益的尝试。他们通过湿度实测值反演得出一定条件下的湿度扩散系数与试件自身相对湿度的关系，取得较好效果，可以看出反演分析方法具有广阔的应用前景，并且可以用于水泥基材料的湿度扩散性能和干缩特性的研究。

通过前面反问题基本概念的介绍，可以得出干燥收缩反问题也包括两类：一类是"系统辨识"，另一类是"参数辨识"。随着人们对水泥基材料湿度场和干缩特性认识的加深，水泥基材料的湿度扩散模型和干缩模型结构已知，所以主要考虑的是"参数辨识"。对水泥基材料湿度扩散影响较大的参数有脱附曲线参数、表面系数、湿度扩散系数、环境湿度等。而水泥基湿度扩散系数、试件内部的湿度分布以及内部干缩应力的分布很难通过试验测得，或者测试费用高。所以采用反演分析的方法求解是一种很好的解决方法。

4. 遗传算法基本原理

从上面的分析中可以看出，在反问题的反演分析过程中，对结果进行快速有效的优化非常重要。与其他优化算法相比，遗传算法在搜索过程中不受优化函数连续性的约束，也没有优化函数必须可导的要求，从而摆脱了对问题本身的依赖性。目前，遗传算法逐步发展成为解决水泥基材料湿扩散反演分析问题的主流优化算法。进化计算的发展始于 20 世纪 60 年代，其计算理论源于 Darwin 的进化论和 Mendel 的基因遗传学说，它是基于自然选择和遗传变异等生物进化机制的全局性概率搜索算法。下面逐步介绍该优化算法对相关参数反演计算的理论。

对于求函数最值的优化问题（最大值及最小值），一般可描述为下述数学模型：

$$\min f(X) \tag{4-1}$$
$$\text{s. t}\quad X \in R \tag{4-2}$$
$$R \subseteq U \tag{4-3}$$

式中，$f(X)$ 为目标函数，$X = [x_1, x_2, \cdots, x_n]^T$ 为决策变量；式（4-2）和式（4-3）为约束条件，R 是 U 的一个子集，U 是基本空间。满足条件的解 X 称为可行解，集合 R 表示所有满足条件解的集合，称为可行解集合。

对于上述最优化问题，目标函数和约束条件种类繁多，有的是单峰值的，有的是多峰值的；有的是连续的，有的是离散的；有的是线性的，有的是非线性的。随着研究的深入，人们逐渐意识到在一些复杂情况下要想精确地求出其最优解是不现实的，因而求出其近似最优解是人们的着眼点之一。

遗传算法为解决上述问题提供了一个有效的途径。在遗传算法中，将 n 维决算向量 $X = [x_1, x_2, \cdots, x_n]^T$ 用 n 个记号 $X_{i(i=1, 2, \cdots, n)}$ 所组成的符号串 X 表示，如式（4-4）所示：

$$X = X_1, X_2, \cdots, X_n \Rightarrow [x_1, x_2, \cdots, x_n]^T \tag{4-4}$$

把每一个 X_i 看作一个遗传基因，它的所有可能取值称为等位基因。这样，X 就看作由 n 个遗传基因组成的一个染色体。等位基因可以是某一范围内的实数值，可以是一组整数，也可以是纯粹的一个记号。一般来说，个体的表现型和其基因型是一一对应的，但有时也允许表现型和其基因型是多对一的关系。对于每一个染色体 X，要按照一定的准则给出其适应度。适应度与其对应的染色体 X 的目标函数值相关联，X 越远离目标函数的最优解，其适应度越小；反之，适应度越大。在遗传算法中，决策变量 X 构成所求解问题的解空间。对最优解的搜索是通过对染色体 X 的搜索来进行的。因此所有的染色体 X 就构成了所求解问题的搜索空间。

与生物一代一代的自然进化过程类似，遗传算法的计算过程是一个反复迭代过程。如果将第 j 代种群记作 $P(j)$，经过一代遗传和进化后，得到第 $j+1$ 代种群，记作 $P(j+1)$。该种群不断地经过遗传和进化，且每次都按照优胜劣汰的规则将适应度较高的个体遗传到下一代。通过上述步骤，最终将从群体中得到一个优良的个体 X，它所

对应的表现型 X 将接近甚至达到所求解问题的最优解 X^*。

另外，在遗传算法的搜索过程中，既没有目标函数可导的要求，也不受目标化函数连续性的约束，摆脱了对所求解问题本身特性的依赖，只需根据简单的评价即可将引导优化进行下去，并且具有较好的全局寻优能力。

4.1.2 水泥基材料湿度扩散理论及湿度场的求解

1. 水泥基材料湿扩散模型的选取

湿度扩散性能是水泥基材料的重要性能，是水泥基材料干燥收缩以及由干缩引起开裂的本质原因。所以，研究者很早便开始从理论和试验的角度研究水泥基材料的湿度扩散性能。在该方面的研究过程中，最为重要的是湿度扩散系数的求解。起初，多数研究者认为湿度扩散系数为常数，采用线性扩散方程对其进行描述[137-140]。后来，研究者逐步发现水泥基体的湿度扩散系数与其内部的孔结构、温湿度等多种因素密切相关。尤其与湿度之间存在很强的非线性关系。所以越来越多的研究者开始用非线性方程描述水泥基材料的湿度扩散过程。在假定温度恒定和忽略自干燥的基础上，水泥基材料的一维湿度扩散模型表示式如式（4-5）所示。

$$\frac{\mathrm{d}h}{\mathrm{d}t} = \frac{\mathrm{d}}{\mathrm{d}x}\left(D\ (h)\ \cdot\ \frac{\mathrm{d}h}{\mathrm{d}x}\right) \tag{4-5}$$

式中，x 为深度；$D\ (h)$ 为湿度扩散系数。

国内外学者对湿度扩散系数表述形式进行了深入研究，提出了多种表达式。Bažant 等[141]提出了 S-模型，即 D/D_{sat}（D_{sat} 为饱和状态时的湿扩散系数）随相对湿度 h 呈 S 形变化 [式（4-6）]；Pihlajavaara 等[142,143]提出了幂函数关系式（4-7）；Mensi 等[144]提出了指数关系式（4-8）。此外，Akita 等[145-148]还给出其他形式的表达式。但这些表达式均假定水分从水泥基材料向外散失是以气态水形式进行的，这与实际情况不符。因为水分除了以气态水形式向外散失外，还以液态水的形式从材料内部向外迁移，并且气态水和液态水是同时传输的，只不过传输效率有所差别。直观来看，液态水密度要比水蒸气密度大得多，如果液态水能够在水泥基材料孔隙中连续存在，那么液态水的传输将起主要作用。

$$D\ (h) = D_{sat}\left(a_1 + \frac{1-a_1}{1+[(1-h)\ /\ (1-a_2)]^{a_3}}\right) \tag{4-6}$$

$$D\ (h) = b_1 + b_2 \cdot h^{b_3} \tag{4-7}$$

$$D\ (h) = a + b \cdot (e^{c \cdot h} - 1) \tag{4-8}$$

基于上述问题，国内外学者开始研究同时考虑气态水和液态水传输的湿度扩散微分方程，如式（4-9）所示。其中，D_v 为由水蒸气传输引起的湿度扩散系数；D_1 为由液态水传输引起的湿度扩散系数。在此方面，国内外学者提出了不同的湿度扩散系数表达式[149-152]，如式（4-10）～式（4-13）所示。目前，国内外学者普遍认为用气态扩散系数和液态传输系数表述的湿度扩散系数表达式更符合实际。然而，如何在这么多的表达式中选出计算精度更高的表达式？水泥基材料是非透明性的，无法用常规实验设备直观或者直接测定其内部的水分含量。在此方面，Villmann 博士[153]采用先进的中子射线成像技术直观观测并定量计算了砂浆薄片在 28d 湿度扩散过程中的试件内部水分分布，并用文献中湿度扩散系数的各种表达式进行求解并与试验结果对比。结果表明，由 Krus 等提出的同时考虑气态水和液态水的湿度扩散系数表达式计算结果与中子成像试验结果之间误差最小，详见式（4-13）。所以，笔者在 SHCC 及其基体湿度扩散的反演分析过程中即采用该模型。

$$\rho_B \frac{\partial w}{\partial h}\frac{\partial h}{\partial t}=\frac{\partial}{\partial x}\left(\rho_B \cdot D_l(h)\frac{\partial w}{\partial h}\frac{\partial h}{\partial x}+D_v\frac{\partial h}{\partial x}\right) \tag{4-9}$$

$$D_v=a;\quad D_l(h)=b \cdot \left\{(c+1) \cdot \left[\frac{w(h)}{w_S}\right]^{\frac{1}{c}}-c \cdot \left(\frac{w(h)}{w_S}\right)^{\frac{2}{c}}\right\} \tag{4-10}$$

$$D_v=a;\quad D_l(h)=b \cdot \left\{\left[1-\frac{w(h)-c}{w_S-c}\right]^{\frac{1}{d}-1}-\left[1-\frac{w(h)-c}{w_S-c}\right]^{\frac{2}{d}}\right\} \tag{4-11}$$

$$D_v=a;\quad D_l(h)=b \cdot e^{c \cdot \left(\frac{w(h)-w_S}{w_S}\right)} \tag{4-12}$$

$$D_v=a;\quad D_l(h)=b \cdot e^{c \cdot w(h)} \tag{4-13}$$

水泥基体湿扩散的初始条件如式（4-14）所示。

$$h(x,y,z,0)=h_0(x,y,z) \tag{4-14}$$

干燥表面的边界条件则如式（4-15）所示：

$$q_{surface}=D(h) \cdot \frac{dh}{dn}=H \cdot (h_{surface}-h_{external}) \tag{4-15}$$

式中，$q_{surface}$ 为湿扩散边界上单位时间内的水分流量；dh/dn 为边界面上沿法向的湿度梯度；H 为边界面上水分蒸发的表面系数，$H=0$ 表示边界绝湿；$h_{surface}$ 为水泥基体界面的相对湿度；$h_{external}$ 为环境的相对湿度。

2. 湿度扩散的反演分析计算流程

通过对 SHCC 及其基体的时变失水数据进行反演分析，计算不同环境湿度条件下 SHCC 及其基体的湿度扩散系数，进而计算任意时刻试件内部的湿度分布，即湿度场，从而为 4.2.2 节计算试件内部的应力分布（即应力场）提供数据。在反演分析过程中，由假定的初始解出发，对实测失水数据进行反演分析，求解 SHCC 及其基体的湿度扩散方程，反演分析流程如图 4-1 所示。具体步骤如下：

（1）输入试验测得的 SHCC 及其基体的时变失水量数据，试件的尺寸、密度等材料参数，试验测定的含湿率和相对湿度的方程参数等初始条件和边界条件；

（2）根据经验随机给定一组 SHCC 及其基体的湿扩散系数和表面系数的初始解；

（3）为提高计算效率，反演分析过程采用时间向前差分、空间中心差分[154]由给定的初始解开始对失水量进行数值运算，并与失水量实测值进行对比，通过误差准则评价当前解的优越性；

（4）根据上一步评价结果，从当前解中选择一定数量的解作为进一步遗传优化操作的对象，对其进行选择、交叉和变异等优化，得到一组新解；

（5）返回第（3）步，对该组新解进一步进行评价；

（6）若当前解满足误差要求，或者进化达到预设的迭代次数，计算结束；否则转到第（4）步继续进行，最终计算得到满足误差要求的湿度扩散系数，并进一步根据湿度扩散方程计算任意时刻试件内部的湿度分布。

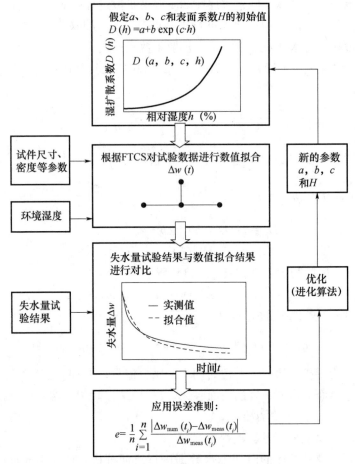

图 4-1　湿度扩散参数反演分析流程图

4.1.3　试验方案

1. 原材料与试件制备

SHCC 及其基体配合比如表 4-1 所示。

表 4-1　试件配合比　　　　　　　　　　　　kg/m³

	水泥	粉煤灰	砂子	水	纤维	高效减水剂
SHCC	550	650	550	302	26	12
砂浆	550	650	550	302		6

上述湿度扩散以及 4.2.2 节干燥收缩分析过程成立的前提是假定试件尺寸以及力学和湿度边界条件的轴对称性。试件的初始湿度分布是均衡的。所以在进行湿度扩散和干燥收缩试验时采用圆柱形试件。为缩短试验周期且不影响试验结果的代表性，试验所采用的试件尺寸为直径 50mm、高度 300mm 的圆柱体，如图 4-2 所示。在试验过程中，将试件端部用自粘型铝箔胶带密封，以确保水分散失只能沿着试件的半径方向进行，这样试件内部的湿度含量仅与试件的半径有关，符合一维扩散，避免二维或者三维扩散所带

来问题求解的复杂性，并且在测定试件干燥收缩变形时只测定中间 200mm 区域的变形，这样能够避免试件两端由于不均匀变形而导致的端部翘曲，符合平截面假定。因为后面的所有分析计算都是基于平截面假定的，所以这一点非常重要。

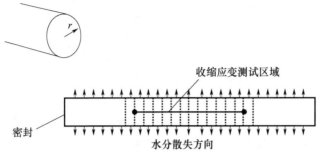

图 4-2　湿度扩散及干燥收缩试件尺寸示意图

试件成型 24h 后拆模，随后放入标准养护室（温度为 20℃±3℃，相对湿度≥95％）中养护 28d。每组成型 8 个圆柱型试件，其中 3 个做收缩试验，3 个做湿度扩散试验，最终结果分别取平行试件测试结果的平均值。另外 2 个试件在养护 28d 后进行切割，切割成厚度为 5mm 的试件，然后放入不同环境湿度，测定试件的等温脱附曲线。

2. 湿度扩散试验

到达龄期后取出试件，将圆柱体试件端部用铝箔胶带密封，仅留圆柱表面，确保水分以一维方式由试件内部向外扩散。将完成密封后将试件分为三组，分别放入相对湿度为 50％、65％和 80％三种环境条件中进行干燥失水试验。其中，在试件端部密封之前，先称量一下所有试件的初始质量，当密封完成后再次称量试件质量，这样就能够得到试件两端铝箔胶带的质量，便于后期处理数据时将该质量扣除。试验开始后，定期称量试件质量，直至试件质量基本恒定，从而得到试块湿扩散过程中的失水量变化，为后续反演分析计算提供实测数据。

3. 等温脱附曲线测定试验

由于水泥基材料内部水分传输是一个非常缓慢的过程，所以做等温脱附曲线试验时采用薄片试件进行。到达龄期后取出试块，首先用混凝土切割机将试件端部 50mm 厚度切除，以排除端部材料不均匀性的影响。然后将试件中间部分切割成厚度为 5mm 的薄片，再将其放入 10％、33％、50％、65％、80％、85％、95％七种不同湿度环境中进行等温脱附曲线测定。当薄片试件达到质量平衡后，称量其质量 m，然后将其放入 105℃烘箱烘干至完全干燥状态，试件质量为 m_{dry}，则此时该试件的含湿率 W 计算式如式（4-16）所示。每种相对湿度环境中的实际相对湿度如表 4-2 所示。从表中可以看出，由于密闭盐纯度、试验箱密封以及温湿度测试仪误差等的原因，实测的相对湿度和理论值有一定的差异。所以，画等温脱附曲线时以不同环境条件的实际湿度为准。

$$w = \frac{m - m_{dry}}{m_{dry}} \tag{4-16}$$

表 4-2　等温脱附曲线的湿度控制　　　　　　　　　　　　%

饱和盐溶液 （干缩室）	氯化锂	氯化镁	干缩室	干缩室	氯化铵	氯化钾	硝酸钾
理论湿度	10	33	50	65	80	85	95
实际湿度	23	35	50	65	72	86	90

　　不同试件在 105℃ 时将失去几乎所有毛细水和吸附水，这也是所有参与湿度扩散过程的水。试验测得的试件在不同环境湿度条件下的含湿率如表 4-3 所示。进而计算其相对含湿率，并以相对湿度为横坐标，以相对含湿率为纵坐标作图，得到试件的脱附曲线，如图 4-3 所示。从图中可以看出，SHCC 的脱附曲线位于其基体（Matrix）的脱附曲线之下，即在相同的相对湿度下，基体的含水率更高。由于此处采用的是单位化的相对含水率，所以这一现象与总孔隙率关系不大，而与孔径分布有关，尤其是与大孔径的含量有关。这表明大孔径孔隙在 SHCC 的孔隙体积中所占比例大于其基体。这充分说明纤维的掺入粗化了基体的内部孔隙。吸附脱附回归参数如表 4-4 所示。

表 4-3　试件在不同湿度下的含湿率（$w_{sat} = 16.43\%$）

环境湿度 h_e（%）		0	23	35	50	65	72	86	91	100
含湿率 w （%）	SHCC	0	1.87	2.78	3.77	4.42	4.9	6.09	6.88	12.81
	Matrix	0	2.39	3.39	3.86	4.32	4.58	5.17	5.65	10.97

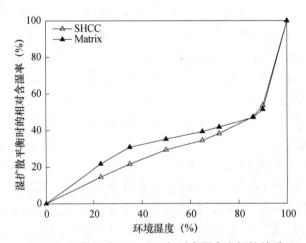

图 4-3　环境湿度和 SHCC 相对含湿率之间的关系

表 4-4　吸附脱附回归参数

	A	B	C	R^2
SHCC	0.00035	−0.04420	1.86529	0.94282
砂浆	3.78370	−0.05130	2.27210	0.90871

4.1.4　环境湿度对 SHCC 及其基体湿度扩散的影响

　　三种环境湿度（50%、65% 和 80%）下 SHCC 及其基体在不同时间测定的失水率实测数据如图 4-4 所示。从图中可以看出：

（1）随着环境湿度的减小，SHCC 及其基体的失水率增大。环境相对湿度为 50％和 65％时 SHCC 的失水率分别为环境相对湿度为 80％试件的 1.62 倍和 1.32 倍。这主要是因为，当相对湿度大于 80％时，失去的水分主要是试件内大孔及少量毛细孔中的水分，而当相对湿度为 50％～80％时，试件失去的水分绝大部分是毛细孔中的水，而水泥基体内部大量的水主要存在于毛细孔中。

（2）所有试件前期失水速度快，后期逐渐减小。这是因为水泥基体的水分是从内部向外扩散而散失的，早期失去水分主要是距试件表面较近部分的水分，而后期失去的水分是内部甚至试件中心位置的水分，水分传输路径长，水分扩散驱动力小，所以后期失水速度慢。

（3）在相同环境湿度条件下，SHCC 的失水率小于其基体的失水率。这是因为 SHCC 的含水率小于其基体的含水率。

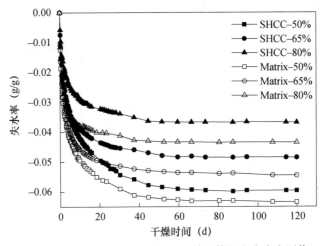

图 4-4　不同环境湿度下 SHCC 及其基体的失水率实测值

4.1.5　SHCC 及其基体湿度扩散系数反演计算

根据失水试验数据和等温脱附曲线参数，以及 4.1.2 节中所述湿度扩散反演分析流程，在假定表面系数和湿度扩散系数的基础上，进行了 1000 次迭代计算得到试件在湿度扩散过程中的失水率反演计算值，如图 4-5 所示。从图中可以看出，反演计算值与实测值吻合度较高，说明反演计算值可信度较好，计算精度高。不同湿度环境条件下 SHCC 的湿度扩散系数如图 4-6 所示。从图中可以看出：（1）SHCC 试件的湿度扩散系数随着其内部湿度的增加而增加。（2）当 SHCC 试件内部的相对湿度为 50％～60％时，湿度扩散系数较小。（3）当 SHCC 试件内部的相对湿度为 60％～85％时，湿度扩散系数缓慢增加。（4）当 SHCC 试件内部的相对湿度超过 85％时，湿度扩散系数大幅度上升，湿度越高，增长越快。这是因为当试件内部湿度很低时，气态水的传输居主导地位；但当试件内部湿度较高时，液态水的传输居主导地位，而液态水的传输效率要明显快于气态水。同时，也进一步表明 SHCC 试件在干燥失水初期，水分向外扩散失水的速度非常快，随着时间的增长和内部湿度的逐渐降低，试件的失水速度逐渐放缓，这一规律也符合图 4-4 中所示的失水率随干燥时间的变化趋势。

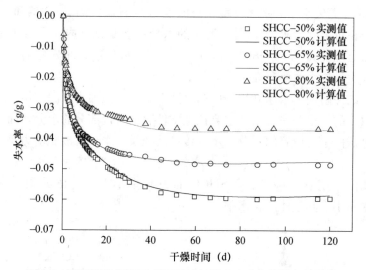

图 4-5　不同环境湿度下 SHCC 试件的失水率实测值与计算值

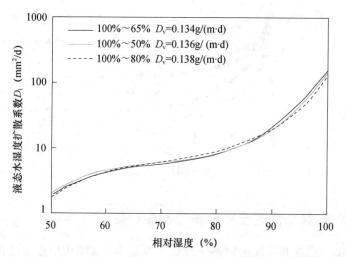

图 4-6　根据不同湿扩散失水数据计算得到的 SHCC 试件的湿度扩散系数

从理论角度分析，无论试件是从 100% 的初始湿度失水逐渐降至 80%，还是降至 65% 或 50%，计算得到的湿扩散系数应该相同。结合图 4-6，考虑到材料的离散性，可以认为由三组数据分别计算得到的湿扩散系数是一致的。表明由反演分析方法计算水泥基体的湿扩散系数是完全可行的，该方法在湿度扩散系数求解方面具有良好的适应性，且可达到多参数反演计算的目的。

对比 SHCC 及其基体的湿度扩散系数，如图 4-7 所示。从图中可以看出，砂浆试件的气态水湿度扩散系数 D_v 大于 SHCC 试件的 D_v。可以看出，纤维的掺入在一定程度上阻碍了气态水的传输。而对于液态水的传输，当湿度为 50%~60% 以及 87%~100% 范围时，SHCC 基体的液态水湿度扩散系数 D_l 大于 SHCC 的 D_l；当湿度在 60%~87% 范围时，SHCC 基体

的 D_l 小于 SHCC 的 D_l。至于其具体原因尚不明确。但 SHCC 基体总的湿度扩散系数大于
SHCC 试件，相同条件下 SHCC 基体的失水量大于 SHCC 的失水量，如图 4-4 所示。

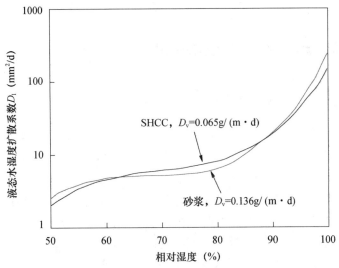

图 4-7　根据 50% 环境湿度条件下 SHCC 及其基体试件的
失水数据计算得到的湿度扩散系数

4.1.6　不同干燥龄期试件内部湿度的梯度分布

将前面求解得到的湿度扩散系数带入湿度扩散方程进一步计算 SHCC 试件内部的
湿度分布及其随时间的变化情况。50% 环境湿度下 SHCC 试件内部的湿度分布及其随
时间的变化如图 4-8 所示。从图中可以看出，距离试件表面越近，湿度就越接近环境湿

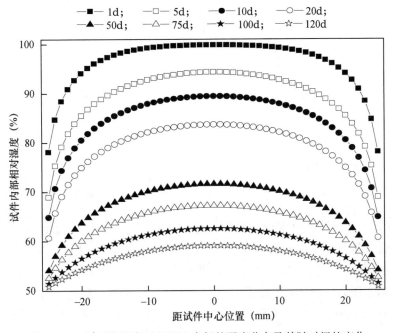

图 4-8　50% 环境湿度下 SHCC 内部的湿度分布及其随时间的变化

度；随着水分不断向外界扩散，试件内部湿度整体上逐渐下降，120d 后已接近周围环境的相对湿度，基本达到湿度扩散平衡；在整个湿度扩散过程中，试件内部存在不均匀的湿度梯度分布。

4.2 水泥基材料干缩应力反演分析

4.2.1 水泥基材料干缩模型

水泥基材料的总干缩包括：弹性变形 ε_{el}、无限制收缩变形（即无限小薄片收缩）$\varepsilon_{shrinkage}$、由于开裂引起的变形 ε_{crack} 以及徐变变形 ε_{creep}，如式（4-17）所示。

$$\varepsilon = \varepsilon_{el} + \varepsilon_{shrinkage} + \varepsilon_{crack} + \varepsilon_{creep} \tag{4-17}$$

根据胡克定律，水泥基材料在开裂之前处于弹性阶段。当干缩应力达到水泥基材料的抗拉强度时，试件将产生裂缝。此时，由开裂引起的变形 $\varepsilon_{crack}(r)$ 定义为裂缝张开量与裂缝间距的比值。对于砂浆、混凝土等应变软化材料，采用双线性模型表示其软化曲线。那么其残余裂缝张开量与其最大裂缝张开量成正比。而对于 SHCC 等应变硬化材料，由于该种材料在出现第一条裂缝后其应力并未降低，所以假定 SHCC 等应变硬化材料在出现裂缝后期应力保持不变，如图 4-9 所示。图中，σ 为应力；ε 为应变；E 为弹性模量；f_t 为抗拉强度；f_c 为抗压强度；$\beta \cdot \varepsilon_{max,crack}$ 为参与裂缝张开量。

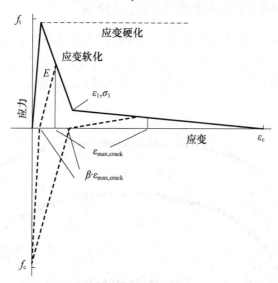

图 4-9　应变软化及应变硬化材料在开裂后的应力应变曲线发展模型

图 4-10 是试件表面裂缝深度与裂缝间距的示意图。a 为裂缝深度，s 为裂缝间距。随着干燥前锋的推进，水泥基材料的裂缝宽度会越来越大，同时裂缝深度也增大。当某一裂缝变宽的同时，其相邻裂缝会有一定程度的闭合。定义 $\alpha = s/a$ 为裂缝张开位移系数。文献资料表明，该值的范围区间为 $0.7 \sim 1.3$。而有研究者通过参数敏感性分析发现水泥基材料的干燥收缩性能对该值不敏感[155]。所以，在后面的反演分析过程中假定

$\alpha=1$。那么由开裂引起的变形 ε_{crack} 如式（4-18）所示。

图 4-10　裂缝深度与裂缝间距示意图

$$\varepsilon_{crack}=\frac{w}{s}=\frac{w}{\alpha\times a} \tag{4-18}$$

研究表明，无限制收缩变形 $\varepsilon_{shrinkage}$ 是环境相对湿度的函数，Slowik 等[46]建议采用四次多项式表达式描述无限制收缩变形与环境相对湿度之间的关系，如式（4-19）所示。其中 A、B、C、D 为拟合参数，均通过反演分析得到。

$$\varepsilon_{shrinkage}=A\cdot h+B\cdot h^2+C\cdot h^3+D\cdot h^4-(A+B+C+D) \tag{4-19}$$

而徐变变形 ε_{creep} 的表达式如式（4-20）所示。其中，$\Delta\sigma(\tau_i)$ 为 τ_i 时的应力变量，E 为材料的弹性模量，$\varphi(t-\tau_i)$ 为徐变方程，τ_i 为荷载作用时间。而对于本书的研究内容，因为没有外部荷载的作用，所以在干燥收缩的反演分析中可以不考虑徐变变形分量。

$$\varepsilon_{creep}(t)=\sum_i\frac{\Delta\sigma(\tau_i)}{E}\cdot\varphi(t-\tau_i) \tag{4-20}$$

将上述表达式代入式（4-17）中就可以计算水泥基体的总体变形，并与试验结果对比，优化相关参数，从而得到最优解。详细的反演分析过程如下。

4.2.2　干缩应力的反演分析计算流程

通过对 SHCC 及其基体的时变干燥收缩数据进行反演分析，计算不同环境湿度条件下 SHCC 及其基体的无限制收缩，以及任意时刻试件内部的应力分布，即应力场，定量评估 SHCC 及其基体的开裂风险。在反演分析过程中，由假定的初始解出发，对实测干燥收缩数据进行反演分析，求解 SHCC 及其基体的干缩性能参数，反演分析流程如图 4-11 所示。具体步骤如下：

（1）输入试验测得的 SHCC 及其基体的时变干燥收缩数据，弹性模量、抗拉强度等材料力学参数，以及上述计算得到的湿度场；

（2）根据经验随机给定一组干缩应变方程的初始解，数值计算得到此时的干缩拟合值；

（3）由给定的初始解出发，采用时间向前差分、空间中心差分法对干缩应变进行数值运算，与干缩应变实测值进行对比，评价当前解的优越性；

（4）根据评价结果，对当前解采用遗传算法优化，得到新解；

（5）返回到第（3）步，对新解进行评价；

（6）反复迭代，直至所获得的解满足误差要求。最终计算得到满足要求的干缩应变曲线；从而进一步计算得到任意时刻，试件内部任意位置的应力。

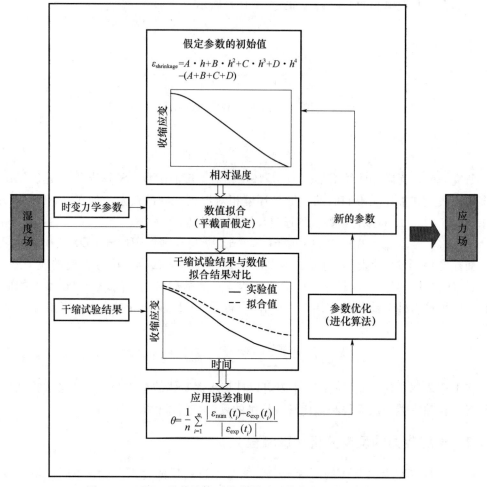

图 4-11　SHCC 及其基体干缩变形及干缩应力反演分析流程图

4.2.3　环境湿度对 SHCC 及其基体干缩的影响

试件准备详见 4.1.3 节。到达龄期后取出试块，将圆柱体试件端部用铝箔胶带密封，仅留圆柱表面，确保水分以一维方式由试件内部向外扩散。其中干燥收缩试验采用自主加工的收缩装置进行，该装置包括上下两个环箍，每个环箍上有四个螺钉，在加工的时候将螺钉端部削尖，确保螺钉与试件为点接触，避免测量误差；下部环箍两侧分别有一个可以上下调整高度的立杆；上部环箍两侧分别固定一个百分表，百分表底部顶在下面立杆上，为减小摩擦，确保百分表的自由变形，在立杆上面粘贴一块玻璃板，这样两个百分表的平均值即所测量试件的收缩值，实物装置如图 4-12 所示。将试件分别放入不同湿度环境中进行干燥收缩试验，并定期记录试件的收缩量，直至达到平衡，为后续反演分析提供实测数据。

三种环境湿度（50％、65％和 80％）下 SHCC 及其基体在不同时间测定的收缩率实测数据如图 4-13 所示。从图中可以看出：

（1）随着环境湿度的减小，SHCC 及其基体的收缩率增大。从毛细管张力学

图 4-12　试件干燥收缩试验实物图

说[156,157]的角度来看，根据 Laplace 定律和 Kelvin 定律，当 SHCC 及其基体所处环境的相对湿度降低时，试件内部形成弯液面的临界半径越来越小，使得毛细管负压越来越大，而毛细管负压作用在毛细管壁上产生压应力使得试件产生收缩。另外，根据拆开压力学说[158]，当试件内部湿度降低时，试件内部的拆开压力变小，试件内部胶凝质点在范德华力的作用下靠紧，从而产生收缩。

（2）所有试件前期干缩速度快，后期逐渐减小。对比 4.1.4 节中失水率的数据可以看出，干燥早期试件失水率的比率要比收缩率的比率大，这充分说明水泥基材料早期失去的大孔中的水分并不引起干燥收缩。

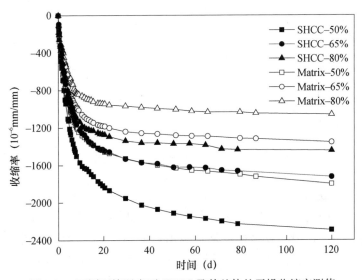

图 4-13　不同环境湿度下 SHCC 及其基体的干燥收缩实测值

（3）在相同环境湿度条件下，SHCC 的干缩率大于其基体的干缩率，并且干缩率均超过了 $800\mu\varepsilon$，远大于普通混凝土的干缩率（$300\sim800\mu\varepsilon$）。这是因为在 SHCC 的设计中，要获得应变硬化和多缝开裂特性，需要减少砂的用量，且不能使用粗骨料，从而导致材料在胶凝硬化过程中干燥收缩增大。这么大的干缩变形严重影响了它在实际工程中的应用。所以，国内外研究者开始采取各种措施来降低 SHCC 的干缩。Li 等[159]研究发现低碱水泥能有效减小 SHCC 的干缩变形。公成旭[160]通过对 SHCC 基材的改良，研制了高韧性低收缩 SHCC，所获得的低收缩 SHCC 的干燥收缩仅为传统 SHCC 的 10％～20％。Sahmaran 等[161]从内养护的角度研究饱水轻骨料对 SHCC 干缩的影响规律。结果表明：20％的取代量可以使 28d 干缩值降低 67％，90d 干缩值降低 37％，且干缩值降低的幅度随轻骨料取代率的增加而增大。同时发现随着粉煤灰掺量的增加，SHCC 的干缩值也随之降低。刘志凤[38]研究发现：早期的湿养护可以避免 SHCC 水分蒸发过快而延缓其干缩的速度，但其最终的干缩值将增大。可以看出国内外研究者分别从不同的角度研究了各种措施对 SHCC 干缩的影响。

4.2.4　无限制收缩

本章所研究的 SHCC 单轴拉伸应力-应变曲线如图 4-14 所示。从图中可以看出，SHCC 试件具有明显的应变硬化特性，试件初裂抗拉强度为 3.51MPa，弹性模量为 29.3GPa。

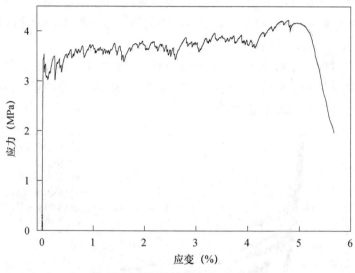

图 4-14　SHCC 拉伸应力-应变曲线

根据干缩试验数据、材料抗拉强度、弹性模量等参数，以及 4.2.2 节所述干缩应力反演分析流程，在假定无限制收缩变形曲线参数的基础上，进行了 1000 次迭代计算得到试件在干燥收缩过程中的收缩率反演计算值，如图 4-15 所示。从图中可以看出，反演计算值与实测值吻合度较高，说明反演计算值可信度较好，计算精度高。不同湿度环境条件下 SHCC 的无限制收缩变形如图 4-16 所示。从图中可以看出，随着湿度的降低，无限制收缩变形越来越大，尤其是当湿度低于 50％时，无限制收缩变形几乎随湿度的降低指数增加。

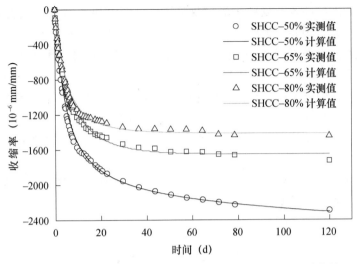

图 4-15　不同环境湿度下 SHCC 试件的收缩率实测值与计算值

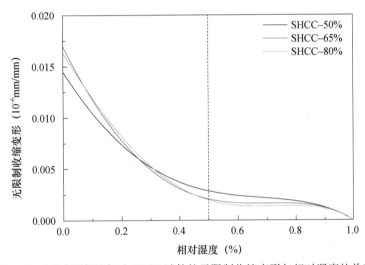

图 4-16　不同环境湿度下 SHCC 试件的无限制收缩变形与相对湿度的关系

　　从理论角度分析，无论试件是从 100％ 的初始干燥逐渐降至 80％，还是降至 65％ 或 50％，计算得到的无限制收缩变形也应相同。结合图 4-16，考虑到材料的离散性，可以认为由三组数据分别计算得到的无限制收缩变形是一致的。表明由反演分析方法计算水泥基体的无限制收缩变形是完全可行的，该方法在无限制收缩变形的求解方面具有良好的适应性，且可达到多参数反演计算的目的。

4.2.5　干缩应力反演计算

　　根据水泥基材料干缩模型以及前面求解得到的无限制收缩变形，能够进一步计算 SHCC 试件内部的应力分布及其随时间的变化情况。计算结果如图 4-17 和图 4-18 所示。从图 4-17 中可以看出：

　　(1) 在干燥收缩的整个过程中，试件表面受拉，内部受压。但随着干燥龄期的增长，试件内部靠近试件表面处由于湿度梯度的作用逐步变为受拉，甚至达到其抗拉强度，从而引起开裂。例如，距离试件中心位置 10mm 处，干燥开始时，此处材料受压，且随着干燥龄期的增加压力越来越大。当干燥龄期为 5.5d 时，此处材料所受压力达到最大值。随后压力逐步减小，当干燥龄期为 10d 时，此处材料不受力。此后，该处材料逐步受拉，直至达到其抗拉强度。而更深层的材料也经历了一个先受压并逐步达到最大压力，然后压力变小的过程。但在中间部位附近，此处材料在整个干缩过程中只受压力作用，压力随干燥龄期延长先变大后变小。这主要是因为随着干燥收缩的进行，试件内外的湿度梯度逐步变小。

（2）当干缩应力达到材料的抗拉强度时，由于该种材料特有的应变硬化特性，其应力并没有软化降低，而是保持该抗拉强度值。

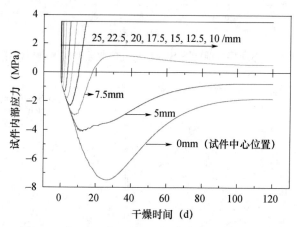

图 4-17　50％环境湿度下 SHCC 试件内部不同位置
处应力分布随干燥龄期的变化

从图 4-18 可以看出：

（1）试件表层位置在干燥仅为 0.1d 时其内部应力几乎达到了其抗拉强度，从而引起微开裂。所以水泥基材料的初期养护尤为重要。

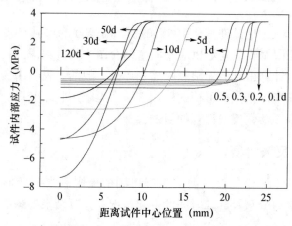

图 4-18　50％环境湿度下 SHCC 试件不同干燥龄期其内部的应力分布

（2）随着干燥龄期的增长，试件的干燥前锋逐步向试件内部推进。

（3）当试件某位置达到其抗拉强度时，其内部的应力先由抗拉逐步降低并逐步过渡到受压，呈梯度分布，非常直观地呈现了 SHCC 在干燥收缩过程中的损伤全过程。

4.3　SHCC 约束收缩与抗裂性能评估

4.3.1　试验方案

1. 试验材料

SHCC 与 SHCC 基体配合比详见表 4-5，普通混凝土配合比详见表 4-6。室内养护 SHCC 试件 28d 的初裂强度为 2.848～3.033MPa，极限抗拉强度为 3.359～3.827MPa，极限拉应变为 3.899%～4.110%；室外养护 SHCC 试件 28d 的初裂强度为 3.952～4.401MPa，极限抗拉强度为 5.326～5.851MPa，极限拉应变为 3.709%～4.260%。

表 4-5　SHCC 与 SHCC 基体配合比

材料名称	水泥 （kg/m³）	粉煤灰 （kg/m³）	砂 （kg/m³）	水 （kg/m³）	减水剂 （%）	PVA 纤维 （kg/m³）
SHCC	555	680	490	420	1.4	26
SHCC 基体	555	680	490	420	1.4	—

表 4-6　普通混凝土配合比

设计强度等级	水泥（kg/m³）	砂（kg/m³）	石子（kg/m³）	水（kg/m³）	水灰比	砂率
C35	352	688	1171	190	0.54	0.37

2. 试件制备

圆环约束收缩试验装置示意图如图 4-19 所示。SHCC 及其对比材料在两环中成型为环状试件。内侧钢环外径 320mm，厚度 15mm，试件高度 150mm，厚度 27.5mm。研究室内和室外两种养护环境下 SHCC 的收缩开裂性能，试验龄期为 108d。室内环境：试件拆模前后均放在实验室环境中养护，温度为（25±3）℃，相对湿度为（60±5）%。室外环境反映了材料的实际服役环境条件，选用河南夏、秋季环境进行研究：试件拆模

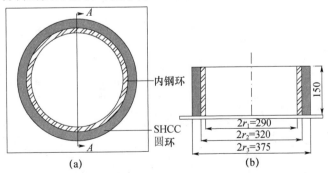

图 4-19　圆环约束收缩试验装置示意图

（a）平面图；（b）A—A 剖面图（单位：mm）

前后均放在该环境中养护，并根据《混凝土结构工程施工质量验收规范》（GB 50204—2015）的要求，对室外试件进行浇水养护，浇水次数应能保持材料处于湿润状态，浇水养护 7d；该环境不同时段平均温度为 25.42～31.20℃，最高温度 40.2℃，最低温度 19.1℃；不同时段平均相对湿度为 49.97％～77.64％，最大相对湿度 100％（雨天），最小相对湿度 19％，不同时段平均风速为 0.27～0.71m/s，最大风速 2.3m/s。

浇筑试件前，首先在内钢模外侧、外钢模内侧及底板上涂刷适量的脱模剂，以减小将来试件与模板之间的摩擦力，尽可能减小试件与钢模之间的粘结对收缩及抗裂性能测试的影响。然后，试验材料分三层浇筑，每一层浇筑完成后，在振动台上振动，以确保材料在模具内部填充密实。浇筑完成后，将试件上表面抹平并用塑料薄膜覆盖，然后分别置于室内和室外环境中养护。

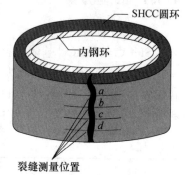

图 4-20　圆环试件裂缝观测位置示意图

3. 试验过程

试件成型 24h 后，移走覆盖在试件上的塑料薄膜，试件的上表面使用水玻璃密封以阻止水分散失。试验过程中观测收缩裂缝发展情况，并采用裂缝测宽仪测量裂缝宽度、长度。设置四个裂缝观测位置，分别是试件外表面距顶面 30mm、60mm、90mm、120mm 位置处（a、b、c、d），如图 4-20 所示。

4.3.2　圆环约束收缩机理

圆环约束收缩试验被普遍用于评估混凝土和纤维增强混凝土等材料抗裂性能评估。约束度 R 可通过式（4-21）计算得到。

$$R = \frac{A_2 E_2}{A_2 E_2 + A_1 E_1} \tag{4-21}$$

式中，A_1 和 A_2 分别是圆环试件和钢环的横截面面积；E_1 和 E_2 分别是圆环试件和钢环的弹性模量。

浇筑后的圆环试件一旦产生收缩，其变形就会受到内钢环的约束，导致圆环试件内表面产生径向压应力 P，相应的钢环外表面产生径向压应力 P，圆环试件和钢环的受力示意图如图 4-21 所示。

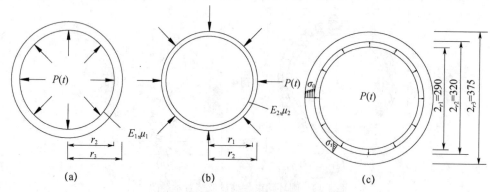

图 4-21　圆环试件和钢环的受力示意图

（a）圆环试件；（b）内钢环；（c）圆环试件内部应力

显然，圆环试件中的应力是由圆环试件体积改变引起的，且是关于 ε_{sh} 的函数。当圆环处于拉伸状态时材料内部会立即产生徐变，部分收缩应变将会被抵消，收缩应力将随龄期降低。假设徐变系数为 k，有效的收缩应变 ε_{sh-e} 更真实地反映圆环试件产生的收缩应力，如式（4-22）所示。

$$\varepsilon_{sh-c}(t) = k(t)\varepsilon_{sh}(t) \tag{4-22}$$

根据弹性力学相关理论，可由式（4-23）～式（4-25）[162-163] 计算圆环试件的环向应力 σ_θ 和径向应力 σ_r。

$$\sigma_\theta(t) = \frac{r_2^2}{r_3^2 - r_2^2}\left(\frac{r_3^2}{r^2} + 1\right)P(t) \tag{4-23}$$

$$\sigma_r(t) = \frac{r_2^2}{r_3^2 - r_2^2}\left(1 - \frac{r_3^2}{r^2}\right)P(t) \tag{4-24}$$

$$P(t) = \frac{-k(t)\varepsilon_{sh}(t)}{\dfrac{1}{E_1(t)}\dfrac{(1-\mu_1)r_2^2 + (1+\mu_1)r_3^2}{r_3^2 - r_2^2} + \dfrac{1}{E_2}\dfrac{(1-\mu_2)r_1^2 + (1+\mu_2)r_2^2}{r_2^2 - r_1^2}} \tag{4-25}$$

式中，μ_1、μ_2 分别表示圆环试件和内钢环的泊松比。

由圆环试件的边界条件可以求得其 t 时刻应力场：本试验所采用的尺寸为 $2r_3 = 375\text{mm}$，$2r_2 = 320\text{mm}$，将 $r = r_3$、r_2 代入式（4-23）和式（4-24），得到

$$\sigma_\theta(t)_{\min} = 5.358P(t) \tag{4-26}$$

$$\sigma_\theta(t)_{\max} = 6.358P(t) \tag{4-27}$$

$$\sigma_r(t)_{\min} = 0 \tag{4-28}$$

$$\sigma_r(t)_{\max} = -P(t) \tag{4-29}$$

$$\sigma_r(t)_{\max} = -0.1573\sigma_\theta(t)_{\max} = -0.1866\sigma_\theta(t)_{\min} \tag{4-30}$$

$$\sigma_\theta(t)_{\min} = 0.8427\sigma_\theta(t)_{\max} \tag{4-31}$$

根据式（4-23）～式（4-27）可以得到 t 时刻圆环试件最小和最大环向应力，根据式（4-24）～式（4-29）可以得到 t 时刻圆环试件最小和最大径向应力，圆环试件的受力形式如图 4-21（c）所示，环向拉应力和径向压应力最大值发生在圆环试件的内侧，最小值发生在圆环试件的外侧。因此，当圆环试件收缩受到钢环约束时，圆环试件的内侧首先达到圆环试件的极限拉应力，从而裂缝首先从圆环试件的内侧开始，逐渐向外侧扩展。

从式（4-30）和式（4-31）可以看出：圆环试件最大径向应力是最大环向应力的 15.73%，是最小环向应力的 18.66%；最小环向应力是最大环向应力的 84.27%。所以，可以忽略径向应力的作用，假定环向应力沿径向均匀分布，并沿高度不变，近似认为圆环试件在约束收缩试验中处于环向均匀拉应力状态。

圆环试验装置不仅可以定性地评估材料的抗裂性，还可以定量地反映出圆环试件的受限应变、内部的应力发展和拉伸徐变等材料的性能，通常采用钢环内侧粘贴应变片的方式测量试验所需数据从而进行定量分析[164]。

钢环中应力的计算方法同圆环试件，由钢环内侧的压应变 ε_θ 和钢材的弹性模量 E_2（210GPa）可以得到任意时刻钢环外表面的压应力 P，如式（4-32）所示。

$$P\ (t) = -\left[1 - \left(\frac{r_1}{r_2}\right)^2\right]E_2\varepsilon_\theta\ (t) \tag{4-32}$$

根据试验数据可得到钢环内侧的压应变 ε_θ，将 P 代入式（4-23）～式（4-25），可计算圆环试件收缩引起的应力及有效收缩应变 $k \cdot \varepsilon_{sh}$ 产生的应力，与材料抗拉强度对比后，可定量评估圆环试件时变开裂状态。

当 $d\varepsilon_0\ (t)\ /dt > 0$ 时，试件产生微裂缝，而此时在试件外表面往往是观测不到裂缝的。通过连续测量内钢环内侧的应变，可以动态地把圆环试件的收缩应力和圆环试件的开裂情况联系起来，从而评估圆环试件抵抗收缩开裂性能。

4.3.3　圆环试件收缩开裂发展过程及开裂模式

室内和室外养护环境下各试件不同龄期的收缩开裂发展过程如表 4-7 所示。图 4-22 和图 4-23 分别为室内和室外养护环境下圆环试件 108d 典型的约束收缩开裂模式。从图 4-22 和图 4-23 看出，SHCC 基体和混凝土的裂缝沿高度方向完全贯通，而 SHCC 只有部分裂缝完全贯通，圆环试件出现的大部分裂缝都是垂直裂缝，同一条裂缝在裂缝测量位置处的开裂宽度差异不大，说明圆环试件的干燥收缩沿高度方向较均匀。SHCC 中出现多条裂缝，裂缝能够沿圆环的四周均匀分布，说明圆环试件内部由干缩引起的沿切线方向的应力几乎是均匀分布的。表明圆环约束收缩试验是研究水泥基材料抗裂性能非常有效的方法。

SHCC 基体的整个干缩开裂过程中只出现 1 条宏观可见裂缝，随着收缩变形的增加，该条裂缝宽度逐渐增加。当 SHCC 基体出现裂缝后，没有纤维的桥联作用，试件内部由于干缩引起的拉应力得到释放，裂缝很快贯穿，出现断裂现象，试件内部的拉应力几乎为零，试件接近自由收缩，其收缩变形将通过裂缝宽度的增加来容纳。而 SHCC 试件表现为多微缝开裂模式，肉眼几乎观测不到裂缝。在整个试验过程中，SHCC 中出现的裂缝或沿环向（宽度）不断扩展，或沿高度方向不断延伸，或两者兼而有之，当原有裂缝宽度达到一定宽度时，又有新的细裂缝出现，沿厚度方向始终没有出现断裂现象。SHCC 首条裂缝出现后，在纤维的桥联作用下，试件通过裂缝宽度稍有扩展同时伴随着裂缝沿高度方向不断延伸的方式释放了裂缝周围的部分拉应力，同时通过纤维的桥联作用又将裂缝周围的拉应力传递到未开裂的部位，试件内部因收缩产生的应力并未完全释放，随着干缩的增大，试件内部的拉应力继续增加，试件又会在其他薄弱的地方开裂，同样在纤维的桥联作用下继续传递应力，最终 SHCC 圆环试件中出现多条细裂缝。正是 SHCC 特有的应变硬化特性决定了约束收缩情况下的多微缝开裂特性，SHCC 的收缩变形通过多条微裂缝的增加来容纳。混凝土试件中只有 1 条宏观可见裂缝，随着试验龄期增加，其裂缝宽度逐渐增加，其收缩变形将通过裂缝宽度的增加来容纳。

与室内养护试件相比，室外养护 SHCC 圆环裂缝更加密集，条数增多。

表 4-7　圆环试件开裂发展过程

试件编号		7d	14d	28d	45d	60d	108d
SN	数量	0	1	10	12	12	14
SN	描述		裂缝出现，高度未贯穿，裂缝扩展速度较快	已有裂缝稍有扩展，沿高度延伸，新增9条裂缝，初期扩展速度较快，后期速度减缓，裂缝未贯穿	已有裂缝稍有扩展，沿高度延伸，新增2条裂缝，初期扩展速度较快，后期速度减缓，裂缝未贯穿	已有裂缝稍有扩展，沿高度延伸，数量不变，裂缝未贯穿	已有裂缝稍有扩展，沿高度延伸，新增2条裂缝，初期扩展速度较快，后期速度减缓，1条裂缝贯穿
MN	数量	1	1	1	1	1	1
MN	描述	裂缝出现，高度贯穿，裂缝扩展速度较快	继续扩展，速度减缓	继续扩展，速度减缓	稍有扩展	稍有扩展	稍有扩展
CN	数量	0	0	0	1	1	1
CN	描述				裂缝出现高度未贯穿，裂缝扩展速度较快	高度贯穿，裂缝扩展速度较快	继续扩展速度减缓
SW	数量	0	1	24	47	50	58
SW	描述		裂缝出现，高度未贯穿，裂缝扩展速度较快	已有裂缝稍有扩展，沿高度延伸，新增23条裂缝，初期扩展速度较快，后期速度减缓，裂缝未贯穿	已有裂缝稍有扩展，沿高度延伸，新增23条裂缝，初期扩展速度较快，后期速度减缓，共1条裂缝贯穿	已有裂缝稍有扩展，沿高度延伸，新增3条裂缝，初期扩展速度较快，后期速度减缓，共1条裂缝贯穿	已有裂缝稍有扩展，沿高度延伸，新增8条裂缝，初期扩展速度较快，后期速度减缓，共1条裂缝贯穿
MW	数量	0	1	1	1	1	1
MW	描述		裂缝出现，高度贯穿，裂缝扩展速度较快	继续扩展，速度较快	继续扩展，速度减缓	稍有扩展	稍有扩展
CW	数量	0	0	0	1	1	1
CW	描述				裂缝出现，高度贯穿，裂缝扩展速度较快	裂缝扩展，速度减缓	继续扩展，速度较快

注：①试件编号中 S、M、C 分别表示 SHCC、SHCC 基体、混凝土，B、N、W 分别表示标准、室内、室外养护环境；②这里裂缝条数对应的龄期并不代表裂缝出现时间，裂缝出现时间详见表 4-8；③试验过程中观测发现 SHCC 收缩裂缝较细，条数较多，特别是室外 SHCC 圆环试件，有些裂缝是否沿高度贯穿无法准确判定，故这里按未贯穿裂缝记录。

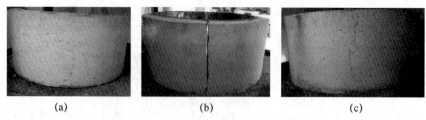

图 4-22　室内养护试件 108d 开裂模式

(a) SHCC；(b) SHCC 基体；(c) 混凝土

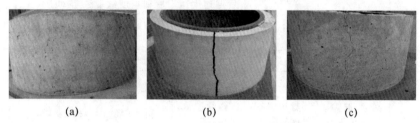

图 4-23　室外养护试件 108d 开裂模式

(a) SHCC；(b) SHCC 基体；(c) 混凝土

4.3.4　SHCC 约束收缩开裂性能评价

本试验以裂缝总面积 A、裂缝数量 N、最大裂缝宽度 B 和平均裂缝宽度 C 等参数作为 SHCC 的收缩开裂性能评价指标，计算公式分别为式（4-33）～式（4-35）。结果详见表 4-8。

表 4-8　圆环约束收缩开裂性能评价

试件编号	裂缝出现时间 T_0 (d)	裂缝总面积 A（mm²）	裂缝数量 N（条）	最大裂缝宽度 B（mm）	平均裂缝宽度 C（mm）	裂缝控制率 K（%）
SN	11	71.15	14	0.090	0.061	80.87
MN	5	371.94	1	2.55	2.55	—
CN	36	23.63	1	0.160	0.160	—
SW	13	181.11	58	0.120	0.062	71.76
MW	10	641.29	1	4.36	4.36	—
CW	40	39.75	1	0.270	0.270	—

注：使用 PTS-C10 智能裂缝测宽仪实测裂缝宽度时，宽度小于 0.04mm 的裂缝难以准确测量，故此处裂缝宽度小于 0.04mm 的裂缝按宽度为 0.04mm 的裂缝计算，因此实际裂缝总面积和实际平均裂缝宽度要比计算值小。

$$A = \sum (b_i \times l_i) \tag{4-33}$$

$$C = \left(\sum_1^N b_i \right) / N \tag{4-34}$$

$$b_i = \frac{w_a + w_b + w_c + w_d}{4} \tag{4-35}$$

式中，b_i 为第 i 条裂缝的宽度，mm；l_i 为第 i 条裂缝的长度，mm；w 为第 i 条裂缝在测量位置（a、b、c、d）的裂缝宽度，mm。

裂缝控制率 K 可用于评价纤维对 SHCC 基体抗裂性能的改善程度，由式（4-36）计算得到。

$$K = (1 - A/A_0) \times 100\% \tag{4-36}$$

式中，K 为裂缝控制率，%；A 为 SHCC 的裂缝总面积，mm^2；A_0 为 SHCC 基体的裂缝总面积，mm^2。

（1）从表 4-8 可以看出，SHCC 开裂时间迟于基体，时间相差 6d（室内）和 3d（室外）；SHCC 的最大裂缝宽度约为基体的 3.5%（室内）和 2.8%（室外）；SHCC 的平均裂缝宽度约为基体的 2.4%（室内）和 1.4%（室外）；SHCC 的裂缝控制率达到 80%（室内）和 70%（室外）以上。表明 PVA 纤维的加入极大地提高了材料抗裂性能。

（2）对比 SHCC 与混凝土的各项指标可以看出：①SHCC 开裂时间早于混凝土，时间相差 25d（室内）和 27d（室外），这是由于 SHCC 比混凝土收缩快且收缩值大[165]，试件内部早期收缩应力较大，更容易出现裂缝；SHCC 的裂缝总面积比混凝土大，约是混凝土的 3.01 倍（室内）和 4.56 倍（室外）。②SHCC 的最大裂缝宽度约为混凝土的 56.3%（室内）和 44.4%（室外）；平均裂缝宽度约为混凝土的 38.1%（室内）和 23.0%（室外），说明 SHCC 裂缝控制能力明显优于混凝土等脆性材料。

（3）对比室内和室外养护环境下 SHCC 的抗裂性指标发现，室外养护 SHCC 收缩抗裂性能有所降低。早期的浇水养护推迟了室外试件收缩开裂时间，相比室内养护 SHCC，室外养护 SHCC 开裂时间推迟 2d；室外养护 SHCC 的裂缝总面积大于室内养护 SHCC，其裂缝总面积约为室内养护 SHCC 的 2.55 倍，这是由于室外养护环境下 SHCC 干缩变形较大，需要通过裂缝扩展（环向或高度方向）或新裂缝产生来容纳收缩变形；室外养护 SHCC 的平均裂缝宽度（约为 0.062mm）比室内养护 SHCC（约为 0.061mm）的略大，室外养护 SHCC 的最大裂缝宽度约是室内养护 SHCC 的 1.33 倍，室外养护 SHCC 的最大裂缝宽度明显增大。

图 4-24 为圆环试件最大裂缝宽度随龄期发展曲线。随着龄期增长，试件最大裂缝宽度呈增长趋势，室内养护试件前期增长较快，后期逐渐稳定，而室外养护试件受环境影响较为严重，在 108d 时仍不稳定，需进行更长期试验研究；从数值上看，室内和室外养护环境下 SHCC 的最大裂缝宽度分别为 0.09mm、0.12mm，基体和混凝土试件均超过 0.12mm。SHCC 抵抗约束收缩开裂的能力比 SHCC 基体和混凝土的大，这对耐久性有利；与室内养护 SHCC 相比，室外养护 SHCC 的裂缝控制能力稍有下降，这对耐久性不利。

（4）对比室内和室外养护环境下的 SHCC 试件，结合单轴拉伸试验、自由干燥收缩试验和圆环约束收缩试验的结果发现：①SHCC 的拉伸应变能力（>3%）远高于干缩变形（<0.1%），收缩应变比拉伸应变小 1 个量级，这意味着在约束干燥收缩下，SHCC 将处于拉伸应变硬化阶段，形成大量微裂缝，SHCC 的延性能够容纳收缩变形而不出现断裂现象；一旦出现微裂缝，SHCC 有效的弹性模量将大幅度下降，从而进一步降低收缩在试件中引起的拉应力。SHCC 基体的收缩变形（>0.08%）和混凝土

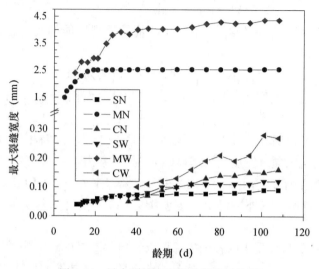

图 4-24　最大裂缝宽度随龄期发展曲线

的收缩变形（＞0.05%）远高于其拉伸应变能力（0.01%），容易引起断裂现象，与圆环约束收缩试验现象相符。②与室内养护 SHCC 相比，室外养护环境下（夏季和秋季期间）SHCC 的收缩应变较大，收缩开裂风险增加，但早期的浇水养护能够延迟试件开裂时间，与圆环约束收缩试验现象相符。③圆环试验中收缩裂缝平均宽度稍大于单轴拉伸试验测得的平均裂缝宽度，室内环境下较为明显，表明在常规荷载速度条件下测试的拉伸性能指标不完全适合分析材料收缩裂缝问题，相比单轴拉伸试验，收缩变形速度较慢，收缩开裂问题需要考虑材料在极慢速荷载条件下的拉伸性能，此问题值得深入研究。

4.4　SHCC 与老混凝土粘结收缩性能

4.4.1　试验方案

1. 试验材料

修复梁是由老混凝土与修复材料共同组成的构件。老混凝土配合比详见表 4-9。混凝土梁浇筑完成后，在实验室放置 6 个月。浇筑修复材料前测得的混凝土抗压强度为 41.04MPa。

表 4-9　混凝土配合比

设计强度等级	水泥（kg/m³）	砂（kg/m³）	石子（kg/m³）	水（kg/m³）	水灰比	砂率（%）
C30	317	757	1136	190	0.60	40

选用 SHCC 和 C35 新混凝土作为修复材料。SHCC 配合比详见表 4-5。C35 新混凝土配合比详见表 4-10。

表 4-10　新混凝土配合比

设计强度 等级	水泥 （kg/m³）	砂 （kg/m³）	石子 （kg/m³）	水 （kg/m³）	水灰比	砂率 （%）
C35	352	688	1171	190	0.54	37

2. 试件设计

老混凝土梁长 515mm、宽 100mm、厚 100mm，修复层长 515mm、宽 100mm、厚 20～50mm，如图 4-25 所示。试验过程中，重点研究了界面粗糙度、修复层厚度以及养护环境对修复梁性能的影响，如表 4-11 所示。

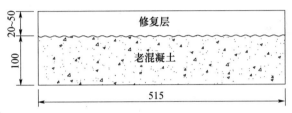

图 4-25　修复梁示意图（单位：mm）

表 4-11　修复梁基本情况

修复材料	构件编号	养护环境	界面类型/平均 灌砂深度（mm）	修复层厚度 （mm）
SHCC	SN20R2	室内养护	人工凿毛/2.50	20
	SN30R1		自然光滑/—	30
	SN30R2		人工凿毛/2.64	30
	SN30R3		凹槽/3.5	30
	SN40R2		人工凿毛/2.27	40
	SN50R2		人工凿毛/2.59	50
	SW30R2	室外养护	人工凿毛/2.43	30
新混凝土 （对比梁）	CN30R2	室内养护	人工凿毛/2.60	30
	CW30R2	室外养护	人工凿毛/2.46	30

注：试件编号中 S、C 分别表示 SHCC 与新混凝土；N、W 分别表示室内、室外养护环境；20、30、40、50 分别表示修复层厚度（单位 mm）；R1、R2、R3 分别表示老混凝土粘结面为自然光滑面、人工凿毛面、凹槽面。

在理想状态下，修复层的自由收缩是各向同性的，然而受到老混凝土的约束后，修复层的自由收缩受到限制。采用应变片对修复层端部与中间位置不同高度处的收缩变形进行测量，研究修复层局部约束收缩应变以及粘结面到修复层顶部高度方向上约束收缩应变的分布规律。应变片对称布置于修复层端部 1、3、5 处和中间 2、4、6 处，如图 4-26（a）、（b）所示。同时为了更好地预测修复梁端部分层情况，在修复梁两端侧面粘结面处粘贴应变片，如图 4-26（c）所示。粘结试验与自由收缩试验同步进行，试验龄期为 108d。

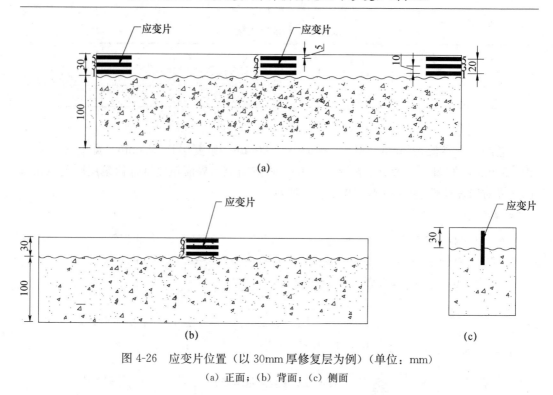

图 4-26　应变片位置（以 30mm 厚修复层为例）（单位：mm）

(a) 正面；(b) 背面；(c) 侧面

3. 修复梁制作

（1）浇筑老混凝土梁。按上述设计浇筑混凝土，24h 后拆模，使用塑料薄膜覆盖并定期洒水养护，试验时室内温度为（15±3）℃，相对湿度为（45±5）%；养护 28d 后置于室内自然养护、待用，立方体试块拆模后与混凝土梁同条件养护，浇筑修复层之前测其抗压强度。

（2）老混凝土粘结面处理。对浇筑时的老混凝土粘结面进行处理，处理后的老混凝土粘结面分为三种类型，如图 4-27 所示。

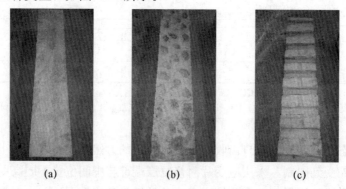

图 4-27　处理后的老混凝土粘结面

(a) R1 型面；(b) R2 型面；(c) R3 型面

R1 型面——自然光滑面：老混凝土浇筑后使用钢抹子将其上表面抹平，此类型表面较为光滑，如图 4-27（a）所示。

R2 型面——人工凿毛：采用插石法对老混凝土表面进行处理（模仿人工凿毛），将一定数量粒径约 20mm 的石子随机压入浇筑成型的老混凝土表面，压入深度约为石子深度的一半，18h 后拔出，此类型表面呈明显凹凸不平状，相对粗糙，如图 4-27（b）所示。材料凝结硬化前就对老混凝土表面进行处理，模仿人工凿毛。这样处理可以有效减少人工凿毛对老混凝土表面的扰动，防止产生微裂纹和局部损坏。

R3 型面——凹槽：采用沟槽法对老混凝土表面进行处理（模仿切槽法），每个沟槽深度为老混凝土最大骨料粒径的 $1/4 \sim 1/2$，槽平均宽度为老混凝土最大粗骨料粒径的 $1 \sim 1.5$ 倍[166]。所以，沟槽尺寸：长 100mm，宽 20mm，深 10mm，槽间距为 35mm。老混凝土浇筑成型前将做好的木块分别压入混凝土表面相应位置，18h 后拔出。此类型表面呈有规律凹凸状，如图 4-27（c）所示。

（3）采用平均灌砂法对老混凝土粘结面进行粗糙度评定[167]，如图 4-28 所示。将老混凝土置于铺有塑料薄膜且表面平整的地上，用 4 片木板环绕着混凝土的粘结面，使木板的最高平面和粘结面凸部的最高点齐平，往其中灌入标准砂超过粘结面，然后将木板顶面抹平直至不再有砂粒落下。将老混凝土粘结面的标准砂全部倒入量筒，测出其体积。重复以上操作 3 次。平均灌砂深度按式（4-37）计算，不同修复梁的老混凝土试件平均灌砂深度结果详见表 4-11。

$$h = V/A \qquad (4-37)$$

式中，h 为平均灌砂深度，mm；V 为标准砂体积，mm^3；A 为试块横截面面积，mm^2。

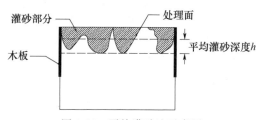

图 4-28　平均灌砂法示意图

（4）浇筑修复层。修复梁分 2 批浇筑完成，不同的修复材料各为 1 批，参照表 4-11 设计要求进行浇筑。浇筑修复层之前，用钢丝刷刷掉老混凝土粘结面的浮灰，并用清水冲洗干净。然后在老混凝土粘结面洒水并用湿毛巾覆盖 10～12h，确保粘结面达到饱和面干状态。为防止木模板吸收新浇材料的水分，浇筑修复层之前将木模板表面贴上塑料薄膜。修复梁浇筑及拆模后的修复梁如图 4-29 所示。

图 4-29　修复层浇筑及拆模后的修复梁

（5）修复梁养护。将浇筑完的修复梁按照表 4-11 要求放入相应环境中养护，与自由收缩试验同步进行，确保它们处于同一环境，使用塑料薄膜覆盖养护，24h 后拆模，拆模后修复层两个较小表面不再密封，因为完全没有密封的修复梁能够更好地呈现实际修复层的边界状态。成型的修复梁如图 4-29 所示。

4. 试验过程

拆模后，修复梁按图 4-26 中目标位置处粘贴应变片，并与静态应变测试系统相连，如图 4-30 所示。试验过程中观测修复层收缩裂缝的发展情况，测量裂缝宽度、裂缝长度，记录裂缝数量。同时观测修复层端部界面处分层的发展情况，并记录分层长度（即水平裂缝长度）和分层高度（即水平裂缝宽度）。

 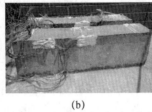 

(a)　　　　　　　　　　(b)　　　　　　　　　　(c)

图 4-30　修复层应变片与静态应变测试系统联机
(a) 室内养护；(b) 室外养护；(c) 静态应变测试系统

4.4.2　修复梁约束收缩应力与失效模式

修复梁中的老混凝土收缩已经基本完成，修复层浇筑后即开始收缩，两者变形的不一致使得修复层的收缩变形受到老混凝土的约束，在修复层中产生拉应力，同时修复层与老混凝土界面将产生拉应力和剪切应力，其大小由自由收缩与约束收缩的差值决定，当拉应力超过修复材料抗拉强度或界面粘结强度时，修复梁容易出现开裂和分层失效。修复层收缩受到老混凝土约束时，修复梁约束收缩应力分析及失效模式如图 4-31 所示[168]。修复层中的拉应力是 x 方向应力，拉应力较大时，可能产生裂缝，当修复层粘结较好时，裂缝可能贯通到老混凝土，如图 4-31（b）-①所示。反之裂缝将正交于界面，并与基体分层，如图 4-31（b）-②所示。修复层与基体界面的拉应力是 y 方向应力，应力较大时，可能在接触面或者基体内部出现界面张开现象（界面在 y 轴方向分层），修复层与基体界面的剪切应力是 x 轴应力，应力过大时，粘结较差的构件可能使修复层沿基体表面滑动（界面在 x 轴方向分层），当修复层与基体粘结较好时，分层发生在基体内部，如图 4-31（b）-③所示。当修复层与基体粘结较差时，分层发生在接触面处，如图 4-31（b）-④所示。

如果修复层的收缩变形沿其高度方向（y 轴方向）没有变化时，在老混凝土的约束作用下，修复层中的最大拉应力 σ_{xx} 将发生在修复层底部中间，最大界面拉应力 σ_{xy} 和界面剪切应力 σ_{yy} 在修复梁端部[169]。事实上，修复层的收缩在高度方向上是变化的[170]。修复层中的水分大部分直接通过修复层表面散失，在修复层界面到表面的高度方向上形成湿度梯度，表面处湿度梯度最大，则最大拉应力出现在修复层表面。随着收缩进行，拉应力增加，根据修复材料性能和湿度梯度的严重性，修复材料产生的最大拉应力很容易超过抗拉强度（或最大拉应变超过极限拉应变），导致修复层表面出现裂缝。随着收缩进行，裂缝将沿着横截面向下扩展，同时上表面的裂缝宽度更大。湿度梯度还将导致修复层两端出现翘曲趋势，在修复层与老混凝土界面同时引起拉伸、剪切应力，从而可能出现修复系统分层。由此可见，在老混凝土的约束和环境条件共同作用下，修复梁中的应力变得极其复杂，但可以判定修复层中间是容易出现开裂的地方，修复梁的端部是容易出现分层的地方，应特别关注，这也是试验设计中在修复层中间和端部粘贴应变片的主要原因。

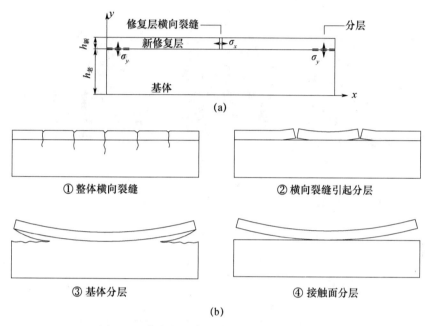

图 4-31 修复梁约束收缩应力分析和失效模式
（a）修复梁应力分布；（b）修复系统典型失效模式

当修复层与基体粘结较好时，分层现象可能不明显，但使修复层更倾向于开裂，裂缝处修复层中的拉应力得到释放，修复层内部和界面处的应力重新分布，若开裂后修复层内部应力仍大于其抗拉强度，则修复层会继续出现裂缝，规律与前面相似，直到修复层中的应力小于其抗拉强度，裂缝发展才会稳定；当修复材料抗拉强度较高时，可能会延迟修复层开裂，但增加了界面分层的风险，因为修复层与基体界面形成较高的剪切应力和拉伸应力，修复层将沿基体表面滑动，同时修复层与界面之间的距离增加，修复梁中的应力重新分布，如果分层后界面的剪切应力和拉伸应力仍大于界面的粘结强度，规律与前面相似，直到修复界面处的应力小于其粘结强度，分层才会稳定。修复梁或是开裂或是分层或是两者兼而有之，单一的失效模式并不能说明该系统的变形协调性，应从整体性能考虑[171]。

研究发现，在老混凝土的约束作用下，SHCC 修复梁和混凝土修复梁出现开裂或分层或两者不同程度组合模式，如图 4-32 所示。

修复梁开裂和分层现象如表 4-12 所述。108d 时修复梁开裂和分层模式如图 4-32 所示。从图 4-32 可以看出，室内养护环境下，修复层裂缝主要分布在中间位置，端部几

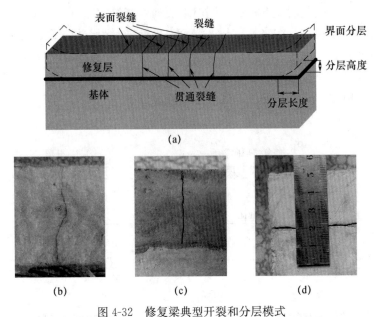

图 4-32　修复梁典型开裂和分层模式
（a）修复梁开裂和分层示意图；（b）表面裂缝；（c）贯通裂缝；（d）端部分层

乎没有裂缝产生，分层主要发生在修复梁端部位置，两端分层几乎关于修复梁中心线对称。从图 4-32 可以看出，室外养护环境下，修复层表面龟裂，同时出现贯通裂缝，两端分层几乎关于修复梁中心线对称。

表 4-12　修复梁开裂和分层现象

构件编号	修复层开裂	界面分层
SN20R2	7d 左右修复层中间出现首条裂缝，随后向两端分散，裂缝数量逐渐增加，32d 后裂缝变化较小，裂缝分布较分散。在干燥过程中，表面裂缝相对较多，一部分表面裂缝闭合的同时出现新裂缝，一部分表面裂缝逐渐闭合，一部分表面裂缝开裂后几乎没有变化；同时发现 1 条表面向下贯通裂缝，裂缝宽度相对较大	19d 左右修复层左端端部出现分层，21d 左右右端端部出现分层，分层长度几乎不变，分层高度逐渐增加，52d 后逐渐稳定；另外试验后发现修复层贯通裂缝在正交于界面处与基体分层，分层长度约 30mm，分层高度小于 0.04mm
SN30R1	8d 左右修复层中间出现首条裂缝，随后向两端分散，且在裂缝之间有新裂缝出现，裂缝数量逐渐增加，45d 后裂缝变化较小，裂缝分布相对集中。在干燥过程中，只观测到表面裂缝，大部分表面裂缝逐渐闭合	3d 左右修复层左端端部出现分层，4d 左右右端端部出现分层，左右分层迅速连通，分层高度不断增加，101d 后逐渐稳定
SN30R2	9d 左右修复层一端出现首条裂缝，随后向另一端发展，裂缝数量逐渐增加，40d 后裂缝变化较小，裂缝分布较分散。在干燥过程中，表面裂缝相对较多，一部分表面裂缝逐渐闭合，一部分表面裂缝开裂后几乎没有变化；同时发现 1 条表面向下贯通裂缝，且只有一侧向下贯通，裂缝宽度相对较大	25d 左右修复层左端端部出现分层，28d 左右右端端部出现分层，分层长度几乎不变，分层高度逐渐增加，40d 后逐渐稳定；另外，试验后发现修复层贯通裂缝在正交于界面处与基体分层，分层长度约 21mm，分层高度小于 0.04mm

续表

构件编号	修复层开裂	界面分层
SN30R3	9d 左右修复层中间出现首条裂缝，随后向两端分散，且在裂缝之间有新裂缝出现，裂缝数量逐渐增加，59d 后裂缝变化较小，裂缝分布较分散。在干燥过程中，只观测到表面裂缝，一部分表面裂缝逐渐闭合，一部分表面裂缝开裂后几乎没有变化	28d 左右修复层左右两端出现分层，分层长度几乎不变，分层高度逐渐增加，66d 后逐渐稳定
SN40R2	10d 左右修复层中间出现首条裂缝，随后向两端分散，且在裂缝之间有新裂缝出现，裂缝数量逐渐增加，45d 后裂缝变化较小，裂缝分布相对集中。在干燥过程中，只观测到表面裂缝，一部分表面裂缝闭合的同时出现新裂缝，一部分表面裂缝逐渐闭合，一部分表面裂缝开裂后几乎没有变化	25d 左右修复层左端端部出现分层，32d 左右右端端部出现分层，分层长度几乎不变，分层高度逐渐增加，73d 后逐渐稳定
SN50R2	13d 左右修复层表面中间出现首条裂缝，裂缝数量较少，59d 后裂缝变化较小，裂缝分布相对集中。在干燥过程中，只观测到表面裂缝，裂缝开裂后几乎没有变化	32d 左右修复层左端端部出现分层，25d 左右右端端部出现分层，分层长度几乎不变，分层高度逐渐增加，66d 后逐渐稳定
SW30R2	8d 时（停止养护后 1d）修复层表面出现少量分散短裂缝，随着龄期增长，短裂缝数量逐渐增加，裂缝相连，32d 后裂缝变化较小，表面裂缝分布呈龟裂状；表面裂缝出现的同时，约 11 条表面裂缝向下延伸，但只有 1 条完全贯通，其余均未完全贯通，另外发现修复层出现 5 条完全贯通裂缝，修复层贯通裂缝在 101d 后变化较小	25d 左右修复层左右两端出现分层，分层长度和分层高度逐渐增加，87d 后逐渐稳定；另外试验后发现有部分修复层贯通裂缝在正交于界面处与基体分层，分层长度小于 30mm，分层高度小于 0.05mm
CN30R2	没有发现裂缝	没有发现分层
CW30R2	10d 左右（停止养护后 3d）修复层表面出现 1 条短裂缝，随着龄期增长，短裂缝数量逐渐增加，裂缝相连，45d 后裂缝变化较小，表面裂缝分布呈龟裂状；同时在 16d 发现 1 条宽度较大的贯通裂缝，在 80d 后逐渐稳定	66d 左右修复层左右两端出现分层，分层长度几乎不变，分层高度逐渐增加，101d 后逐渐稳定

注：因室外 SHCC 表面龟裂，无法判定修复层两个纵向侧面的贯通裂缝是否是 1 条整体贯通裂缝，故贯通裂缝分开记录。

表 4-13 为 108d 时修复层的裂缝条数、裂缝宽度、端部界面分层高度和分层长度，以及修复层开裂和分层时间。

表 4-13　180d 时修复梁开裂与分层相关参数

构件编号	修复层裂缝					界面分层			
	开裂时间（d）	裂缝条数		裂缝宽度		分层位置	分层时间（d）	分层长度（mm）	分层高度（mm）
		表面裂缝条数	贯通裂缝条数	平均裂缝宽度（mm）	最大裂缝宽度（mm）				
SN20R2	7	5	1	<0.04	0.05	左 右	19 21	28 103	0.05 0.08
SN30R1	8	11	0	<0.04	0.04	左 右	3 4	515 （通长）	2.71 0.45

构件编号	修复层裂缝					界面分层			
	开裂时间(d)	裂缝条数		裂缝宽度		分层位置	分层时间(d)	分层长度(mm)	分层高度(mm)
		表面裂缝条数	贯通裂缝条数	平均裂缝宽度(mm)	最大裂缝宽度(mm)				
SN30R2	9	5	1	<0.04	0.05	左右	25 28	82 67	0.07 0.07
SN30R3	9	9	0	<0.04	0.04	左右	28 28	29 20	0.08 0.07
SN40R2	10	10	0	<0.04	0.04	左右	25 32	42 80	0.05 0.08
SN50R2	13	3	0	<0.04	0.04	左右	32 25	66 54	0.05 0.07
SW30R2	8	龟裂	16	<0.07	0.07	左右	25 25	108 152	0.07 0.11
CN30R2	0	0	0	0	0	0	0	0	0
CW30R2	10	龟裂	1	0.09~0.21	0.21	左右	66 66	25 14	0.20 0.12

注：SW30R2统计的贯通裂缝条数是两个纵向侧面贯通裂缝的总和，可能比实际整体贯通裂缝数少。

4.4.3 SHCC修复梁与混凝土修复梁开裂和分层模式对比分析

图4-33为老混凝土粘结面进行人工凿毛处理，修复层厚度为30mm厚的SHCC修复梁和混凝土修复梁在不同养护环境下的开裂和分层模式。从图4-33（a）、（b）和表4-13可以看出，室内养护环境下，混凝土修复梁（CN30R2）没有出现裂缝和分层现象。而SHCC修复梁（SN30R2）出现5条细微表面裂缝和1条一侧贯通的微裂缝，最大裂缝宽度为0.05mm，平均裂缝宽度小于0.04mm，没有出现局部断裂现象，同时端部出现长67~82mm、高0.07mm的分层。室内养护环境下，与混凝土修复梁相比，虽然SHCC修复梁出现开裂和分层，但SHCC修复梁能够将开裂宽度和分层高度控制在0.07mm以内，这对修复梁抗渗性影响较小。从图4-33（c）、（d）和表4-13可以看出，室外养护环境下，混凝土修复梁（CW30R2）表面龟裂，出现1条贯通裂缝，最大裂缝宽度为0.21mm，平均裂缝宽度为0.09~0.21mm。SHCC修复梁（SW30R2）表面出现大量微裂缝，也呈龟裂状，同时出现16条（两个纵向侧面累计条数）贯通微裂缝，最大裂缝宽度为0.07mm，远比混凝土修复层中发现的裂缝细得多，平均裂缝宽度小于0.07mm，没有出现局部断裂现象。对比室外混凝土修复梁，室外SHCC修复梁能够较好地控制裂缝宽度。混凝土和SHCC修复梁的最大分层长度分别为25mm、152mm，最大分层高度为0.20mm、0.11mm，与混凝土修复梁相比，SHCC修复梁分层长度较长，但分层高度明显较小。

室内和室外养护环境下SHCC比混凝土收缩快且收缩值大，从而在相同约束条件

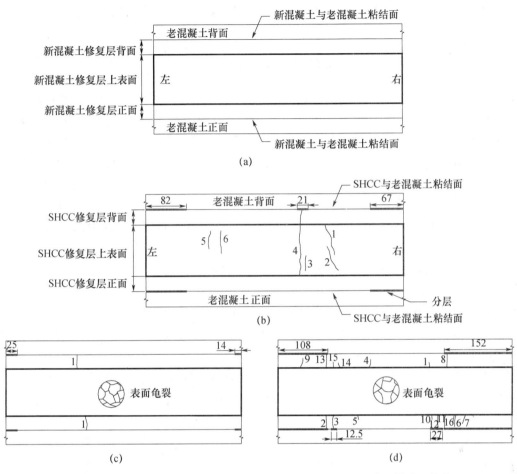

图 4-33　SHCC 修复梁与混凝土修复梁在不同养护环境中的开裂和分层模式（单位：mm）
(a) CN30R2；(b) SN30R2；(c) CW30R2；(d) SW30R2

下，SHCC 更容易出现分层和开裂现象，这可能是室内 SHCC 修复梁出现开裂和分层现象而混凝土修复梁保持完整的主要原因，同时是室外 SHCC 修复梁开裂和分层出现时间较早的原因。SHCC 的收缩应变（<0.1%）远小于自身极限拉应变（>3%）。在纤维的桥联作用下，SHCC 的约束收缩开裂发生在拉伸应变硬化阶段。在这个阶段，SHCC 修复层形成多条细微裂缝，裂缝宽度处于稳定状态，这可能是 SHCC 修复层在室内和室外养护环境下出现开裂，但其裂缝宽度能够得到有效控制的原因。而混凝土收缩应变（>0.05%）大于自身拉应变（0.01%），混凝土一旦开裂，裂缝宽度迅速发展成为宏观裂缝，这可能是室外混凝土修复梁收缩裂缝宽度较大的原因。室内 SHCC 修复梁分层得到控制，同时在室外养护环境下 SHCC 修复梁比混凝土修复梁分层程度小，说明 SHCC 修复层中多条细密裂缝的出现释放了修复层端部的拉应力和剪应力，从而使分层得到控制。

相比混凝土修复材料，当 SHCC 作为修复材料使用时，不论是处于室内养护环境中还是长期暴露于室外养护环境，在收缩应力作用下，修复层出现多条细微裂缝而不是局部断裂，界面分层得到有效控制。较小的开裂和分层将提高修复梁的抗渗性，这对耐久性有利。

4.4.4 养护环境对 SHCC 修复梁约束收缩的影响

从图 4-33 （b）、（d）和表 4-13 可以看出，室内养护 SHCC 修复梁的修复层（SN30R2）出现 5 条表面裂缝和 1 条一侧贯通的裂缝，室外养护 SHCC 修复梁（SW30R2）停止洒水养护后，修复层表面出现大量裂缝，并有 11 条表面裂缝向下逐渐贯通和 5 条完全贯通裂缝（两个纵向侧面累计条数），无论是表面裂缝还是贯通裂缝，室外养护 SHCC 修复梁修复层的裂缝条数都远远多于室内养护 SHCC 修复梁修复层。室内和室外养护环境下，SHCC 修复层最大裂缝宽度分别为 0.05mm、0.07mm，平均裂缝宽度分别小于 0.04mm、0.07mm。室内和室外的 SHCC 修复梁开裂模式几乎一致，修复层出现多条细微裂缝，没有出现断裂现象；与室内 SHCC 修复梁相比，室外 SHCC 修复梁的裂缝宽度控制能力稍有下降。室内和室外养护环境下，SHCC 修复梁的最大分层长度分别为 82mm、152mm，最大分层高度分别为 0.07mm、0.11mm，与室内 SHCC 修复梁相比，室外 SHCC 修复梁分层长度和高度显著增加。

不同养护环境中的修复梁，相比裂缝破坏程度（裂缝宽度≤0.07mm）而言，分层破坏程度（分层高度 0.07～0.11mm）稍有增大。室外养护的 SHCC 试件，早期浇水养护使其出现微膨胀，这可能是室外 SHCC 修复梁前期没有出现开裂和分层的原因。一旦修复梁处于自然养护环境下，SHCC 收缩变化幅度较大且整体收缩值较大。所以相比室内 SHCC 修复梁，室外 SHCC 修复梁出现较为严重的开裂和分层。

不同养护环境作用下，SHCC 修复梁在收缩应力作用下，修复层出现多条细微裂缝而不是局部断裂。相比室内养护 SHCC 修复梁，室外养护 SHCC 修复梁开裂和分层程度相对严重，说明在同样的约束条件下，室外养护 SHCC 修复梁内部的收缩应力更容易超过 SHCC 自身初裂强度和修复层与老混凝土之间的粘结强度，出现分层和开裂现象。

4.4.5 界面粗糙度对 SHCC 修复梁约束收缩的影响

图 4-34 为室内养护环境下修复层厚度（30mm）相同、老混凝土粘结面处理方式不同时 SHCC 修复梁的开裂和分层模式。结合表 4-13，人工凿毛的修复梁（SN30R2）裂缝数量较少，除了有表面裂缝外，还有一条一侧贯通的裂缝，最大裂缝宽度为 0.05mm，平均裂缝宽度小于 0.04mm，自然光滑面的修复梁（SN30R1）和凹槽的修复梁（SN30R3）只发现表面裂缝，最大裂缝宽度为 0.04mm，平均裂缝宽度小于 0.04mm。可见不同界面粗糙度下，SHCC 收缩裂缝宽度变化不大，并且能够将收缩裂缝控制在 0.05mm 以内，这对抵抗渗透性而言是有利的。另外，自然光滑面的修复梁在拆模后第 3d 出现分层，第 4d 时整体分层，最大分层高度为 2.71mm，随着粗糙度的增加，人工凿毛和凹槽的修复梁最大分层长度分别为 82mm、29mm，最大分层高度分别为 0.07mm、0.08mm。通过对比可以看出，随着粗糙度增加，修复梁分层长度和高度得到控制，人工凿毛修复梁比凹槽修复梁的分层长度长，但分层高度较小。

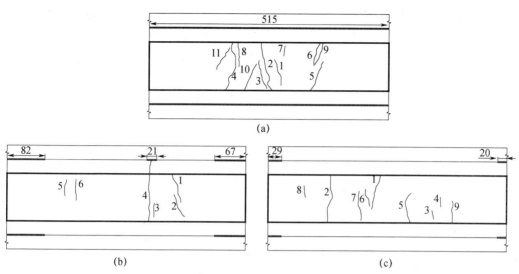

图 4-34　界面粗糙度对修复梁开裂和分层模式的影响（单位：mm）

(a) SN30R1；(b) SN30R2；(c) SN30R3

　　不同界面粗糙度的 SHCC 修复梁，对比其表面开裂和分层的破坏程度可以看出，相比裂缝破坏程度（裂缝宽度≤0.05mm）而言，分层破坏程度（分层高度≥0.07mm）更严重。粗糙度对 SHCC 修复梁分层的影响较为显著，对表面开裂的影响较小。粘结面粗糙度不同的 SHCC 修复梁，在收缩拉应力作用下，SHCC 修复层处于拉伸应变硬化阶段，在纤维的桥联作用下裂缝宽度得到控制，而没有出现局部断裂；自然光滑面的修复梁分层严重，说明较光滑的老混凝土粘结面缺少机械咬合力和摩阻力，SHCC 修复层浇筑后早期收缩较大，修复层与老混凝土之间较小的粘结强度容易导致分层。

　　不同界面粗糙度的 SHCC 修复梁在收缩应力作用下，修复层出现多条细微裂缝而不是局部断裂；不同修复梁收缩裂缝宽度变化不大。当粘结面较为光滑时，SHCC 修复梁出现分层失效；粘结面较为粗糙时，SHCC 修复梁分层长度和高度得到控制，人工凿毛的修复梁（粗糙度约为 2.64mm）与凹槽的修复梁（粗糙度约为 3.5mm）整体性能相差不大，说明老混凝土表面较为光滑时，SHCC 修复层与老混凝土之间的粘结效果较差，容易产生分层失效。

4.4.6　修复层厚度对 SHCC 修复梁约束收缩的影响

　　图 4-35 为室内养护环境下老混凝土粘结面进行人工凿毛处理、修复层厚度为 20～50mm 厚时 SHCC 修复梁开裂和分层模式。结合表 4-13，厚度较薄的修复梁（SN20R2），收缩裂缝出现时间较早，在 7d 左右出现，除了出现表面裂缝外，还产生一条贯通裂缝，最大裂缝宽度为 0.05mm，随着厚度增加（30～50mm），裂缝出现时间推迟 2～6d，裂缝数量有下降趋势，30mm 厚的修复梁（SN30R2）有一条一侧贯通的裂缝，其余为表面裂缝，最大裂缝宽度为 0.05mm。40～50mm 厚的修复梁（SN40R2、SN50R2）只有表面裂缝，最大裂缝宽度为 0.04mm。随着修复层厚度增加，最大裂缝宽度由 0.05mm 逐渐降低到 0.04mm，平均裂缝宽度均小于 0.04mm。修复层厚度不同

时，在收缩应力作用下，SHCC 表现为多微缝开裂模式而不是局部断裂失效。另外，厚度较薄的修复梁出现分层的时间较早，SN20R2 修复梁约在 19d 出现分层，随着厚度增加（30～50mm），分层时间推迟 6d，20～50mm 厚修复梁最大分层长度分别为 103mm、82mm、80mm、66mm，最大分层高度分别为 0.08mm、0.07mm、0.08mm、0.07mm，通过对比可以看出，修复层较薄时，修复层分层长度和高度较大，随着修复层厚度增加，分层长度和高度有下降的趋势。40mm 厚的修复层表面裂缝条数较多且分层高度较大，这可能跟试件制作质量有关而产生了个体差异。

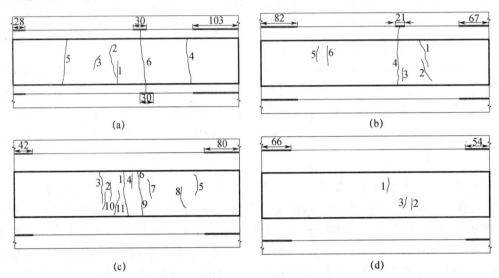

图 4-35　修复层厚度对修复梁开裂和分层模式的影响（单位：mm）

(a) SN20R2；(b) SN30R2；(c) SN40R2；(d) SN50R2

不同厚度的 SHCC 修复梁，相比裂缝破坏程度（裂缝宽度≤0.05mm）而言，分层破坏程度（分层高度 0.05～0.08mm）稍有增大。修复层厚度较薄时，修复层内部与外界之间水分传输路径较短，水分交换速度较快且失水程度较大，导致 SHCC 早期以及整体收缩较大，故厚度较薄的修复梁更容易出现开裂和分层。

不同修复层厚度的 SHCC 修复梁，在收缩应力作用下，修复层出现多条细微裂缝而不是局部断裂。SHCC 修复层较薄时，开裂和分层程度较大；当修复层厚度（50mm 范围内）逐渐增加，修复层开裂和分层程度有下降趋势，但下降趋势不显著。说明在同样的约束条件下，修复层厚度较薄的 SHCC 修复梁其内部的收缩应力在早期更容易超过 SHCC 自身初裂强度和修复层与老混凝土之间的粘结强度，出现开裂和分层现象。

4.4.7　SHCC 修复层局部位置约束收缩应变发展曲线及分析

图 4-36 为 SHCC 和混凝土修复层端部位置典型的约束收缩应变发展曲线。室内养护环境下，混凝土修复层端部约束收缩 14d 前发展较快，14～28d 逐渐减缓，28d 后变化较小，如图 4-36（a）所示。图 4-36（b）、(c) 为 20mm 和 30mm 厚 SHCC 修复层端部约束收缩应变曲线，虽然 SHCC 收缩曲线前期有较大的波动，但从整体趋势上看，SHCC 修复层前 28d 收缩较大，后期变化较小；图 4-36（d）为 40mm 厚 SHCC 修复层

端部约束收缩应变曲线，SHCC 修复层约束收缩 14d 前发展较快，14～45d 仍在增加，后期变化较小；图 4-36（e）为 50mm 厚 SHCC 修复层端部约束收缩应变曲线，SHCC 修复层 5-2 位置处约束收缩 28d 前发展较快，28～75d 仍在增长，后期变化较小。室外养护环境下，因早期浇水养护，SHCC 修复层发生微膨胀，后期收缩应变随环境变化而变化，在 28d 后逐渐稳定，但仍受环境变化影响，如图 4-36（f）所示。

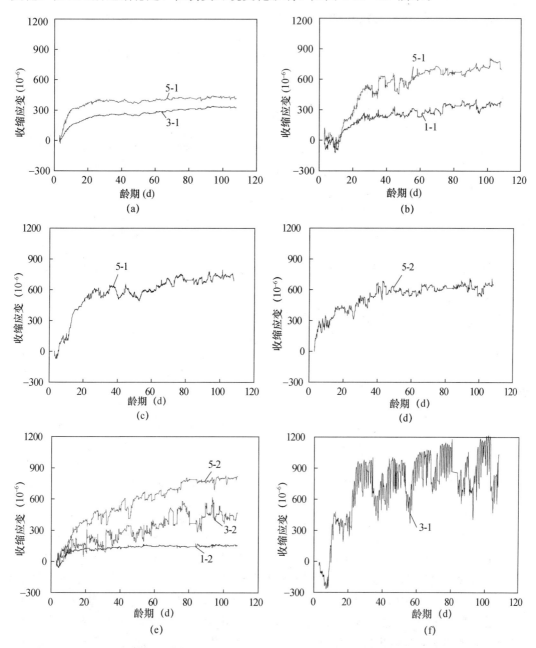

图 4-36　修复层端部位置处约束收缩应变随龄期发展曲线

（a）CN30R2；（b）SN20R2；（c）SN30R2；（d）SN40R2；（e）SN50R2；（f）SW30R2

1-1、3-1、5-1—修复层左端 1、3、5 位置处的应变；1-2、3-2、5-2—修复层右端 1、3、5 位置处的应变

图 4-37 为 SHCC 和混凝土修复中间位置处典型的约束收缩应变发展曲线。室内养护环境下，混凝土修复层中间约束收缩 14d 前发展较快，14～28d 逐渐减缓，28d 后变化较小，如图 4-37 所示。图 4-37（b）、(c) 为 20mm 和 30mm 厚 SHCC 修复层中间约束收缩应变曲线，从图中可看出，20mm 和 30mm 厚 SHCC 在 4、6 位置处的应变在 28d 前发展较快，以后变化较小。图 4-37（d）为 50mm 厚 SHCC 修复层中间约束收缩应变曲线，SHCC 修复层约束收缩 28d 前发展较快，28～75d 逐渐减缓，后期变化较小。

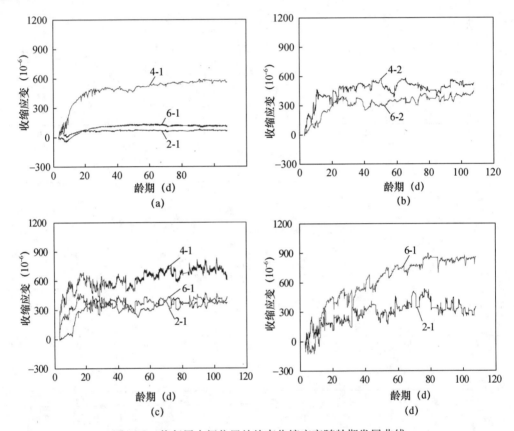

图 4-37　修复层中间位置处约束收缩应变随龄期发展曲线

(a) CN30R2；(b) SN20R2；(c) SN30R2；(d) SN50R2

2-1、4-1、6-1—修复层正面 2、4、6 位置处的应变；2-2、4-2、6-2—修复层背面 2、4、6 位置处的应变

从图 4-36 和图 4-37 可以看出，SHCC 和混凝土修复层约束收缩应变在早期发展较快。随着龄期增加，约束收缩应变增加速率逐渐降低，逐渐达到稳定发展阶段。结合图 4-36（b）～（f）和图 4-37（b）～（d）可以看出，室内和室外养护环境下，SHCC 修复层早期约束收缩应变将随自身收缩的增加而不同程度的增加，曲线相对平滑，修复梁内部应力逐渐增加。出现裂缝或分层后，一方面由于 SHCC 收缩的发展，约束收缩应力随龄期增长而增加。另一方面，约束收缩应力随微裂缝条数的增加与分层高度和长度的增加而得到释放。这两方面的平衡使得收缩应变的发展进入相对稳定增长阶段。结合图 4-36（a）和图 4-37（a）可以看出，室内混凝土修复层曲线变化较为平滑，试验过

程中没有发现混凝土修复梁出现开裂和分层现象。

对比不同厚度修复层约束收缩曲线发现，随着修复层厚度增加，约束收缩应变稳定期逐渐延迟，这与试验现象一致，如图 4-36（b）～（e）和图 4-37（b）～（d）所示。

对比修复层不同位置处的收缩应变发现，1、2 位置处（即接近修复层与老混凝土粘结面处）的收缩应变比 3～6 位置处（远离粘结面处）收缩应变小，如图 4-36（b）、（e）和图 4-37（a）、（c）、（d）所示。这是因为老混凝土收缩几乎停止，根据粘结面处的应变协调条件，表现为在修复层粘结面处的约束收缩随龄期变化相对较小。3、4 位置处的收缩应变或小于 5、6 位置处的收缩应变，如图 4-36（a）、（e）和图 4-37（a）所示，或大于 5、6 位置处的收缩应变，如图 4-37（b）、（c）所示，这是因为 3～6 位置处的局部收缩应变受修复层表面裂缝开裂模式影响。

第5章 冻融损伤对 SHCC 性能的影响

在严寒地区，冻融损伤往往是导致建筑物结构劣化的最主要因素。虽然在实验室条件下，SHCC 具有拉伸应变硬化特性和多缝开裂特性，但在冻融条件下 SHCC 的性能是否发生显著改变也是人们关心的一个问题。Lepech、徐世烺、Sahmaran、刘曙光等[62-67]从不同的角度研究了冻融作用对 SHCC 各方面性能的影响。但以往研究不系统，并且冻融作用对 SHCC 与钢筋粘结滑移性能方面，以及对 SHCC 修复后钢筋粘结锚固性能研究不多。针对上述问题，通过氯离子侵蚀试验、加速碳化试验、粘结拉拔试验系统研究了冻融损伤对 SHCC 耐久性、SHCC 与钢筋粘结滑移性能，为 SHCC 在严寒地区应用提供理论依据。

5.1 试验方案

5.1.1 原材料与试件制备

SHCC 及其基体配合比表 4-1。根据不同试验成型不同尺寸的试件。试件成型 24h 后拆模，随后放入标准养护室中养护至 24d，然后将其放入（20±2）℃水中饱水 4d，随后开始冻融循环试验。当冻融达到目标循环次数后，进行后续的毛细吸水试验、氯离子侵蚀试验、加速碳化试验以及粘结拉拔试验。

5.1.2 试验方法

1. 冻融试验

冻融试验按照《普通混凝土长期性能和耐久性能试验方法标准》（GB/T 50082—2009）规定的快冻法对 SHCC 及其基体进行冻融试验。

2. 弯曲试验

由于 SHCC 在荷载作用下具有典型的应变硬化和多缝开裂特性，因此采用四点弯曲试验来定量评价冻融损伤对 SHCC 弯曲韧性的影响。试件尺寸为 40mm×40mm×160mm。根据 5.1.1 节介绍的成型和养护方式进行试件处理，达到 28d 龄期后开始冻融循环试验。达到目标冻融循环次数后，在微机控制的电子万能试验机上进行四点弯曲试验，加载图如图 5-1 所示。首先将试件按照图 5-1 所示位置放好，在试件顶面安放一刚性支架与粘结在试件底部两侧的铁件配合，用于固定测量试件弯曲挠度的两个引伸计。然后通过计算机以恒定位移速率 0.3mm/min 对试件进行加载。计算机同步记录试验结果，从而直接得到四点弯曲试验的荷载-变形曲线。则梁底弯曲抗拉应力计算公式如式（5-1）所示。

$$f_z = \frac{FL}{b^3} \tag{5-1}$$

式中，F 为折断时施加于棱柱体中部的荷载，N；L 为支撑圆柱之间的距离，mm；B 为棱柱体正方形界面的边长，mm。

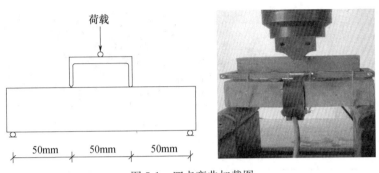

图 5-1　四点弯曲加载图

3. 氯离子侵蚀试验

成型尺寸为 100mm×100mm×100mm 的立方体 SHCC 和砂浆试件。试件养护 28d 后开始冻融循环试验。达到目标冻融循环次数后，用混凝土切割机将试块沿成型面平均切割成两个试件。然后将其放入 50℃ 电热鼓风干燥箱中烘干至恒重。随后将试块放入塑料密封袋中置于实验室环境中冷却，接着将试件中除了与水接触的面（试件侧面，截面尺寸为 100mm×100mm）及其相对面之外的其余四个侧面全部用石蜡进行密封，以确保试件吸水沿一维方向进行。然后放入平底容器中，在容器底部放置支撑试块的三角形塑料块，并慢慢向容器中注入 3% 的 NaCl 溶液，直到液面高出试件底面（5±1）mm。完成氯离子侵蚀试验之后，为确切了解试验试件中氯离子含量随深度的变化情况，对试块进行分层取粉。每一层的粉末经孔径为 0.63mm 的细筛筛过后，用密封袋装好。然后用氯离子选择电极测定粉末中的氯离子含量。通过对冻融后试块中氯离子含量与分布的分析，能够得到不同冻融循环次数后 SHCC 试件和普通砂浆试件的抗氯离子侵蚀性能，进而评价冻融损伤对 SHCC 及其基体抗氯离子侵蚀性能的影响。

4. 加速碳化试验

成型 100mm×100mm×400mm 的棱柱体 SHCC 和砂浆试件。试件养护 28d 后开始冻融循环试验。达到目标冻融循环次数后，采用《普通混凝土长期性能和耐久性能试验方法标准》（GB/T 50082—2009）中的加速碳化试验方法进行碳化试验。

5. SHCC 与钢筋粘结拉拔试验

（1）原材料及试件制作

试验用 SHCC 配合比详见表 3-4。对比试件为水灰比为 0.5 的普通混凝土。SHCC 及混凝土基本力学性能如表 5-1 所示。钢筋采用直径为 12mm 的 HRB335 级螺纹钢筋，如图 5-2 所示。钢筋外形参数及其力学性能指标如表 5-2 和表 5-3 所示。

表 5-1　SHCC 及混凝土基本力学性能

	28d 抗压强度（MPa）	极限抗拉强度（MPa）	极限拉应变（%）
混凝土	46.8	2.98（劈拉强度）	—
SHCC	42.92	4.21	5.24

图 5-2　试验用钢筋

表 5-2　螺纹钢筋的外形参数　　　　　　　　　　　　mm

公称直径	实测内径	实测外径	肋高	纵肋宽	横肋宽
12	11.1	12.8	0.72	2.0	1.0

表 5-3　钢筋力学性能指标

钢筋面积（mm²）	屈服强度（MPa）	极限强度（MPa）	延伸率 δ（%）	弹性模量（×10⁵ MPa）
113.04	406	555	28.3	2.03

（2）试件设计

粘结试验采用的是直接拉拔试验方法，试件尺寸如图 5-3 所示。为避免加载端 SHCC 局部破坏以及内压应力拱作用对粘结性能的影响，钢筋在自由端和加载端各有一段无粘结段，长度分别为 50mm 和 30mm。试件浇筑前，用 PVC 管套住无粘结段，并用石蜡将 PVC 管两端密封，以防止浇筑 SHCC 时水泥浆进入 PVC 管内。其中，粘结长度为钢筋直径的 7 倍。试件的具体尺寸如表 5-4 所示。

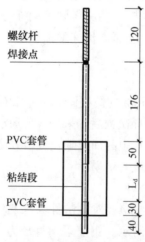

图 5-3　粘结试件示意图

表 5-4　中心拔出试件尺寸　　　　　　　　　　　　　mm

钢筋直径	粘结长度	试件高度	钢筋长度	螺纹杆段长度
12	84	164	380	120

（3）拉拔试验

达到目标冻融循环次数后，取出试件并将其擦干，然后开始中心拉拔试验。中心拉拔试验在万能试验机上进行。加载装置如图 5-4 所示，加载速度为 0.5mm/min，直至试件破坏。

引伸计

图 5-4　加载装置

6. SHCC 修复后钢筋粘结拉拔试验

（1）试验材料与性能

老混凝土采用水灰比为 0.5 的普通混凝土。我国《混凝土结构加固设计规范》（GB 50367—2013）规定在新老混凝土粘结时，新混凝土比老混凝土宜提高一个强度等级。所以，采用普通混凝土作为修复层时采用水灰比为 0.4 的普通混凝土，配合比如表 5-5 所示。SHCC 修复层配合比详见表 3-4。

表 5-5　混凝土配合比

编号	W/C	材料用量（kg/m³）				
		水泥	砂子	石子	水	减水剂
A	0.4	380	627	1269	152	1.2%
B	0.5	320	653	1267	160	1.0%

（2）试件设计与制作

拉拔试件尺寸如图 5-5 所示。老混凝土部分的尺寸为 100mm×164mm×50mm。钢筋位于老混凝土浇筑面的中间部位，以纵肋为参照标准，要求有一半嵌入老混凝土。混凝土修复层厚度均为 30mm。为加强新老混凝土之间的粘结性能，在老混凝土中设置双肢横向箍筋，箍筋为直径 4mm 的钢筋，在粘结段内分别设置 1 排和 2 排，配筋率分别为 0.3％和 0.6％，满足最小配箍率要求。拉拔试件数量及用途详见表 5-6。

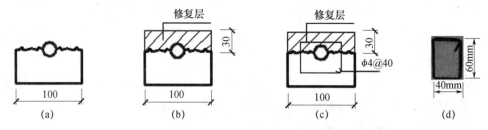

图 5-5　拉拔试件尺寸

（a）老混凝土试件；（b）修补后试件（无箍筋）；（c）修补后试件（有箍筋）；（d）箍筋

表 5-6　拉拔试件数量及用途

编号	修复层	箍筋根数	试件数量	用途
ZPC530	普通混凝土	0	3	修复材料对钢筋粘结锚固性能的影响
PC530	普通混凝土	0	3	
SHCC530	SHCC	0	3	
SHCC530	SHCC	0	3	修复层内配箍量对钢筋粘结锚固性能的影响
SHCC531	SHCC	1	3	
SHCC532	SHCC	2	3	
SHCC532	SHCC	2	9	冻融损伤度对修复后钢筋粘结锚固性能的影响

注：试件编号说明，以 SHCC532 为例：

SHCC 5 3 2
- 配置横向钢筋排数，0—无箍筋，1—横向钢筋1排，2—横向钢筋2排
- 修复层厚度30mm
- 老混凝土的水灰比为0.5
- 修复层水泥基材料，ZPC—整浇普通混凝土，PC—普通混凝土，SHCC—应变硬化水泥基复合材料

　　试件成型过程中，首先组装好钢模具，固定拉拔钢筋的位置，使钢筋两条纵肋水平。将搅拌好的混凝土注入钢模具，振实后使得浇筑的混凝土高度略高于钢筋 5mm 左右。在混凝土初凝前，将沿钢筋纵肋以上的混凝土全部除去，并轻微振实。采用薄膜覆盖，带模养护 1d 后拆模，并移入标准养护室中养护。

　　新老混凝土之间的浇筑间隔时间为 7d。取出试件，在室温下晾干。然后对老混凝土成型面表面人工凿毛，增加粘结界面的接触面积和机械咬合力，如图 5-6（a）所示。用电动钢丝刷打磨掉试件浇筑面及钢筋表面包裹的浮浆，露出坚实的石子和水泥石，之后用清水冲洗干净。粘结面粗糙度通过灌砂法量测[172]，如图 6-5 所示。经过凿毛处理的表面平均灌砂深度最小值 1.03mm，最大值 2.28mm，平均 1.52mm。随后，将试件放入水中浸泡 12h，取出放在通风处干燥，待试件结合面无可见明水时装入试模。一般新老混凝土结合面要涂上一层胶粘剂，否则新混凝土中将有一部分水泥浆渗透到老混凝土中去，同时由于重力和机械振动力的作用使新混凝土中的骨料下沉并挤压在老混凝土的表面，使挤压部分的粘结面上出现"缺胶"现象，影响了新老混凝土的粘结强

度[173-174]。新浇筑的试件用塑料薄膜覆盖，带模养护 24h 后拆模。成型后的试件放入标养室中养护至 28d。

（a）　　　　（b）　　　　（c）　　　　（d）　　　　（e）

图 5-6　修复混凝土试件制备过程

（a）界面凿毛；（b）界面除浆；（c）试件装模；（d）带模养护；（e）成型试件

（3）试验方法与过程

冻融循环试验按照《普通混凝土长期性能和耐久性能试验方法标准》（GB/T 50082—2009）中快冻法进行。根据同配比混凝土的冻融试验结果，对拉拔试件设置 25 次和 50 次两个循环次数。拉拔试验过程详见本节 "5. SHCC 与钢筋粘结拉拔试验"。

5.2　SHCC 的冻融劣化特性

5.2.1　冻融后 SHCC 的表观形貌

图 5-7 为 150 次冻融循环后砂浆试件成型面和侧面以及 SHCC 试件成型面和侧面表面形貌。可以看出，砂浆试件成型面和侧面都有明显剥落痕迹，且剥落程度较大。

图 5-7　150 次冻融循环后砂浆试件成型面和侧面（上）

以及 SHCC 试件成型面和侧面（下）表面形貌

SHCC 试件成型面无明显剥落，仅有部分 PVA 纤维"起毛"，侧面无明显剥落，表现出良好的抗剥落性能。

5.2.2 相对动弹性模量及失重率随冻融次数的演变规律

在混凝土中，SHCC 及其基体相对动弹性模量的变化曲线如图 5-8 所示。从图中可以看出：

（1）混凝土和 SHCC 基体试件的相对动弹性模量随着冻融循环次数的增加而显著降低。50 次冻融循环后混凝土的相对动弹性模量已经降低到 45.2％。而对于 SHCC 基体试件，在 0～25 个冻融循环范围，其相对动弹性模量变化不大，但当冻融循环次数达到 100 次时，其相对动弹性模量降低到 55.1％。可以看出，普通混凝土以及 SHCC 基体的抗冻性均较差。根据《普通混凝土长期性能和耐久性能试验方法标准》（GB/T 50082—2009）的相关规定，当试件的相对动弹性模量下降到 60％，或者失重率超过 5％则认为试件已经破坏。所以，当相对动弹性模量损失达到 40％时，试验所采用混凝土所经历的极限冻融循环次数约为 42 次，而 SHCC 基体约为 84 次。

（2）而 SHCC 试件在 300 次冻融循环过程中相对动弹性模量变化不大。冻融次数达到 300 次时，相对动弹性模量仍然有 96％。可以看出，PVA 纤维的掺入大大提高了水泥基体的抗冻性能。这是因为 PVA 纤维的掺入向基体中引入了大量的微气泡，在冻融过程中，这些气泡缓解了水结冰时膨胀造成的压力，而且 PVA 纤维与基体之间的桥联作用可以减少由冻胀引起的表面剥落。

失重率是衡量混凝土抗冻性好坏的另一重要指标。混凝土、SHCC 及其基体失重率的变化曲线如图 5-9 所示。经 300 次冻融循环后，SHCC 质量损失不到 2％。而混凝土和 SHCC 基体的失重率均高于 SHCC。这是因为随着冻融循环次数的增加，试件表面剥落，所以质量变小。

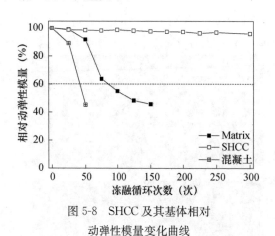

图 5-8　SHCC 及其基体相对
动弹性模量变化曲线

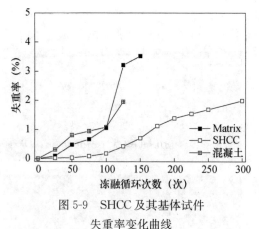

图 5-9　SHCC 及其基体试件
失重率变化曲线

5.3 冻融作用对 SHCC 弯曲韧性的影响

SHCC 棱柱体试件典型的弯曲抗拉应力与跨中位移曲线如图 5-10 所示。从图中可以看出：

（1）曲线中有明显的荷载波动，每一波动处都代表一条新裂缝的产生，呈现出多缝开裂特性。随着冻融循环次数的增加，SHCC 试件的弯曲抗拉强度呈下降趋势，未冻试件与 300 次冻融循环后试件的弯曲抗拉强度从 18.6MPa 降低到 16.6MPa。这是因为随着冻融循环次数的增加，SHCC 内部损伤增大，SHCC 中 PVA 纤维与基体界面之间的粘结强度降低，而 SHCC 的弯曲抗拉强度随界面粘结强度的降低而降低。

（2）试件的跨中挠度较大，达到了 3～3.5mm（普通砂浆的跨中挠度一般为 0.3～0.7mm），表现出明显的应变硬化特性，并且随着冻融循环次数的增加，SHCC 试件的跨中挠度也增大。这是因为随着冻融循环次数的增加，SHCC 的界面粘结强度下降，PVA 纤维在拉伸作用下的拔出数量增多，而拔断数量减少，从而增大了试件的韧性，所以试件的跨中挠度有增大趋势。

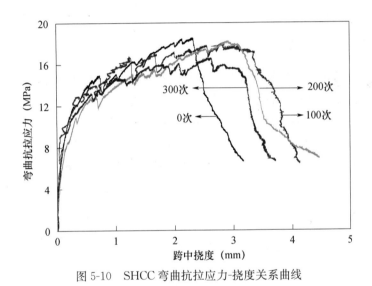

图 5-10　SHCC 弯曲抗拉应力-挠度关系曲线

5.4　冻融损伤对 SHCC 及其基体耐久性的影响

5.4.1　对抗氯离子侵蚀性能的影响

冻融前后 SHCC 及其基体氯离子含量分布曲线如图 5-11 和图 5-12 所示。从图中可以看出：不管是 SHCC 试件还是砂浆试件，其内部的氯离子含量均随着冻融循环次数的增加而增多。这是由于冻融损伤增大了试件内部的孔隙，使试件能够吸收更多的氯离子。但 SHCC 试件的增大幅度要小于其基体的增大幅度，表现出良好的抗氯离子侵蚀性能。

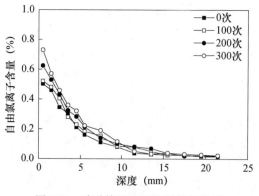

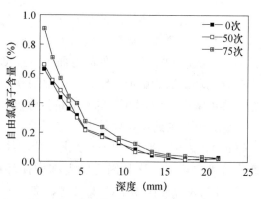

图 5-11　冻融前后 SHCC 试件氯离子
含量分布曲线（氯盐侵蚀时间为 14d）

图 5-12　冻融前后 SHCC 基体中氯离子
含量分布曲线（氯盐侵蚀时间为 14d）

5.4.2　对碳化性能的影响

冻融损伤后 SHCC 及其基体碳化深度与碳化时间的关系如图 5-13 所示。从图中可以看出：（1）随着碳化时间的增加，碳化深度越来越大；（2）对于 SHCC 试件，当冻融循环次数小于 100 次时，冻融几乎对其碳化性能没有影响。这是因为此时冻融对 SHCC 几乎没有造成损伤。而对于 SHCC 基体来说，即便冻融循环次数仅为 50 次时，冻融对其碳化性能影响较明显。这与前面相对动弹性模量结果相符。

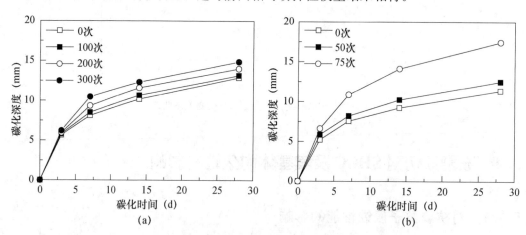

图 5-13　冻融损伤后试件碳化深度与碳化时间的关系
（a）SHCC 试件；（b）SHCC 基体

国内外学者在碳化机理和碳化试验结果的基础上，提出了很多关于碳化深度和碳化时间的理论和经验模型[175-178]。但这些碳化模型一般采用式（5-2）的形式表述碳化深度与碳化时间的关系，只不过选取的参数个数以及其取值方法不同。其中碳化系数 k 与环境的温度、湿度、CO_2 浓度、水泥品种及用量等有关。指数 n 通常接近于 2。我国《混凝土结构耐久性评定标准》（CECS 220—2007）[179]采用的碳化深度计算公式如式（5-3）

和式（5-4）所示。采用式（5-3）对冻融损伤后 SHCC 及其基体的碳化结果进行拟合，从而得到不同冻融循环次数后的碳化系数，如表 5-7 和图 5-14 所示。很明显，随着冻融循环次数的增加，SHCC 及其基体的碳化系数均增加，且线性相关，如式（5-5）所示。根据该关系式就能计算不同冻融循环次数下 SHCC 试件的碳化系数，进而根据式（5-3）计算该冻融循环次数下试件在不同碳化龄期的碳化深度，再根据加速碳化试验与自然碳化试验的关系就能够将该结果用于严寒地区的结构耐久性设计（仅考虑冻融和碳化两个因素，至于其他因素需要参考其他文献相关资料）。

$$X_d = k \cdot t^{\frac{1}{n}} \tag{5-2}$$

$$x = k\sqrt{t} \tag{5-3}$$

$$k = 3K_{CO_2} \cdot K_{kl} \cdot K_{kt} \cdot K_{ks} \cdot T^{1/4}RH^{1.5}(1-RH) \cdot \left(\frac{58}{f_{cuk}} - 0.76\right) \tag{5-4}$$

式中，K_{CO_2} 为 CO_2 浓度影响系数，$K_{CO_2} = \sqrt{\dfrac{C_0}{0.03}}$；$C_0$ 为 CO_2 浓度，%；K_{kl} 为位置影响系数；K_{kt} 为养护浇筑影响系数；K_{ks} 为工作应力影响系数，受压时取 1.0，受拉时取 1.1；T 为环境温度，℃；RH 为环境相对湿度；f_{cuk} 为混凝土强度标准值或评定值。

表 5-7　冻融前后 SHCC 及其基体试件的碳化系数　　　　　mm/d$^{0.5}$

序号	A	R^2	序号	A	R^2
S-0	2.646	0.9605	M-0	2.38	0.9417
S-100	2.732	0.9534	M-50	2.622	0.9415
S-200	2.933	0.9495	M-75	3.567	0.9738
S-300	3.139	0.9358			

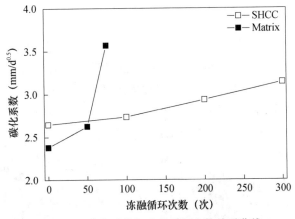

图 5-14　碳化系数与冻融循环次数关系曲线

$$k = 2.6102 + 0.0017 \times N, \ R^2 = 0.9714 \tag{5-5}$$

式中，N 为冻融循环次数。

5.5 冻融损伤对 SHCC 与钢筋粘结锚固性能的影响

5.5.1 拉拔试件冻融现象

普通混凝土经 25 次冻融循环后，试件表面未见明显的剥落；但 50 次冻融循环时，拉拔试件表面水泥浆剥落较多，石子外露，角部混凝土有掉落现象。但 SHCC 拉拔试件经 100 次冻融循环后，其表层没有明显的剥落现象，经 300 次冻融循环后，表层水泥浆有轻微剥落，部分纤维"起毛"，如图 5-15 所示。

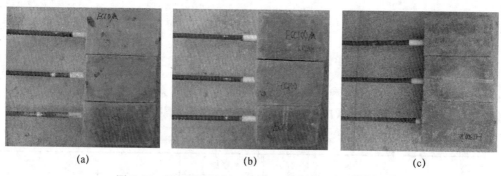

图 5-15 经不同冻融循环次数后的拉拔试件表观形貌

(a) 0 次；(b) 100 次；(c) 300 次

5.5.2 拉拔试验现象

普通混凝土拉拔试件均发生了顺筋劈裂破坏，表现出脆性破坏特征，如图 5-16 所示。对于未冻融的普通混凝土试件在荷载作用下滑移量很小，一旦开始滑移，迅速出现一条沿顺筋方向的劈裂裂缝。而冻融后的普通混凝土试件，在较小的荷载作用下自由端即开始滑移。当荷载增大到最大拉拔荷载时，试件劈裂破坏。卸载后，将试件劈开发现，未冻融以及冻融 25 次的试件，部分劈裂面上的石子被拉断。而冻融 50 次的试件，基本是沿水泥砂浆和石子的界面破坏。50 次冻融循环后试件内部的钢筋肋间嵌有较多的锥状混凝土粉末，在钢筋月牙肋留下的凹槽处有磨平的现象。

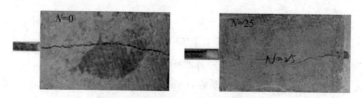

图 5-16 普通混凝土拉拔试验现象

而对于冻融损伤前后 SHCC 与钢筋粘结滑移试件，当拉拔荷载达到最大值后，内部钢筋均被徐徐拔出，呈现钢筋拔出的剪切型破坏，表现出较好的粘结延性。

5.5.3 钢筋与试件粘结滑移曲线

1. 钢筋与普通混凝土粘结滑移曲线

普通混凝土与钢筋拉拔荷载-滑移量曲线如图 5-17 所示。从图中可以看出：（1）未冻融试件达到最大拉拔荷载后迅速劈裂破坏，劈裂段陡且短。（2）随着冻融循环次数的增加，拉拔试件滑移段的斜率以及拉拔极限荷载均降低。表明冻融损伤降低了粘结试件的极限承载力和粘结刚度。硬化后钢筋混凝土由于温度变化或者外部荷载而导致钢筋和混凝土的变形不同步，从而在两者界面处产生应力，该应力被称为粘结应力。钢筋通过粘结应力将荷载传递到混凝土，从而实现两者共同工作。而粘结应力沿钢筋是变化的，但在钢筋与混凝土的粘结性能分析过程中，通常采用平均粘结强度作为粘结性能的指标，计算公式如式（5-6）所示。

$$\tau = \frac{F}{\pi \cdot d \cdot l_a} \tag{5-6}$$

式中，F 为钢筋的拔出荷载；d 为钢筋的直径；l_a 为钢筋的粘结长度。

混凝土与钢筋之间的极限粘结强度 τ_u 是结构设计中确定钢筋锚固长度及搭接长度的重要参数，根据图 5-17 和公式（5-6）计算得到冻融前后普通混凝土的极限粘结强度。相关特征值参数如表 5-8 所示。从表中可以看出：（1）随着冻融循环次数的增加，试件的极限粘结强度逐渐降低，25 次和 50 次冻融循环后试件的极限粘结强度分别降低 37.2% 和 54.7%；（2）随着冻融循环次数的增加，试件的峰值滑移量逐渐增大，25 次和 50 次冻融循环后试件的峰值滑移量分别增加了 26.3% 和 83.5%。极限粘结强度与冻融循环次数的关系曲线如图 5-18 所示。随着冻融循环次数的增加，极限粘结强度近似线性降低。

表 5-8 普通混凝土与钢筋粘结性能特征值

试件编号	峰值荷载 F_u（kN）	极限粘结强度 τ_u（MPa）	峰值滑移 S（mm）	破坏形式
B-0	45.5	14.38	0.194	劈裂
B-25	28.6	9.03	0.245	劈裂
B-50	20.6	6.51	0.356	劈裂

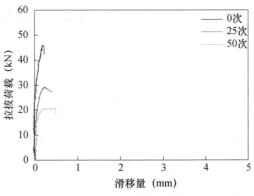

图 5-17 普通混凝土与钢筋拉拔荷载-滑移量曲线

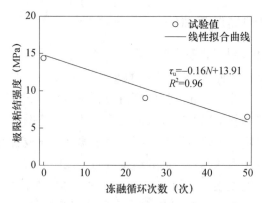

图 5-18　普通混凝土拉拔试件极限粘结强度
与冻融循环次数的关系曲线

2. 钢筋与 SHCC 粘结滑移曲线

SHCC 与钢筋拉拔荷载-滑移量曲线如图 5-19 所示。从图中可以看出：冻融前和冻融后粘结滑移曲线均分为上升段和下降段两部分。而上升段又分为微滑移段和滑移段。

（1）微滑移段出现在加载的初期，随着荷载的增加，加载端的粘结滑移很小，并缓慢地向自由端传递，此时自由端滑移量非常小。该段的粘结应力和滑移量几乎成直线关系。该阶段，SHCC 与钢筋界面上的粘结力主要是化学胶着力。

（2）随着拔出荷载的继续增加，SHCC 与钢筋之间的化学胶着力基本丧失，钢筋自由端开始滑移，滑移量越来越大。滑移段曲线斜率随着冻融次数的增加而变小，表明冻融作用降低了试件的拉拔刚度。该阶段，SHCC 与钢筋界面上的粘结力主要是摩擦力和机械咬合力。

（3）当拉拔荷载继续增大达到拉拔荷载峰值后，荷载缓慢下降，试件滑移量增大。这是因为相对于普通混凝土，SHCC 的抗拉强度更高，并且 PVA 纤维能够起到传递荷载的作用，使得内部应力重分布，从而能够维持较大的滑移量而不发生界面剥离。但随着滑移量的增加，SHCC 与钢筋之间的摩擦力和机械咬合力逐渐减小，导致粘结应力减小。

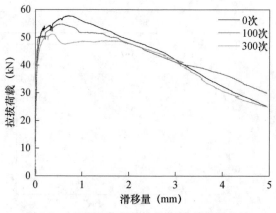

图 5-19　SHCC 与钢筋拉拔荷载-滑移量曲线

根据图 5-19 和公式（5-6）计算得到冻融前后 SHCC 极限粘结强度。相关特征值参数如表 5-9 所示。从表中可以看出：（1）随着冻融循环次数的增加，试件的极限粘结强度逐渐降低，100 次和 300 次冻融循环后试件的极限粘结强度分别降低 19.1％和 24.5％；（2）随着冻融循环次数的增加，试件的峰值滑移量逐渐变小，但冻融作用对下降段的滑移量几乎没有影响。

表 5-9　SHCC 与钢筋粘结性能特征值

试件编号	峰值荷载 F_u（kN）	极限粘结强度 τ_u（MPa）	峰值滑移 S（mm）	破坏形式
SHCC-0	67.7	21.38	0.665	拔出
SHCC-100	54.8	17.30	0.569	拔出
SHCC-300	51.1	16.14	0.387	拔出

5.6　冻融损伤对 SHCC 修复后钢筋粘结锚固性能影响

5.6.1　修复材料对钢筋锚固性能的影响

（1）裂缝与破坏形态

拉拔试件破坏时的裂缝分布如图 5-20 所示。在拉拔荷载作用下，一次成型的试件 ZPC530 在保护层较薄一侧混凝土先出现顺筋劈裂裂缝，而劈裂裂缝并没有向老混凝土贯通，然后裂缝两侧的混凝土在钢筋肋的挤压下类似悬臂构件，粘结界面处微裂缝迅速发展并在侧面形成一条劈裂裂缝，导致角部四分之一混凝土被劈裂掉。PC530 试件同样先在修复层混凝土出现顺筋劈裂裂缝，该裂缝也没有向老混凝土内部发展，而是沿新老混凝土结合面出现界面裂缝，试件劈裂破坏。SHCC530 试件修复层表面没有出现可见的细裂缝，新老混凝土结合面出现界面裂缝，然后钢筋徐徐拔出，呈现拔出破坏特征。

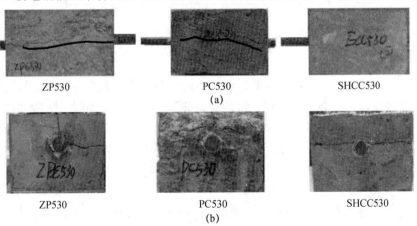

ZP530　　　　　PC530　　　　　SHCC530
(a)

ZP530　　　　　PC530　　　　　SHCC530
(b)

图 5-20　拉拔试件破坏时的裂缝分布
（a）修复层表面裂缝情况；（b）修复层端部裂缝情况

（2）粘结滑移曲线

选取各组试件典型的粘结滑移曲线，如图 5-21 所示。从图中可以看出，三种情况下的粘结滑移曲线都包含上升段和下降段两部分。根据上升段钢筋滑移情况，钢筋滑移段又可分为微滑移段、滑移段；根据拔出破坏的形态，下降段可分为劈裂段，或者拔出段、残余段。每个阶段粘结滑移特征如下：

上升段——微滑移段：所有试件在加载的初始阶段，加载端的粘结滑移很小，并缓慢地向自由端传递，此时自由端尚未有滑移。在滑移曲线上，粘结应力和滑移呈线性关系。在这一阶段，钢筋与混凝土界面上粘结力主要为化学胶着力。从微滑移段转入滑移段的临界应力称为脱胶应力，三种试件的脱胶应力关系：ZPC530＞PC530＞SHCC530。

上升段——滑移段：随着拉拔荷载的增加，沿着粘结段的化学胶着力基本丧失，界面脱粘由加载端逐渐向自由端发展，自由端开始滑移，滑移量逐渐加快。在滑移曲线上表现出非线性特征。滑移段曲线斜率大小顺序：ZPC530＞PC530＞SHCC530，表明三种试件的拉拔刚度依次降低。这是因为新老混凝土界面粘结强度均小于老混凝土强度，在钢筋肋前斜向挤压力的作用下，界面微裂缝得以迅速发展并降低了钢筋周围混凝土的约束力，使得钢筋滑移增长较快。SHCC 基体弹性模量低，同样会影响钢筋混凝土之间的粘结刚度。在这一过程中，钢筋与混凝土基体之间的粘结力主要是摩擦力和机械咬合力。

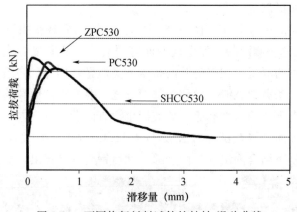

图 5-21　不同修复材料试件的粘结-滑移曲线

下降段——拔出段：当拉拔荷载达到峰值后，整体浇筑和普通混凝土修复的试件由于劈裂裂缝的出现，荷载迅速下降，试件劈裂破坏。粘结滑移曲线下降段曲线较陡。对 SHCC 修复的试件，由于 SHCC 基体较高的抗拉强度，裂缝的出现和开展主要在结合界面上。与普通混凝土粘结界面不同的是，由于其中纤维的作用，仍能承担荷载，没有发生界面剥离现象。但此时新老混凝土与钢筋之间的摩擦力以及机械咬合力逐渐减小，粘结应力开始下降。

下降段——残余段：当荷载下降到某一程度时，粘结滑移曲线下降趋势变缓，即进入残余应力段。第 3 章结果表明，SHCC 的极限拉应变超过 3%，约为普通混凝土的 300 倍或钢筋的 5～10 倍。新老混凝土界面裂缝出现时，能够维持较大的变形而不发生界面剥离，使得该阶段钢筋与混凝土界面上仍存在一定的粘结应力。

（3）粘结锚固性能特征值

钢筋的极限粘结强度是工程设计中确定钢筋锚固长度及搭接长度的重要参数。研究表明钢筋的表面情况、钢筋直径、粘结长度、混凝土强度以及保护层厚度等因素直接影响钢筋与混凝土的粘结性能。表 5-10 列出了不同修复材料试件粘结强度。试件 ZPC530 钢筋一侧保护层厚度减少 20mm，极限粘结强度相对于完整试件有所降低。PC530 为采用更高强度等级混凝土修复的试件，其极限粘结强度仅降低 4%，表明只要采取正确的方式进行界面处理，就可以获得与原构件大小基本一致的粘结强度。对于 SHCC 修补的试件，能够在粘结强度降低不多（约 9.5%）的情况下，构件的破坏形态由劈裂破坏转变为拔出破坏，粘结锚固的延性得到显著的改善。

表 5-10　不同修复材料试件的粘结性能特征值

试件编号	峰值荷载 F_u（kN）	极限粘结强度 τ_u（MPa）	峰值滑移 S（mm）	破坏形式
ZPC530	43.15	13.63	0.12	劈裂
PC530	41.43	13.09	0.41	劈裂
SHCC530	39.05	12.34	0.55	拔出

5.6.2　修复层配横向钢筋对钢筋锚固性能的影响

（1）裂缝与破坏形态

试验结果表明，无论是否在修复层混凝土中设置横向钢筋，试件均以拔出破坏为主。未设置横向钢筋的试件拉拔破坏时，沿着新老混凝土结合面出现很大的界面裂缝，宽度达 1.0～2.1mm，修复层混凝土表面没有出现肉眼可见的细裂缝；设置一排横向钢筋的试件在钢筋拔出破坏时，新老混凝土界面裂缝宽度明显减小（0.5～1.1mm）；同时，修复层表面出现几条宽度为 0.03～0.05mm 的细小裂缝。设置两排横向钢筋的试件 SHCC532 在钢筋拔出破坏时，几乎看不到界面裂缝，仅在修复层表面出现数条分散的、细小的裂缝，裂缝宽度为 0.05～0.08mm。以上现象表明，在新老混凝土中设置起拉结作用的横向钢筋，限制了因钢筋受拉在新老混凝土界面上产生的张开力，界面裂缝减小。当配筋量足够多时，不出现界面裂缝而在修复层出现沿钢筋方向的细裂缝。由于 SHCC 的应变硬化和多缝开裂特性，表面的径向裂缝并不像混凝土仅有一条，而是出现多条细小裂缝。细小的裂缝无疑对提高构件的耐久性，延长结构的剩余使用寿命非常有利。

（2）粘结滑移曲线

配箍率不同 SHCC 修复试件的粘结-拉拔曲线如图 5-22 所示。可以看出，三种情况下钢筋的粘结滑移曲线非常相似，其微滑移段的脱粘应力和滑移段曲线的斜率也基本一致。这表明在拉拔试验的初始阶段，横向钢筋并不影响钢筋与混凝土的粘结力。在滑移段的后期，随着拉拔荷载的增加，横向钢筋约束结合面剥离的作用得以发挥，界面裂缝的发展受到限制。钢筋与混凝土之间的摩擦力和机械咬合力增大，提高了钢筋的极限粘结强度。配筋率越高，提高的幅度也越大。过了峰值荷载后，粘结应力的下降也随着配置横向钢筋增多逐渐变缓，拉拔破坏的延性得以改善。

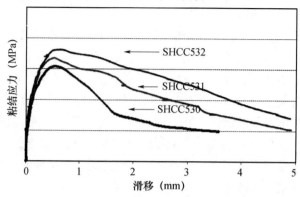

图 5-22　配箍率不同 SHCC 修复试件的粘结-拉拔曲线

（3）粘结锚固性能特征值

徐有邻[180]通过对 135 个变形钢筋拔出试件进行试验研究，回归得到考虑配箍率影响的极限粘结强度计算公式：

$$\tau_u = \left(0.82 + 0.9\frac{d}{l_a}\right)\left(1.6 + 0.7\frac{c}{d} + 20\frac{A_{sv}}{cS_{sv}}\right)f_t \tag{5-7}$$

式中，τ_u 为极限粘结强度，MPa；d 为钢筋直径，mm；c 为混凝土保护层厚度，mm；l_a 为钢筋锚固长度，mm；A_{sv} 为箍筋截面面积，mm^2；f_t 为混凝土抗拉强度，MPa；S_{sv} 为箍筋间距，mm。

我国《混凝土结构设计规范（2015 年版）》（GB 50010—2010）（简称《规范》）对锚固区配置横向钢筋规定如下：当锚固钢筋的保护层厚度不大于 $5d$ 时，锚固长度范围内应配置横向构造钢筋，其直径不应小于 $d/4$，d 为锚固钢筋的直径。《规范》要求锚固长度范围内配置箍筋目的是防止保护层混凝土劈裂时钢筋突然失锚，但没有给出考虑横向钢筋作用的修正系数。

比较表 5-11 中不同修复材料试件的粘结强度，对于没有配置横向钢筋的试件，配置 1 排 $\phi4$ 横向钢筋可以将粘结强度提高 8.6%；配置 2 排 $\phi4$ 横向钢筋可以将粘结强度提高 17.7%。式（5-7）是以普通混凝土作为保护层，认为配置横向钢筋的粘结强度值提高比例为 $20A_{sv}/(cS_{sv})$，如按相同的配筋量计算粘结强度提高值仅为 10%。以上分析表明，如果仅是为了保证保护层混凝土劈裂时钢筋不会突然失锚，从修补施工简便角度，采用 SHCC 修补材料是较好的选择。考虑到 SHCC 与老混凝土界面粘结能力影响因素复杂和锚固的可靠性能，在 SHCC 中配置横向钢筋可以取得比在普通混凝土配箍更高、更可靠的锚固性能。

表 5-11　不同修复材料试件的粘结性能特征值

试件编号	峰值荷载 F_u（kN）	极限粘结强度 τ_u（MPa）	峰值滑移 S（mm）	破坏形式
SHCC530	39.05	12.34	0.55	拔出
SHCC531	42.50	13.43	0.54	拔出
SHCC532	45.60	14.52	0.65	拔出

5.6.3 冻融循损伤对 SHCC 修复后钢筋粘结锚固性能的影响

（1）裂缝与破坏形态

SHCC 修补试件界面破坏情况如图 5-23 所示。可以看出，试件沿结合界面相互剥离后，老混凝土一侧可以看到黏附的 SHCC 基体和拔出或拔断的 PVA 纤维，SHCC 一侧也可看到黏附的混凝土浆体和粗骨料。因此，冻融作用对界面的影响较小。但是老混凝土为非引气混凝土，冻融作用导致其动弹性模量和强度降低。0 次和 25 次冻融循环的试件，在拔出破坏时，修复层表面出现数条分散的、细小的裂缝，无界面裂缝；50次冻融循环的试件，拔出破坏时，除了修复层表面有数条分散的、细小的裂缝外，老混凝土因冻融损伤将出现一条垂直于结合面的劈裂裂缝，如图 5-24 所示。但由于内置箍筋的连接作用，劈裂裂缝的开展受到约束，混凝土并没有马上退出工作，最终试件的破坏仍为拔出破坏。

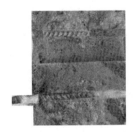 

图 5-23 SHCC 修补试件界面破坏情况　　　　图 5-24 老混凝土劈裂裂缝

（2）粘结滑移曲线

SHCC 修补试件冻融后的粘结滑移曲线如图 5-25 所示。从图中可以看出，试件 SHCC532-0（$N=0$ 次）和 SHCC532-25（$N=25$ 次）的粘结滑移曲线上升段和下降段较为相似，但 SHCC532-25 的极限粘结强度略低 6.6%。试件 SHCC532-50（$N=50$ 次）粘结滑移曲线上升段与前述曲线差别不大。达到峰值荷载后，曲线先开始迅速下降，然后进入相对平缓的下降段。粘结滑移曲线的这种变化和试件的破坏现象相一致。即老混

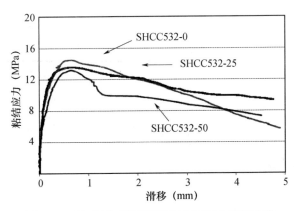

图 5-25 SHCC 修复试件冻融后的粘结-滑移曲线

凝土遭受冻融作用，导致混凝土抗拉强度降低，在很低荷载作用下，混凝土内部的径向裂缝就发展到保护层混凝土的表面。裂缝的出现使得混凝土对钢筋的握裹力瞬间减小，并导致拔出荷载迅速减小。尽管老混凝土中配置两排箍筋，不能阻止劈裂裂缝的发生，但是箍筋能够限制劈裂裂缝的开展，保证钢筋与周围的混凝土之间仍维持一定的粘结应力。

第6章 SHCC 修复钢筋混凝土梁的界面粘结性能

采用水泥基材料对既有混凝土结构进行修复加固时，修复材料与老混凝土粘结面是一个薄弱环节，其抗拉、抗剪强度以及其他力学性能比整体混凝土都有所降低。修复结构在受力过程中，除了修复材料与老混凝土不协调的干缩变形与温度变形在粘结面处产生拉应力与剪应力外，还经常处于拉剪和压剪复合受力状态[181]。在实际工程中，两种材料的粘结面上经常发生破坏，其主要形式有：（1）当平行于粘结面的剪应力较大时，沿粘结面产生滑动而发生剪切破坏；（2）当垂直于粘结面的拉应力较大时，粘结面产生张拉破坏；（3）前两者兼而有之[182]。为使修复结构能够正常使用，修复材料与老混凝土粘结性能的好坏是保证两者形成整体、协同工作的关键。首先采用 Z 型粘结试件研究了 SHCC 与老混凝土粘结界面抗剪性能；其次采用楔形劈裂试件研究了 SHCC 与老混凝土粘结界面抗拉和断裂性能；最后采用四点弯曲试验研究了 SHCC 修复钢筋混凝土的界面粘结破坏机理。

6.1 SHCC 与老混凝土粘结试件抗剪性能

6.1.1 试验方案

1. 材料性能

老混凝土试块于试验前 10 个月制作好备用。所用材料：P·O 42.5 级普通硅酸盐水泥，最大粒径为 5mm 的普通河砂，粒径为 5~20mm 的碎石，自来水。实测混凝土 28d 抗压强度为 35.1MPa。SHCC 配合比如表 6-1 所示，SHCC 单轴拉伸性能参数与应力-应变曲线分别如表 6-2 和图 6-1 所示。

表 6-1 SHCC 配合比

水泥 (kg/m³)	粉煤灰 (kg/m³)	砂 (kg/m³)	水 (kg/m³)	PVA 纤维 (kg/m³)	砂子最大粒径 (mm)
555	680	490	420	26	0.6

表 6-2 SHCC 单轴拉伸性能参数

实测值	f_t (MPa)	ε_t (%)	E_t (GPa)	f_{tu} (MPa)	ε_{tu} (%)
平均值	4.1297	0.0228	18.2076	6.1150	4.0497
标准差	0.0684	0.0020	1.4506	0.2122	0.1339

注：f_t—开裂应力，ε_t—开裂应变，E_t—拉伸弹性模量，f_{tu}—抗拉强度，ε_{tu}—极限拉应变。

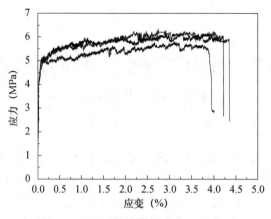

图 6-1　SHCC 单轴拉伸应力-应变曲线

2. 试件制作

根据相关文献报道[183-185]，为使新老混凝土粘结试件截面上的应力分布比较均匀，便于加载对中等，确定采用 Z 型试件对 SHCC 与老混凝土粘结试件和整体混凝土试件的抗剪性能进行试验研究，如图 6-2 所示。其中：（1）老混凝土部分为（150×100×75）mm³ 的块体，如图 6-3 所示。粘结面为（100×100）mm² 的正方形。（2）处理后的老混凝土表面分为四种类型，如图 6-4 所示。Ⅰ型面用钢刷刷掉浮灰，Ⅱ型和Ⅲ型面采用人工凿毛，Ⅳ型面采用沟槽法进行间隔切槽处理，沟槽尺寸为：宽 20mm，深 10mm。采用平均灌砂法（图 6-5）对老混凝土表面进行粗糙度评价。根据式（6-1）计算处理面的平均灌砂深度，从而获得以上四种类型处理面的粗糙度。（3）浇筑 Z 型粘结试件时，先将老混凝土块体放入水中浸泡约 12h，取出后放于干燥通风处自然干燥，使其表面保持湿润而无明水后再浇筑 SHCC。（4）此工况下 SHCC 与老混凝土的粘结为侧向粘结，粘结面初期强度相对偏低，所以试件成型 36～48h 后拆模。拆模后试件放在室内，浇水后覆盖塑料布养护至 28d，然后进行后续试验。

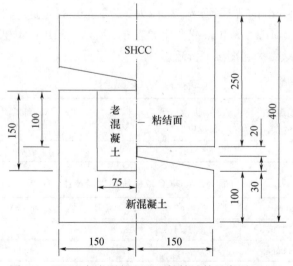

图 6-2　SHCC 与老混凝土 Z 型粘结试件示意图（mm）

3. 试验过程

试验前先将夹具（图 6-6）用 502 胶粘于粘结面高度中间两侧对应位置，并将数显百分表固定好。试验采用 300kN 电液伺服万能试验机进行加载。首先在试验机支座上放一块 100mm×100mm×10mm 的钢垫板，将 Z 型试件放稳对中，在试件上表面也放置相同的钢垫板，保持垫板中线与粘结面重合；然后启动万能试验机，当加压头与试件刚刚接触时，调整试件使粘结面与加载的中心线保持一致，不平整的地方用细砂垫平；最后以 0.5kN/min 的速度连续均匀地加载，直至试件破坏。试验加载装置如图 6-7 所示。

图 6-3　老混凝土试件照片

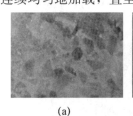  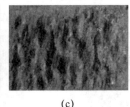 

(a)　　　　　　　(b)　　　　　　　(c)　　　　　　　(d)

图 6-4　处理后的老混凝土表面

(a) Ⅰ型（表面较为光滑）；(b) Ⅱ型（少许凹凸不平）；

(c) Ⅲ型（明显凹凸不平）；(d) Ⅳ型（宽 20mm，深 10mm 沟槽）

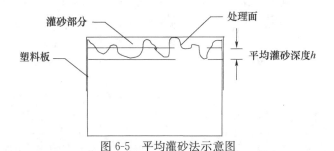

图 6-5　平均灌砂法示意图

 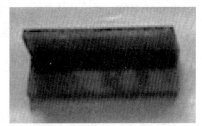

图 6-6　夹具照片

$$\text{平均灌砂深度 } h \text{（mm）} = \frac{\text{标准砂体积（mm}^3\text{）}}{\text{试件横截面面积（mm}^2\text{）}} \quad (6\text{-}1)$$

6.1.2　不同界面粗糙度试件粘结面破坏特征

在试验过程中，裂缝均在粘结面顶端首先出现，然后沿粘结面向下扩展，直至最终破坏。破坏面均发生在粘结面处，如图 6-8 所示，表明 SHCC 与老混凝土粘结面是一个薄弱环节。不同粗糙度试件破坏面情况如图 6-9 所示。从图中可以看出，I 型面试件老混凝土表面较为平滑，可看到少许粘附其上的较薄的水泥浆体；II 型面试件老混凝土表面上的部分凹陷处有较厚的水泥砂浆，个别凸出部分粘附有较薄一层的水泥砂浆，有时还有少量纤维，说明在这些位置处有硬化的水泥砂浆被剪断，个别位置处有少量纤维从 SHCC 上被拔出；III 型面试件老混凝土表面的凹陷处可看到较多的水泥砂浆、个别断裂的粗骨料和些许明显的纤维撕裂现象，而大部分的凸出表面上有较薄的水泥砂浆层，说明破坏面处除有硬化的水泥砂浆和个别粗骨料被剪断外，还有少量硬化的 SHCC 被剪断；IV 型面试件的老混凝土表面切有沟槽，可看到槽内完全被 SHCC 填满，破坏面较平整，说明破坏时槽内 SHCC 沿粘结面被剪断。根据上述破坏特征可知，粘结试件的破坏模式可分为两类：一类是 I～III 型面试件发生的粘结面剪切破坏，一类是 IV 型面试件发生的 SHCC 剪切破坏，后者可认为属于材料破坏，其粘结面抗剪能力高于前者。

图 6-7　Z 型试件加载装置图

图 6-8　粘结试件破坏形态

(a)　　　　　　　　　　　　(b)

(c)　　　　　　　　　　　　(d)

图 6-9　不同粗糙度试件破坏面

（a）I 型试件破坏面；（b）II 型试件破坏面；（c）III 型试件破坏面；（d）IV 型试件破坏面

6.1.3　界面粗糙度对粘结面抗剪强度的影响

粘结面抗剪强度 τ 可按剪切面的平均剪应力进行计算，如式（6-2）所示。

$$\tau=\frac{V}{A} \tag{6-2}$$

式中，V 为剪切破坏荷载，N；A 为粘结面的面积，mm^2。

考虑到粘结试件粘结面早期强度偏低，拆模时可能会影响其强度的后期发展，导致试验结果离散性较大。所以，本试验对Ⅰ～Ⅲ型面各制作 6 组 18 个试件；试件制作过程中，Ⅰ型面试件拆模时破坏多个，仅剩 11 个试件。Ⅳ型面试件由于开槽，SHCC 嵌入其中，使粘结面性能较为稳定，所以制作 2 组 6 个试件；混凝土整体试件也制作 2 组 6 个试件。不同粗糙度粘结试件和混凝土整体试件的抗剪强度试验结果如表 6-3 所示。

表 6-3　各类型试件抗剪强度统计结果

试件编号	样本数 n	灌砂深度均值 h（mm）	平均值	标准差
Ⅰ	11	—	0.865	0.244
Ⅱ	18	1.43	1.245	0.689
Ⅲ	18	2.61	2.076	0.976
Ⅳ	6	4	4.209	0.697
混凝土	6	—	4.565	0.612

注：灌砂深度 h 均值为各类型试件所有样本的平均值。

根据表 6-3 得到各类型试件的抗剪强度平均值对比图，如图 6-10 所示。从图中可以看出，Ⅰ～Ⅳ型面粘结试件的抗剪强度占整体试件强度的 18.95%、27.27%、45.48% 和 92.2%，粘结试件的抗剪强度均低于整体试件。Ⅰ～Ⅲ型面试件随着界面粗糙度的增大，其粘结抗剪强度随之提高；Ⅲ型面试件的粘结抗剪强度最高，这是由于Ⅲ型面的处理方法使老混凝土表面的一部分粗骨料凸出于周围的浆体，增加了机械咬合力和粘结接触面积，同时有少许骨料和 SHCC 参与抗剪，从而提高了粘结力；Ⅱ型面试件的粘结抗剪强度比Ⅰ型面试件的提高了 43.9%，而Ⅲ型面试件比Ⅱ型面试件提高了 66.7%，比Ⅰ型面试件提高了 140%。由此可见，界面粗糙度对 SHCC 与老混凝土粘结抗剪强度的影响非常显著。因此，采用 SHCC 进行既有混凝土结构修复加固时，粘结面必须进行粗糙处理，且粗糙度应达到一定水平。另外，Ⅳ型面试件的抗剪强度比Ⅲ型面试件提高了 102.7%；如前所述，Ⅳ型面试件由于在粘结面上切有沟槽，SHCC 嵌入槽内，此时作用在粘结面上的剪力主要由 SHCC 承担，这与Ⅰ～Ⅲ型面试件的粘结界面受力方式略有不同，可认为属于材料受力。由此可见，在对老混凝土结构进行修复加固时，受剪力较大的位置，可以考虑对粘结面进行切槽处理。

粘结试件抗剪强度与界面粗糙度之间的关系如图 6-11 所示。从图中可以看出，粘结抗剪强度随着界面粗糙度的增大指数增加，如式（6-3）所示。根据式（6-3）就可以计算任一灌砂深度对应的粘结抗剪强度（平均灌砂深度范围：0～4mm）。

$$\tau=0.571\times e^{0.499\times h},\ h=0\sim4mm,\ R^2=0.922 \tag{6-3}$$

式中，τ 为粘结抗剪强度（MPa），h 为平均灌砂深度（mm）。

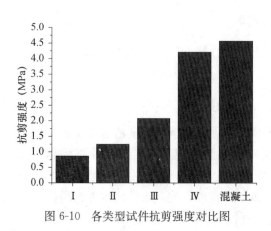

图 6-10　各类型试件抗剪强度对比图

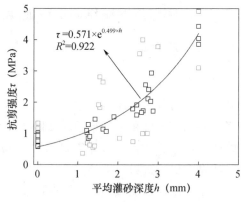

$\tau = 0.571 \times e^{0.499 \times h}$
$R^2 = 0.922$

图 6-11　粘结试件抗剪强度与界面粗糙度的关系

6.1.4　界面粗糙度对粘结面剪应力-滑移曲线的影响

根据试验结果，剪应力-滑移曲线的离散性较大，此处筛选出了具有代表性的各组粘结试件的界面剪应力-滑移曲线，如图 6-12 所示。从图中可以看出，随着界面粗糙度的变化，曲线形状有类似也有不同。其中，Ⅰ型面试件的曲线在达到应力峰值前基本呈线性，在达到峰值后，应力迅速下降至某一值，没有水平段；Ⅱ和Ⅲ型面试件的曲线开始基本呈线性，随着滑移的增加曲线斜率逐渐变缓，达到应力峰值后，界面应力略有下降然后较为迅速地下降，有较为明显的水平段；Ⅳ型面试件的剪应力和滑移量均大幅增长，在达到应力峰值前有明显的线性阶段和非线性阶段，达到峰值后，界面应力缓慢下降。由图 6-12 可知，随着界面粗糙度的增加，界面剪应力与滑移量均随之增大，在破坏剪应力下的水平延伸段也越长，说明界面的粗糙度提高了界面的延性。尤其是Ⅳ型面试件，其下降段平缓，可见达到峰值应力后，SHCC 仍具有一定的抗剪能力。

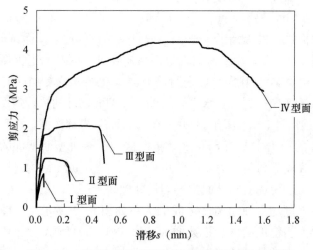

图 6-12　不同粗糙度情况下粘结面剪应力-滑移曲线

6.2　SHCC 与老混凝土粘结试件抗拉与断裂性能

6.2.1　试验方案

1. 试件设计及原材料

采用如图 6-13 所示楔形劈裂粘结试件，尺寸为 $(200 \times 200 \times 40)$ mm^3。根据文献[186]和表 6-2 可知，SHCC 的弹性模量约为普通混凝土弹性模量的 2/3。为使粘结试件中两种材料的刚度保持一致，在试件制作过程中，混凝土部分占 1/3，SHCC 部分占 2/3。初始裂缝在制备试件时预留，缝高比为 0.5。老混凝土部分于试验前 10 个月浇制完成。混凝土和 SHCC 的材料性能详见 6.1.1 节。

2. 试件制作

老混凝土试件表面处理方式依然分Ⅰ型面、Ⅱ型面、Ⅲ型面和Ⅳ型面四种类型，如图 6-14 所示。其中Ⅱ型面平均灌砂深度为 0.63～0.96mm；Ⅲ型面平均灌砂深度为 1.36～2.11mm；Ⅳ型面进行切槽处理，

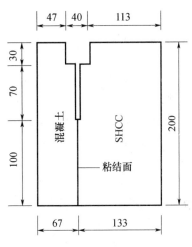

图 6-13　楔形劈裂试件示意图

槽宽 20mm，深 10mm，为了与前三种情况进行比较，此处也以平均灌砂深度来衡量，其值为 4mm。粘结试件采用如图 6-14 所示的楔形劈裂试件，粘结面为侧向面，试件制作步骤与 6.1.1 节中 Z 型试件制作步骤相同。

图 6-14　粘结面类型

（a）Ⅰ型面；（b）Ⅱ型面；（c）Ⅲ型面；（d）Ⅳ型面

3. 试验方法

用预留裂缝的楔形劈裂试件进行 SHCC 与老混凝土粘结面断裂性能试验，加载装置如图 6-15 所示。

试验在 300kN 万能试验机上进行，试验步骤如下：（1）将试件放在简支支座上，调整试件位置，使两支座中心分别与 SHCC 和老混凝土的重心位于同一直线，粘结面与加载中心线保持一致。（2）在试件两面的预留缝顶端分别安装 LVDT（量程为±2.5mm）来测量裂缝张开位移。（3）按初估破坏荷载的 15% 进行试压，检查各测量仪器的工作状况，并及时调整。（4）加载速率为 0.3mm/min，直至试件破坏。

图 6-15　楔形劈裂试验加载装置

6.2.2　不同界面粗糙度试件粘结面破坏特征

在制作 SHCC 与老混凝土楔形劈裂粘结试件时，粘结界面与预留切口的中心线重合，粘结界面是最薄弱面，再加上楔形劈裂试件的切口端部存在应力集中，所以初始裂缝均发生在切口端部。Ⅰ、Ⅱ和Ⅲ型面粘结试件的粘结界面均为直线型，如图 6-16（a）所示，试件均是首先在切口端部出现初始裂缝，然后随荷载的增加，裂缝沿粘结界面向下延伸，同时端部裂缝宽度不断增加，直至最后试件劈开为两部分而破坏；破坏路径较规则，为直线型，如图 6-17 所示。破坏后的粘结面如 6-18 所示，从图中可以看出，Ⅰ型面试件破坏面较为平整光滑，与修复前基本相同；Ⅱ型面试件的混凝土界面凹陷处有少许水泥浆，说明在这些位置处有硬化的水泥浆被拉断；Ⅲ型面试件混凝土界面凹陷处有较多水泥浆，深度较大处还可见少许纤维，说明有 SHCC 嵌入其中。从破坏面的情况可以判断，随着界面粗糙度的增加，粘结作用会有显著提高。

Ⅳ型面粘结试件采用开槽方式对界面进行处理，以使更多的 SHCC 能在界面处发挥作用，提高粘结作用，所以粘结界面为阶梯型，如图 6-16（b）所示。Ⅳ型面试件的其破坏形态相对复杂，如图 6-19 所示，主要有以下三种情况。

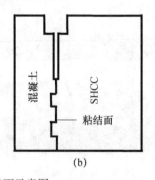

(a)　　　　　　　　　　　　　　　(b)

图 6-16　各组试件粘结界面示意图

（a）Ⅰ、Ⅱ和Ⅲ型面试件粘结界面示意图；（b）Ⅳ型面试件粘结界面示意图

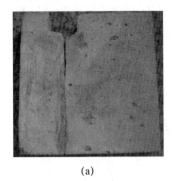

（a）　　　　　　　　　（b）　　　　　　　　　（c）

图 6-17　Ⅰ、Ⅱ和Ⅲ型面试件破坏形态

（a）Ⅰ型面试件；（b）Ⅱ型面试件；（c）Ⅲ型面试件

（a）　　　　　　　　　（b）　　　　　　　　　（c）

图 6-18　Ⅰ、Ⅱ和Ⅲ型面试件混凝土破坏面

（a）Ⅰ型面试件；（b）Ⅱ型面试件；（c）Ⅲ型面试件

（1）首先在切口端部出现初始裂缝，随着荷载增加，裂缝沿粘结界面端部竖向向下延伸，到达界面第一段水平部分时沿约 45°方向斜向延伸，至界面第二段竖向部分后，沿其向下发展至混凝土部分，最后混凝土底部被劈开而破坏；破坏路径的上半部分位于粘结界面处，下半部分贯穿混凝土。

（2）初始裂缝在切口端部出现，沿界面第一段竖向部分向下延伸，到达界面第一段水平部分后沿约 45°方向斜向延伸，至界面第二段竖向部分，沿其继续向下发展至界面第二段水平部分，然后仍沿约 45°方向延伸至混凝土部分，最终贯穿混凝土部分而破坏。

（3）初始裂缝依然在切口端部出现，沿界面第一段竖向部分向下延伸，到达界面第一段水平部分后沿约 45°方向斜向延伸至混凝土部分，最后混凝土部分被斜向劈开而破坏。

从图 6-19 中可以看出，三种破坏形态虽然不同，但却有很多共同点：

（1）初始裂缝均从切口端部出现，并沿界面第一段竖向部分向下延伸。

（2）到达界面水平部分后，均沿约 45°方向斜向发展。

（3）破坏面的上半部分位于粘结界面处，下半部分均为裂缝贯穿老混凝土部分。

由此可见，此类型试件由于开槽，SHCC 嵌入槽内，显著提高了界面的粘结性能。但其不足之处是，开槽削弱了混凝土部分的受力面积，并使开槽处存在应力集中，所以老混凝土部分被劈开，粘结试件破坏。此类型试件的破坏已不能属于单纯的粘结破坏，而与混凝土材料的抗拉破坏有关。综上所述，当界面粘结强度高于混凝土抗拉强度时，材料破坏将先于粘结破坏发生。

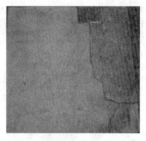

图 6-19　Ⅳ型面试件破坏形态

6.2.3　界面粗糙度对劈裂荷载的影响

通过楔形劈裂试验可以直接得到垂直破坏荷载 F_v，经处理后得到对应水平荷载——劈裂力 F_s。劈裂力 F_s 是指作用于支撑轮上的水平力，根据楔形钢板的几何形状（图 6-20），可按式（6-4）计算。

$$F_s = \frac{1}{2\tan\alpha} \cdot F_v = 1.866 F_v \qquad (6\text{-}4)$$

式中，α 为 15°。

试验过程中，由于Ⅰ、Ⅱ和Ⅲ型面粘结试件性能不够稳定，所以分别制作了三批试件，每批各 6 个，Ⅰ和Ⅱ型面由于早期强度低，拆模过程中个别试件损坏，最终试验的粘结试件个数分别为 15、16 和 18 个；Ⅳ型面试件性能相对稳定，所以进行了一组 3 个试件的试验。

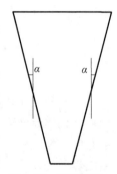

图 6-20　楔形钢板示意图

各类型粘结试件的垂直荷载 F_v 及对应劈裂力 F_s 的平均值，如表 6-4 所示。从表 6-4 及上述破坏面的情况可知，Ⅰ型面粘结试件破坏面较为平整光滑，粘结作用主要是 SHCC 与老混凝土之间的化学胶结力，故粘结力较低；Ⅱ型面粘结试件的粘结作用除了两种材料之间的胶结力外，还有少许水泥浆提供的拉力，但由于水泥砂浆的抗拉能力并不高，所以Ⅱ型面试件的粘结作用比起Ⅰ型面试件虽有提高，但并不明显，提高幅度为 35.24%；Ⅲ型面粘结试件的粘结作用除了两种材料之间的胶结力外，还有水泥砂浆和 SHCC 提供的拉力，由于 SHCC 抗拉能力较高，所以Ⅲ型面试件的粘结作用有显著的提高，比Ⅱ型面试件提高 63.03%。Ⅳ型面试件由于开槽，SHCC 嵌入槽内，此时的 SHCC 发挥了较大作用，显著提高了界面的粘结性能；破坏时粘结面大部分尚未开裂，破坏是由混凝土部分被劈开而引起的；此类型试件的破坏已不能属于单纯的粘结破坏，而与混凝土材料的抗拉破坏有关，从理论上讲，材料的破坏荷载通常高于粘结界面的破坏荷载，但由于混凝土的抗拉性能较差，所以Ⅳ型面试件的破坏荷载比Ⅰ和Ⅱ型面试件虽有提高，但低于Ⅲ型面试件，计算可知仅比Ⅱ型面试件提高了 20.78%。由此可见，一味地提高界面粗糙度虽能显著提高界面的粘结作用，但有可能削弱老混凝土部分的受力面积，从而限制粘结试件破坏荷载的提高。不过，采用 SHCC 对既有混凝土结构进行修复时，采用Ⅲ型面或Ⅳ型面时均能较好地保证界面的粘结作用。

表 6-4　各组试件劈裂荷载平均值

试件类型	灌砂深度均值（mm）	垂直荷载 F_v（kN）	劈裂力 F_s（N）
Ⅰ型面	0.00	0.210	391.86
Ⅱ型面	0.80	0.284	529.94
Ⅲ型面	1.63	0.463	863.96
Ⅳ型面	4.00	0.343	640.04

6.2.4　界面粗糙度对粘结试件断裂能及软化曲线的影响

采用反演分析法确定混凝土虚裂纹面上所传递的应力与其张开位移的关系（软化关系）是国内外目前常用的方法之一[187]。本文采用德国 V. Slowik 编写的 Consoft 软件对楔形劈裂试验得到的荷载-裂缝张开位移（F_s-CMOD）曲线进行分析，该软件以反演分析法为基本原理，通过不断地调整参数以实现数值曲线与试验曲线的最佳拟合，最终得到粘结试件的应变软化关系及断裂能。

通过楔形劈裂试验可以得到垂直破坏荷载 F_v 与裂缝张开位移（CMOD）的关系曲线，经处理后得到劈裂力 F_s 与裂缝张开位移（CMOD）的关系曲线。材料的断裂能 G_F（N/m 或 J/m^2）为该曲线下的面积 W_0（图 6-21）与断裂韧带面积 A_{lig} 的比值，如式（6-5）所示。断裂韧带面积 A_{lig} 是指断裂面在平行于主裂缝方向上的垂直投影面积。

$$G_F = W_0 / A_{lig} \tag{6-5}$$

需要指出的是，由于断裂能本身并不能完全区分不同材料的断裂韧性，因此选择应变软化曲线和断裂能同时作为断裂性能的参数。当断裂能相同时，其应变软化曲线并不相同，如图 6-22 所示。因此，应变软化曲线 σ-ω 和断裂能（G_F）更详细地表达了材料的断裂韧性。

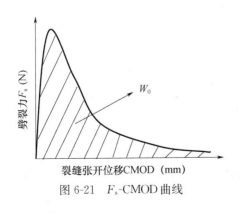

图 6-21　F_s-CMOD 曲线

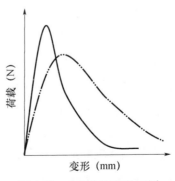

图 6-22　相同断裂能的不同荷载-变形曲线

在楔形劈裂试验过程中，由于粘结试件界面的早期强度较低，拆模时的振动对其粘结性能有较大影响，再加上搬运、试验环境、设备以及人为等因素的影响，使得所采集数据不可避免地存在误差，所得荷载-CMOD 曲线有一定差别，笔者根据垂直荷载 F_v 的频数分布及正态拟合后所得平均值，对各组试件分别选取垂直荷载接近平均值的具有代表性的三条实测曲线来进行分析。Ⅳ型面试件受外界因素影响较小，界面粘结性能相对稳定，所采数据误差较小，所以直接采用该组三个试件所得实测曲线。为使拟合结果更加真实地反映实际情况，首先通过 Origin 软件分别将三条原始曲线进行数据平滑处理，然后获得三条曲线的平均曲线，如图 6-23 所示，其中的实线为平均曲线，其他三条虚线为原始曲线，平均曲线对比图如图 6-24 所示；最后采用 Consoft 软件分别对各组试件的 F_s-CMOD 平均曲线进行拟合分析，通过使模拟的 F_s-CMOD 曲线与实测平均曲线相吻合，从而得到各组粘结试件的应变软化曲线及断裂能。

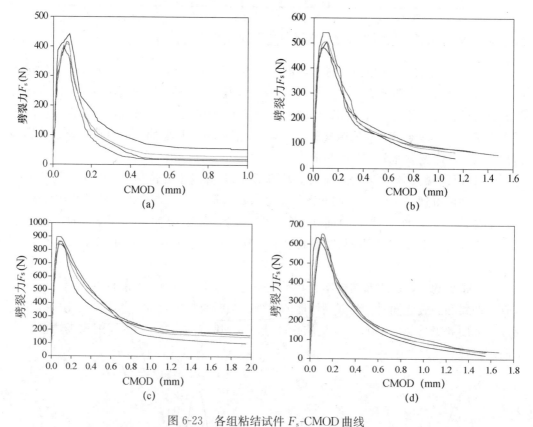

图 6-23　各组粘结试件 F_s-CMOD 曲线

（a）Ⅰ型面 F_s-CMOD 曲线；（b）Ⅱ型面 F_s-CMOD 曲线；

（c）Ⅲ型面 F_s-CMOD 曲线；（d）Ⅳ型面 F_s-CMOD 曲线

常用的混凝土软化曲线模型有 Bilinear（双线型）和 Trilinear（三线型）软化曲线[188]，但两者均不能较好地反映 SHCC 与老混凝土粘结试件的实测数据。针对上述问题，采用 Consoft 软件中推荐的 Exponential Hordijk 软化模型（图 6-25）来模拟 SHCC 与老混凝土粘结试件的断裂过程，其计算表达式如式（6-6）所示。通过调整软化曲线的参数，使计算的 F_s-CMOD 曲线与试验实测曲线相吻合，如图 6-26 所示。

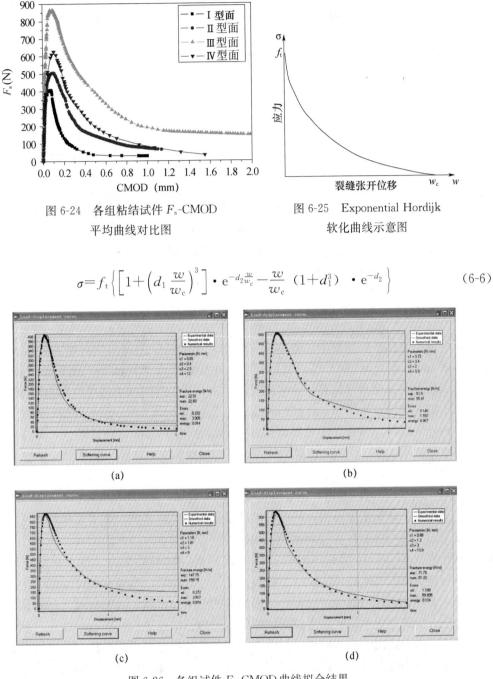

图 6-24　各组粘结试件 F_s-CMOD　　　　图 6-25　Exponential Hordijk
　　　　平均曲线对比图　　　　　　　　　　　软化曲线示意图

$$\sigma=f_t\left\{\left[1+\left(d_1\frac{w}{w_c}\right)^3\right]\cdot e^{-d_2\frac{w}{w_c}}-\frac{w}{w_c}(1+d_1^3)\cdot e^{-d_2}\right\} \tag{6-6}$$

(a)　　　　　　　　　　　　　　　　　　(b)

(c)　　　　　　　　　　　　　　　　　　(d)

图 6-26　各组试件 F_s-CMOD 曲线拟合结果

(a) Ⅰ型面试件；(b) Ⅱ型面试件；(c) Ⅲ型面试件；(d) Ⅳ型面试件

　　从图 6-26 右侧的数据可看到，Consoft 软件能够计算出试验所得 F_s-CMOD 曲线对应的断裂能。根据计算结果，各组粘结试件断裂能对比图如图 6-27 所示。从图中可以看出，Ⅰ、Ⅱ和Ⅲ型面试件的断裂能随着界面粗糙度的增加而增大，其中Ⅱ型面试件比

Ⅰ型面增加 130.56％，Ⅲ型面试件比Ⅱ型面增加 184.68％；Ⅳ型面试件断裂能大于Ⅰ、Ⅱ型面试件而小于Ⅲ型面试件，仅比Ⅱ型面试件增加 38.25％。界面粗糙度越大，SHCC 能够发挥的作用就越大，界面发生断裂时所需要的能量也相应越大，所以断裂能会随着界面粗糙度的增加而增大；但对于Ⅳ型面试件，因其破坏形式不同于前三类试件，所以其变化也不同。由此可见，要想提高粘结试件的断裂能，粘结界面必须进行处理，但要注意处理过程中，不能过大削弱老混凝土界面的受力面积。

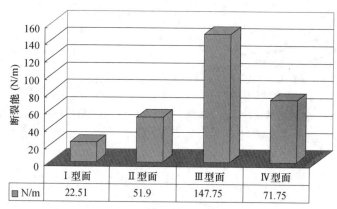

图 6-27　各组试件试验所得断裂能对比图

	Ⅰ型面	Ⅱ型面	Ⅲ型面	Ⅳ型面
■ N/m	22.51	51.9	147.75	71.75

　　各组试件软化参数和断裂能如表 6-5 所示。各组试件拟合曲线对比图如图 6-28 所示。从表 6-5 和图 6-28（a）可以看出，Ⅰ、Ⅱ和Ⅲ型面试件随着界面粗糙度的增加，劈裂力（F_s）与裂缝张开位移（CMOD）均增大，所以其曲线下部所围面积也增大，即断裂能也随之增加；Ⅳ型面试件的断裂能位于Ⅱ和Ⅲ型面之间，这与前面对实测试验结果的分析是一致的。另外，随着界面粗糙度的增加，应力 f_t 也随之增大；其中Ⅱ型面试件比Ⅰ型面增大 12.31％，Ⅲ型面试件比Ⅱ型面增大 75.34％；Ⅳ型面试件的 f_t 依然位于Ⅱ和Ⅲ型面之间，仅比Ⅱ型面增加 20.55％。

　　从图 6-28（b）可以看出，随着界面粗糙度的增加，应力 f_t 逐渐增大，裂缝张开位移也逐渐增大。即粗糙度不同，界面处粘结强度与脆性也不同。界面粗糙度越大，粘结强度提高的同时，界面在应变软化段表现出的韧性也越大。这是因为界面越粗糙，硬化的水泥砂浆或 SHCC 能够发挥的抗拉作用就越大。对于Ⅰ型面试件，粘结作用只由 SHCC 与老混凝土之间的化学胶结力提供，抗拉性能极低，裂缝在切口端部一出现即迅速扩展，表现出明显的脆性特征；Ⅱ型面试件的粘结作用除了两种材料之间的化学胶结力外，还有少许硬化水泥砂浆提供的抗拉作用，故粘结面抗拉性能有所提高，软化段相较Ⅰ型面试件表现出一定的韧性，但由于砂浆骨料的粒径较小，骨料对裂缝的延迟机制不明显，所以裂缝在端部出现后也以较快的速度向下延伸；Ⅲ型面试件的粘结作用由于 SHCC 的加入，抗拉强度有显著提高，软化曲线也表现出明显的韧性，这说明 SHCC 中的纤维在裂缝出现后起到一定的桥联作用，延迟了裂缝的快速发展；Ⅳ型面试件粘结界面处由于有较多 SHCC 参与受力，所以粘结力较大，由于 SHCC 比混凝土的抗拉强度高许多，故老混凝土部分在截面削弱处发生弯拉破坏，所以此时的破坏是由混凝土来控制的，混凝土中较大粒径的粗骨料对裂缝的延迟作用虽高于水泥砂浆，但比不上

SHCC，所以此类型试件的抗拉强度和软化曲线均位于Ⅱ和Ⅲ型面试件之间，与Ⅱ型面试件更为接近，说明其韧性略高于Ⅱ型面试件而低于Ⅲ型面试件。

表 6-5　各组试件软化参数与断裂能

试件编号	灌砂深度（mm）	弹性模量（GPa）	软化参数				断裂能（N/m）	
			c_1 $[=f_t（MPa）]$	c_2 $[=w_c（mm）]$	c_3 $(=d_1)$	c_4 $(=d_2)$	试验结果	拟合结果
Ⅰ型面	0.00	12.912	0.65	0.40	2.50	12.00	22.51	22.83
Ⅱ型面	0.80	13.215	0.73	0.40	2.00	5.90	51.90	55.47
Ⅲ型面	1.63	19.861	1.18	1.01	3.00	9.00	147.75	159.15
Ⅳ型面	4.00	16.138	0.88	1.20	3.00	13.80	71.75	81.22

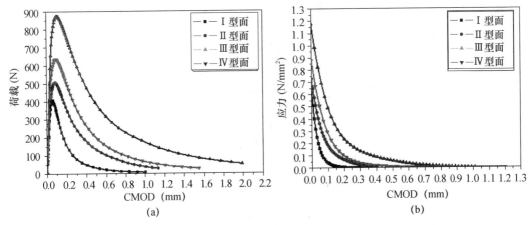

图 6-28　各组试件拟合结果对比图

（a）各组试件 F_s-CMOD 曲线拟合结果对比；（b）各组试件软化曲线对比

图 6-29 和图 6-30 分别将界面粗糙度与断裂能和抗拉强度 f_t 的关系。由于Ⅳ型面试件的破坏形式不同于其他三种，所以在此处未考虑。从图中可以看出，断裂能和抗拉强度均随着界面粗糙度的增大指数增大。

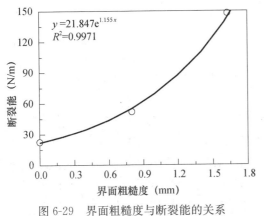

图 6-29　界面粗糙度与断裂能的关系

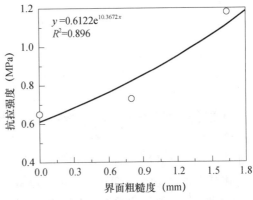

图 6-30　界面粗糙度与抗拉强度 f_t 的关系

6.2.5 粘结试件与混凝土整体试件的结果对比分析

笔者所在团队对混凝土整体试件的断裂能进行过试验研究。与粘结试件相同，采用楔形劈裂试件，尺寸为（$200 \times 200 \times 40$）mm^3；混凝土抗压强度实测值为 42.5MPa。通过楔形劈裂试验获得混凝土实测 F_s-CMOD 曲线如图 6-31 所示，将三条原始试验曲线先取平均，然后采用 Consoft 软件得到拟合曲线及相应的双线性应变软化曲线，分别如图 6-32 和图 6-33 所示。

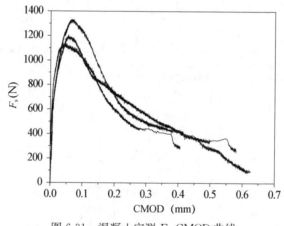

图 6-31　混凝土实测 F_s-CMOD 曲线

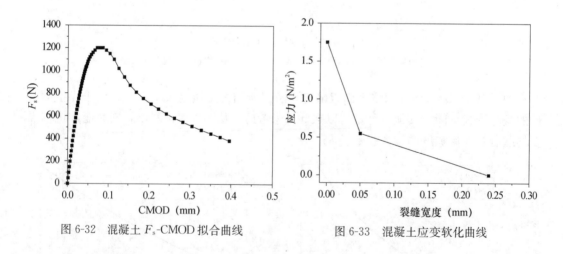

图 6-32　混凝土 F_s-CMOD 拟合曲线　　　　图 6-33　混凝土应变软化曲线

将前述 SHCC 与老混凝土粘结试件所得结果与混凝土整体试件试验结果进行对比，如表 6-6 所示。可以看出，粘结试件的劈裂力 F_s 和应力 f_t 均小于整体试件，且所占比率相差不大。就断裂能而言，Ⅰ、Ⅱ 和Ⅳ型面试件均低于整体试件，而Ⅲ型面试件超过了整体试件，这是因为 SHCC 中的纤维在粘结界面裂缝出现并扩展时，有效地发挥了桥联作用，使裂缝发展受到抑制，裂缝张开位移较大，应变软化曲线表现出较明显的韧性。

表 6-6　粘结试件与整体混凝土试件试验结果对比

试件类型	劈裂力 F_s（N）/ 所占比率（%）	应力 f_t（N）/ 所占比率（%）	断裂能（N）/ 所占比率（%）
混凝土整体试件	1200/100	1.75/100	109.80/100
Ⅰ型面试件	391.86/32.7	0.65/37.1	22.51/20.5
Ⅱ型面试件	529.94/44.2	0.73/41.7	51.90/47.3
Ⅲ型面试件	863.96/72	1.18/67.4	147.75/134.6
Ⅳ型面试件	640.04/53.3	0.88/50.3	71.75/65.3

6.3　SHCC 修复钢筋混凝土梁界面粘结破坏机理

6.3.1　试验方案

1. 试件设计

本试验共设计了 10 根钢筋混凝土矩形梁，截面尺寸均为 $b×h=100mm×150mm$，总长 1800mm，计算跨度 1600mm，保护层厚度 25mm。试件受拉主筋采用 2Φ12，架立筋采用 2Φ8，箍筋采用 Φ6@100 沿梁全长布置。混凝土设计强度等级为 C30，考虑到强度因素的影响，又分别制作混凝土等级为 C20 和 C40 的梁各 2 根，其他情况均同上。各修复梁的 SHCC 修复层长度相同，两端均延伸至支座边缘，宽度同梁宽，厚度分为 15mm、25mm 和 35mm 三种情况。试验梁尺寸及配筋情况如图 6-34 和表 6-7 所示。

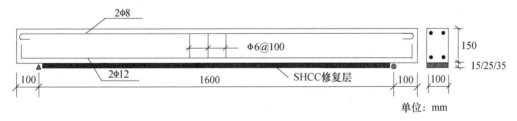

图 6-34　试验梁尺寸与配筋

表 6-7　试验梁基本情况

构件编号	混凝土等级/混凝土 强度实测值（MPa）	界面类型/平均 灌砂深度（mm）	SHCC 修复层厚度 （mm）
CB-A0（对比梁）		—	—
CB-A1		Ⅰ型面/0	25
CB-A2		Ⅲ型面/1.3	25
CB-A3	C30/32.80	Ⅳ型面	25
CB-B1		Ⅲ型面/1.75	15
CB-B2（即 CB-A2）		Ⅲ型面/1.3	25
CB-B3		Ⅲ型面/1.95	35

构件编号	混凝土等级/混凝土强度实测值（MPa）	界面类型/平均灌砂深度（mm）	SHCC 修复层厚度（mm）
CB-C0（对比梁）	C20/24.87	—	—
CB-C1		Ⅲ型面/1.78	25
CB-E0（对比梁）	C40/39.25	—	—
CB-E1		Ⅲ型面/1.75	25

2. 材料性能

（1）混凝土

钢筋混凝土梁于试验前 10 个月浇制而成。该批混凝土所用材料：P·O 42.5 级普通硅酸盐水泥，最大粒径为 5mm 的普通河砂，粒径为 5～25mm 的碎石，自来水。混凝土强度等级为 C20、C30 和 C40，28d 抗压强度实测值分别为 24.87MPa、32.80MPa 和 39.25MPa。

（2）钢筋

纵向受拉钢筋采用 2Φ12，力学性能如表 6-8 所示。

表 6-8 纵向受力钢筋力学性能实测值

规格	直径实测值（mm）	屈服强度 f_y（MPa）	抗拉强度 f_u（MPa）	伸长率 δ_{10}（%）
Φ12	11.9	381.23	569.0	20.6

（3）SHCC

SHCC 配合比如表 6-1 所示，SHCC 单轴拉伸性能参数与应力-应变曲线分别如表 6-2 和图 6-1 所示。

3. 修复梁制作

（1）浇筑钢筋混凝土梁。按设计要求绑扎好钢筋骨架，支模浇筑混凝土，同时预留 $(100 \times 100 \times 100)$ mm³ 的立方体试块；24h 后拆模，覆盖塑料薄膜，在室内定期洒水进行养护，温度 (20 ± 3)℃；养护 28d 后，对立方体试块进行抗压强度试验，钢筋混凝土梁放置于自然条件下待用。

（2）处理老混凝土表面。按粘结面粗糙度设计要求，将准备好的混凝土梁预粘结表面进行粗糙处理，并采用平均灌砂法测试粗糙度。

（3）浇筑 SHCC 修复层。将处理好的混凝土表面洒水后用湿毛巾覆盖 10～12h，使其保持湿润状态；然后在混凝土梁两侧面支上木模板，模板表面预先贴上胶带，避免吸收新浇 SHCC 的水分。将搅拌好的 SHCC 分 2～3 次浇入，每浇入一层，将抹子放置其表面，用木锤轻击，以起到震动作用，使 SHCC 与老混凝土较好地粘结；最后将 SHCC 表面抹平；24h 后拆模，洒水后覆盖薄膜在室内进行养护；28d 后进行试验。成型后的修复梁如图 6-35 所示。

4. 加载方案

试验加载装置如图 6-36 所示。用千斤顶配合反力架加载，加载点位置在梁的三分点处，采用手动千斤顶进行加载。正式加载前先对构件进行试压，以测定仪器灵敏度，

图 6-35　成型后的修复梁

确保试验顺利进行。加载等级约为预估破坏荷载的 10%，开裂前和钢筋屈服后适当加密加载等级为破坏荷载的 5%，每级加载后稳压使构件有充分的变形时间，待变形稳定后测读数据。破坏荷载以测力仪数据回退、油压加不上去为准。

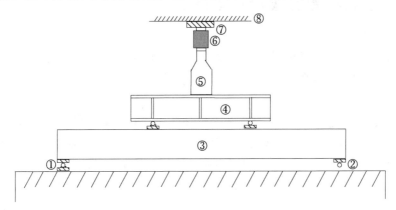

图 6-36　试验加载装置

①固定支座；②滚动支座；③试验梁；④分配横架；⑤千斤顶；
⑥荷载传感器；⑦钢垫板；⑧反力架

5. 测试内容

（1）挠度测量：为测量试件的变形，在试件跨中和两支座处各安放一块百分表测试位移。

（2）应变测量：钢筋、混凝土和 SHCC 修复层的应变均由电阻应变片量测。其中钢筋应变测点位于两根受拉钢筋跨中处，各贴两片；混凝土应变片位于跨中截面一侧，沿梁高度粘结 5 片，间距为 25mm，另外梁顶设置两片；SHCC 修复层在跨中截面处粘结一片应变片，如图 6-37 所示。

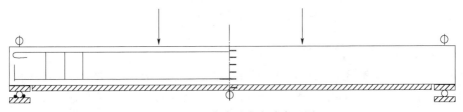

图 6-37　百分表及应变片布置图

（3）裂缝观测：①裂缝出现及发展的观测：在加载及稳压过程中观测裂缝的出现，裂缝出现的观测以目测为主，并借助放大镜，结合挠度和应变变化来确定；裂缝出现后通过放大镜及目测来观察各裂缝发展情况，并记录裂缝的形态、扩展高度、走势及对应荷载。②裂缝宽度测量：采用 DJCK-2 裂缝测宽仪对混凝土和 SHCC 修复层上能观测到的裂缝进行量测；混凝土裂缝宽度取钢筋形心水平处的裂缝进行量测，SHCC 裂缝宽度取其底面裂缝进行量测；所有裂缝宽度的平均值为平均裂缝宽度，所测各值的最大值为本级荷载下的最大裂缝宽度。

（4）荷载测量：记录各级荷载值，以便与挠度及裂缝发展相对应；记录开裂荷载、屈服荷载及破坏荷载。

（5）破坏模式：观察各试验梁的破坏模式，注意界面粘结破坏时界面水平裂缝的开展情况。

6.3.2 不同界面粗糙度修复梁的破坏模式

1. 试验梁破坏模式分析

各类构件由于破坏形式的不同，试验现象也有所不同，以下根据试验梁的破坏模式以个别梁为代表对试验现象进行描述。

（1）对比梁——弯曲破坏

对比梁的破坏类型为典型的适筋梁弯曲破坏。以 CB-A0 为例，其破坏过程：在荷载达到 5kN 时，试验梁出现第一批弯曲裂缝，裂缝间距很大，最大裂缝宽度为 $40\mu m$；随着荷载的增加，新的裂缝不断出现，当荷载增加到 19kN 时，梁的裂缝发展处于相对稳定阶段，纯弯段内基本不再有新的裂缝出现，裂缝高度不断向上发展，裂缝宽度逐渐扩展，最大宽度达 0.14mm，构件的挠度稳步增长；当荷载达到 27kN 时，跨中附近最大裂缝宽度达 0.22mm，构件挠度突然增大，标志着钢筋进入屈服状态；随着荷载的继续增加，裂缝高度和宽度都迅速增长，当荷载达到 30kN 时，梁达到极限承载能力而发生弯曲破坏，此时受压区出现多条水平裂缝，混凝土基本被压坏，跨中附近几条主裂缝的宽度分别为 1.8mm、1.14mm 和 1.1mm。破坏时的局部裂缝如图 6-38 所示。

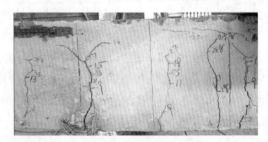

图 6-38　CB-A0 破坏时局部裂缝图

（2）修复梁——界面粘结破坏与弯曲破坏

CB-A1：界面粗糙度为Ⅰ型（即界面未进行处理）、SHCC 厚度为 25mm 的修复梁。其破坏过程：当荷载达到 6kN 时，支座附近和跨中局部的粘结面处发现水平裂缝，裂缝宽度为 $40\mu m$，如图 6-39 所示；8kN 时，SHCC 底部开始出现第一批裂缝，裂缝宽度

10～20μm；10kN 时，受拉区混凝土出现第一批裂缝，裂缝宽度 20μm；随着荷载的增加，新裂缝不断出现，裂缝高度和宽度不断扩展，16kN 时跨中 SHCC 最大裂缝宽度达 100μm，粘结面水平裂缝最大宽度达 80μm，最初出现的局部水平裂缝基本贯通，如图 6-40 所示；22kN 时，粘结面水平裂缝最大宽度达 100μm；30kN 时，裂缝发展趋于稳定，不再有新裂缝出现，裂缝宽度持续增加，构件挠度突然增大；当荷载达到 31kN 时，梁达到极限承载能力，发生弯曲破坏，受压区混凝土被压碎，同时跨中附近裂缝间粘结面发生剥离破坏，如图 6-41 所示；破坏时 SHCC 最大裂缝宽度为 0.84mm，混凝土最大裂缝宽度为 0.4mm，粘结面最大裂缝宽度为 0.2mm；之前贯通的水平裂缝未出现明显剥离现象；混凝土部分裂缝数量为 17 条，SHCC 侧面发现的裂缝数量为 25 条，有些位置处 SHCC 的裂缝与其上部混凝土裂缝贯通，有些位置两者之间无直接联系，说明两种材料之间的粘结作用有限。卸载后对 SHCC 底面观察，发现有大量裂缝在试验过程中未观测到，如图 6-42 所示。

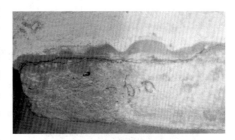

图 6-39　CB-A1 支座处水平裂缝

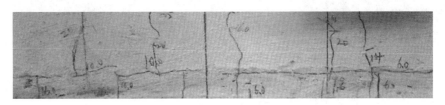

图 6-40　CB-A1 水平裂缝贯通

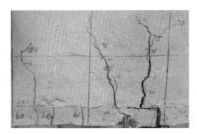

图 6-41　CB-A1 界面粘结破坏裂缝贯通

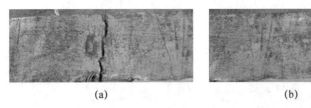

图 6-42　CB-A1 SHCC 底面裂缝分布

（a）跨中区域；（b）支座附近

　　CB-A2：界面采用手工凿毛处理，使其具有一定粗糙度，类似粘结试件的Ⅲ型面，SHCC 厚度为 25mm。其破坏过程：7kN 时，SHCC 出现第一批裂缝，最大裂缝宽度

20μm；12kN 时，受拉区混凝土开始出现第一批裂缝，最大裂缝宽度 20μm；随着荷载的继续增加，新裂缝不断出现；当荷载达到 30kN 时，混凝土部分的裂缝数量基本稳定，不再有新裂缝出现，最大裂缝宽度达 0.2mm，此时 SHCC 的开裂位置也基本稳定，很多地方同时出现 2～3 条裂缝，最大裂缝宽度达 0.12mm；荷载继续增加，混凝土裂缝向上延伸，裂缝宽度不断扩展，SHCC 的开裂位置没有大的变化，但是裂缝数量不断增加，有些位置处出现 7～8 条，甚至 10 多条裂缝（图 6-43），加载过程中可听到 SHCC 开裂的"沙沙"声，构件挠度突然增大；当荷载加至 35.45kN 时，梁达到其极限承载力，受压区混凝土被压碎而破坏，纯弯段混凝土部分最大裂缝宽度达 0.7mm，SHCC 最大裂缝宽度为 0.68mm；跨中附近的 SHCC 上出现均匀分布的裂缝，距离右支座 800mm 位置处，两条弯曲裂缝间粘结面出现一条水平裂缝，宽度达 0.22mm，如图 6-44所示。

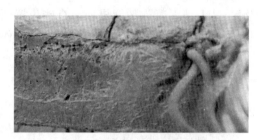

图 6-43　CB-A2 试件 SHCC 侧面裂缝　　　　图 6-44　弯曲裂缝间粘结面水平裂缝

（3）修复梁——弯曲破坏

CB-A3：界面采用切割机开槽，类似粘结试件的Ⅳ型面，SHCC 厚度为 25mm 的修复梁。其破坏过程为：7kN 时，SHCC 出现第一批裂缝，最大裂缝宽度 20μm；8kN 时，受拉区混凝土开始出现第一批裂缝，最大裂缝宽度 30μm；随着荷载的继续增加，新裂缝不断出现；当荷载达到 26kN 时，混凝土部分的裂缝数量基本稳定，不再有新裂缝出现，最大裂缝宽度达 0.14mm，此时 SHCC 上有很多地方同时出现多条裂缝，最大裂缝宽度达 0.12mm；当荷载加至 30kN 时，梁达到其极限承载力，受压区混凝土被压碎而破坏。观察该修复梁发现，SHCC 多处开裂位置在所开沟槽一侧（图 6-45），裂缝沿槽边扩展至混凝土，然后继续向上延伸，破坏时跨中开槽处的裂缝成为主裂缝；粘结面处未发现水平裂缝（图 6-46）。此现象说明开槽削弱了构件的截面面积，使裂缝易于在此处发展。

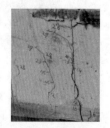

图 6-45　CB-A3 裂缝分布情况　　　　　　　图 6-46　CB-A3 跨
中主裂缝

各试验梁破坏模式如表 6-9 所示。

表 6-9　试验梁破坏模式汇总表

构件编号	混凝土强度（MPa）	界面情况	SHCC 修复层厚度（mm）	破坏模式
CB-A0（对比梁）	24.87	—	—	弯曲破坏
CB-A1		未处理	25	界面粘结与弯曲破坏
CB-A2		手工凿毛	25	界面粘结与弯曲破坏
CB-A3		开沟槽	25	弯曲破坏
CB-B1		手工凿毛	15	弯曲破坏
CB-B3		手工凿毛	35	界面粘结与弯曲破坏
CB-C0（对比梁）	32.80	未处理	—	弯曲破坏
CB-C1		机械凿毛	25	弯曲破坏
CB-E0（对比梁）	39.25	未处理	—	弯曲破坏
CB-E1		机械凿毛	25	界面粘结与弯曲破坏

通过试验过程中的观察及对各修复梁的破坏模式进行对比，界面粘结破坏特征如下：

（1）界面粘结破坏发生的位置均位于跨中纯弯区域，由跨中弯曲裂缝引起，弯剪段和修复层端部未出现明显破坏甚至无界面水平裂缝出现。虽然修复梁 CB-A1 在加载初期端部粘结面上即出现水平裂缝，在加载后期甚至贯通，但其裂缝宽度发展缓慢，直至破坏最大宽度也未超过 0.1mm，与发生粘结破坏处的裂缝相比，其宽度要小得多。而且，水平裂缝的贯通仅在梁正面的一侧出现，另一侧及梁背面并没有出现水平裂缝。考虑到 CB-A1 试件的界面未进行处理，致使老混凝土与 SHCC 的粘结作用较低，尤其在制作初期有可能因人为或环境因素影响，使界面处存在潜在裂缝，所以认为其发生界面粘结的位置在跨中。发生界面粘结破坏的四根修复梁剪弯段和 SHCC 修复层端部界面粘结情况如图 6-47 和图 6-48 所示。

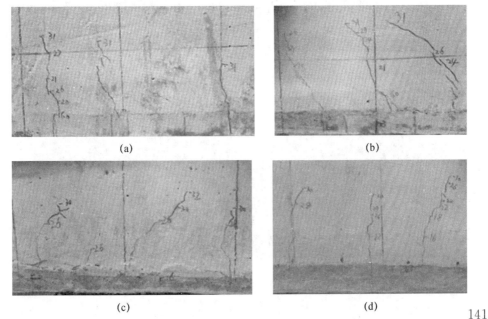

(a)　　　　　　　　　　　　　　(b)

(c)　　　　　　　　　　　　　　(d)

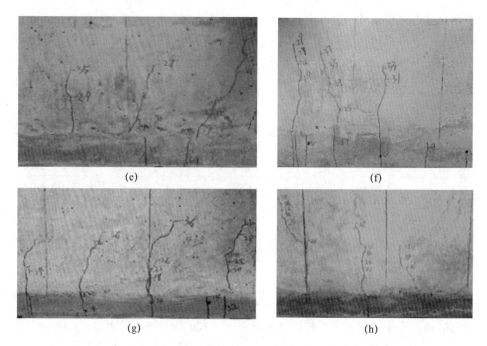

(e)   (f)

(g)   (h)

图 6-47　修复梁弯剪段裂缝分布与界面粘结情况

(a) CB-A1 正面右侧；(b) CB-A1 背面右侧；(c) CB-A2 正面左侧；

(d) CB-A2 背面左侧；(e) CB-B3 正面左侧；(f) CB-B3 背面右侧；

(g) CB-E1 正面左侧；(h) CB-E1 背面右侧

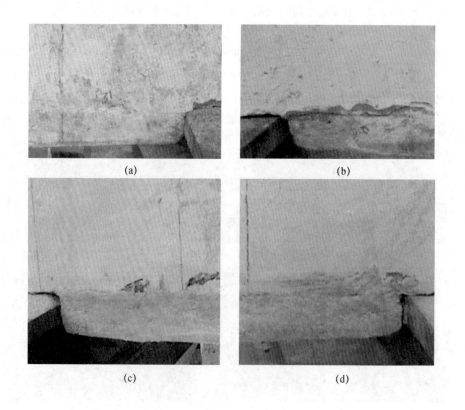

(a)   (b)

(c)   (d)

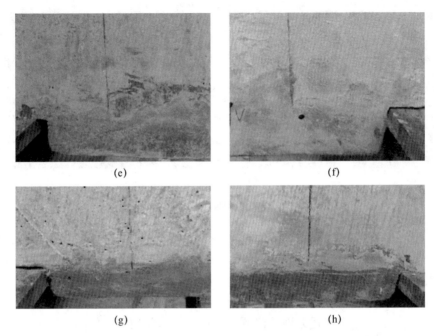

图 6-48　SHCC 修复层端部界面粘结情况

（a）CB-A1 正面左支座；（b）CB-A1 背面右支座；（c）CB-A2 正面左支座；

（d）CB-A2 背面右支座；（e）CB-B3 正面左支座；（f）CB-B3 背面右支座；

（g）CB-E1 正面左支座；（h）CB-E1 背面右支座

（2）界面粘结破坏通常发生在两相邻裂缝间，两裂缝距离较近（50～70mm），裂缝宽度均较大，且裂缝有一定倾斜角度。两相邻裂缝可能都在混凝土部分，如图 6-49（a）～（c）所示，也可能一条位于混凝土部分，另一条位于 SHCC 修复层部分，如图 6-49（d）～（e）所示。也就是说，混凝土部分的裂缝未能延伸至 SHCC 修复层。

（3）界面粘结破坏仅发生在两裂缝间的局部范围内，未向两裂缝之外扩展，有些梁的粘结破坏甚至只发生在其中一面，如修复梁 CB-A2、CB-B3，详见图 6-49（c）和（d）。

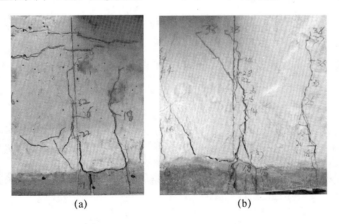

（a）　　　　　　　　　（b）

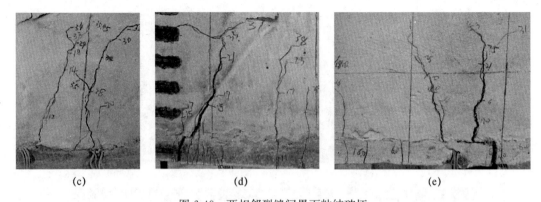

图 6-49　两相邻裂缝间界面粘结破坏

(a) CB-E1 正面；(b) CB-E1 背面；(c) CB-A2 正面；(d) CB-B3 正面；(e) CB-A1 正面

（4）界面粘结破坏均发生在局部（图 6-49），未出现长距离的剥离贯通现象，对修复梁的极限承载力影响不大，由特征荷载统计结果（表 6-11）可以看到，修复梁的破坏荷载均不低于对比梁。

（5）不满足（2）中所述条件的修复梁，均发生弯曲破坏；如图 6-50 所示，当相邻裂缝间距较大或仅有一条垂直主裂缝，尤其是混凝土主裂缝与 SHCC 修复层的主裂缝重合时，通常不会发生界面粘结破坏。

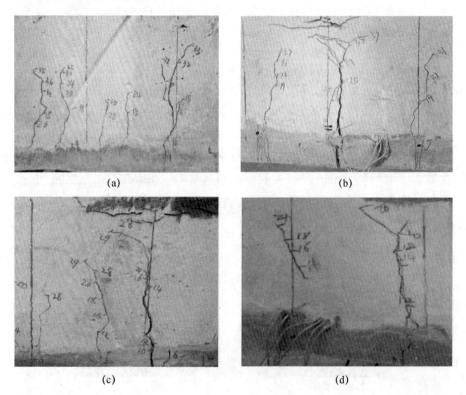

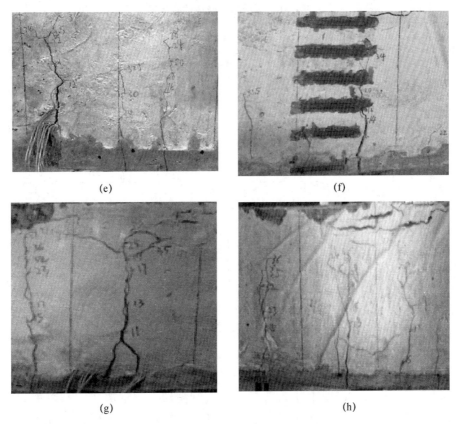

图 6-50   弯曲破坏梁跨中主裂缝及其周围裂缝分布情况

(a) CB-A2 背面；(b) CB-B3 背面；(c) CB-A3 正面；(d) CB-A3 背面；
(e) CB-C1 正面；(f) CB-C1 背面；(g) CB-B1 正面；(h) CB-B1 背面

综上所述，当满足以下几种情况时，SHCC 修复钢筋混凝土梁的界面粘结破坏主要是由跨中弯曲裂缝引起的：①老混凝土界面一定要进行处理，避免因粘结强度过低致使施工过程中界面处提前开裂；②修复层应有足够长度，即其端部尽量位于内力较小区段，避免端部应力过大提前出现界面粘结破坏；③修复梁应有足够的抗剪承载力，使弯剪段裂缝宽度不会发展过快而成为主裂缝，消除斜裂缝宽度过大可能导致界面开裂的风险。

2. 界面粘结破坏特征分析

对发生界面粘结破坏的修复梁的相关试验数据进行了统计，如表 6-10 所示。通过试验观察及对修复梁破坏模式的分析发现，修复梁发生界面粘结破坏时，具有以下特点：

（1）混凝土内主裂缝宽度较大，该截面处 SHCC 未开裂或有多条微细裂缝（图 6-49），即混凝土和 SHCC 的主裂缝未在同一截面处；

（2）两相邻裂缝距离较近；

（3）混凝土内主裂缝有一定倾斜度或有斜向次裂缝〔图 6-49（b）～（c）〕；

（4）界面粘结破坏发生在局部。

表 6-10　界面粘结破坏试验结果

构件编号	主裂缝 1 所在位置/距支座的距离（mm）/裂缝宽度（mm）	主裂缝 2 所在位置/距支座的距离（mm）/裂缝宽度（mm）	主裂缝 1 尖端与垂直面夹角（°）	界面水平裂缝长度（mm）
CB-A1 正面	混凝土部分/765/0.4	左边：混凝土部分/730/0.2右边：SHCC 部分/790/0.84	17	左边：15右边：25
CB-A2 正面	混凝土部分/810/0.7	混凝土部分/765/0.4	29	35
CB-B3 正面	混凝土部分/785/0.8	SHCC 部分/775/0.9	30	10
CB-E1 正面	混凝土部分/595/0.6	混凝土部分/560/0.5	20	25
CB-E1 背面	混凝土部分/605/0.5	混凝土部分/560/0.5	18	45

3. 界面粘结破坏全过程

通过对修复梁界面粘结破坏特征进行分析，并根据试验过程中的观察发现，修复梁发生界面粘结破坏的全过程可分为两个阶段：

（1）界面水平裂缝出现阶段：从纵向受拉钢筋屈服到界面水平裂缝开始出现。修复梁在荷载作用下，混凝土部分首先开裂，裂缝延伸至界面后受到 SHCC 的阻挡不再继续延伸。随着荷载和混凝土裂缝宽度的持续增加，SHCC 层出现多条微细裂缝，此处的 SHCC 虽然开裂，但由于纤维的存在，SHCC 层并未丧失自身强度，仍有足够的约束作用抑制混凝土裂缝的扩展。当纵向受拉钢筋屈服后，修复梁变形迅速增大，混凝土裂缝宽度快速增加，而 SHCC 层中陆续出现大量微细裂缝。当混凝土主裂缝的发展受到 SHCC 层的抑制，两者之间的变形出现较大差异时，主裂缝尖端处的界面开始出现水平裂缝。

（2）界面水平裂缝发展阶段：从水平裂缝出现到粘结破坏发生。此阶段有以下三种不同情况：①界面水平裂缝出现后，随着荷载及挠度的增加，水平裂缝向距离最近的相邻裂缝（该裂缝可能在混凝土上也可能在 SHCC 层）方向发展，此时由于钢筋已屈服，受压区混凝土的应变也接近极限，故变形增长速度很快，主裂缝宽度继续增加，致使水平裂缝快速延伸至相邻裂缝处，使该范围内的界面粘结完全破坏，如图 6-49（a）、（d）、（e）所示；②界面水平裂缝向一侧延伸至距混凝土主裂缝一段距离后，由于试件制作原因，致使界面裂缝具有一定倾角，导致了混凝土再次开裂，并沿一定角度向混凝土上部发展至相应高度，如图 6-49（b）所示；③界面水平裂缝向一侧延伸至距混凝土主裂缝一定距离后即停止发展，如图 6-49（b）、（e）所示。在界面粘结破坏发生的同时，受压区混凝土也逐渐被压碎，弯曲破坏发生。有些情况下是受压区混凝土先被压碎，梁变形和混凝土裂缝宽度迅速增大，致使界面粘结瞬间破坏。

6.3.3　钢筋和混凝土应变

对比梁 CB-A0 和修复梁中纵向受拉钢筋应变随荷载的发展情况如图 6-51 所示。钢筋屈服前，修复梁曲线斜率的降低程度小于对比梁，说明相同荷载增量下，修复梁的钢筋应变增长要缓慢些。另外，修复梁的纵筋屈服点滞后于对比梁，说明 SHCC 修复层的存在，使构件的屈服荷载得到一定程度的提高。所有梁的受拉钢筋均达到屈服。

各试验梁混凝土的荷载-压应变曲线如图 6-52 所示。从图 6-52 中可以看出，加载初期，试验梁的混凝土压应变近似线性变化。随着荷载的增加，曲线斜率逐渐减小，其中对比梁斜率减小较快，而修复梁中的 CB-A3 和 CB-C1 与对比梁的曲线较为接近。这是由于 CB-A3 的界面开槽后截面面积被削弱，CB-C1 的混凝土强度较低（C20 级别混凝土）引起的。其他修复梁的曲线斜率变化相对缓慢，说明由于 SHCC 修复层的存在，混凝土裂缝的延伸受到约束，中和轴上升速度减缓。由图 6-52 可见，随着荷载的持续增加，混凝土应变不断增长，受压区混凝土最终达到极限压应变被压碎。

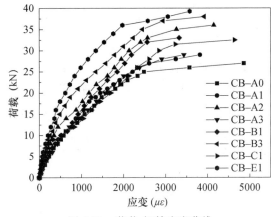

图 6-51　荷载-钢筋应变曲线

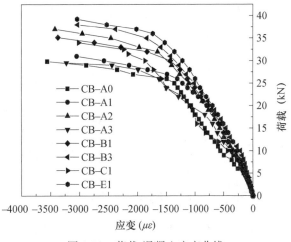

图 6-52　荷载-混凝土应变曲线

6.3.4　界面粗糙度和修复层厚度对特征荷载的影响

试验梁各特征点荷载：开裂荷载（包括 SHCC 开裂荷载 $P_{cr,sh}$，混凝土开裂荷载 P_{cr}）、屈服荷载 P_y 与破坏荷载 P_u 如表 6-11 所示。根据试验结果，SHCC 修复层开裂后，由于纤维的存在，SHCC 仍然能够继续参与受拉，不会完全丧失自身强度，这一点可从钢筋和混凝土的荷载-应变曲线上无明显拐点看出；而当混凝土开裂后，由于部分混凝土退出受拉，曲线上出现明显拐点，所以此处修复梁的开裂荷载仍以混凝土开裂为准。修复梁 CB-A3 的界面采用开槽方式，使截面有一定程度削弱，其试验结果与其他修复梁的差异较大，所以此处统计分析中不考虑该构件。从表 6-11 可以看出：

（1）开裂荷载：修复梁的开裂荷载比对比梁的提高了 71％～120％。以混凝土等级为 C30 的梁为例：CB-A1 和 CB-A2 比对比梁 CB-A0 分别提高了 100％和 120％，CB-B1 和 CB-B3 分别提高了 100％和 120％，所有修复梁开裂荷载与对比梁开裂荷载的比值均值为 2.019，变异系数为 0.087。

（2）屈服荷载：修复梁的屈服荷载比对比梁的提高幅度为 12％～35％。其中 CB-A1 和 CB-A2 比对比梁 CB-A0 分别提高了 12％和 27％，CB-B1 和 CB-B3 分别提高了 15％和 35％，所有修复梁屈服荷载与对比梁屈服荷载的比值均值为 1.202，变异系数为 0.066。

（3）破坏荷载：修复梁的破坏荷载比对比梁提高了 4％～27％。其中 CB-A1 和 CB-A2 比对比梁 CB-A0 分别提高了 4％和 25％，CB-B1 和 CB-B3 分别提高了 19％和 27％，所有修复梁破坏荷载与对比梁破坏荷载的比值均值为 1.163，变异系数为 0.077。

表 6-11　试验梁特征荷载实测值统计分析

构件编号	荷载（kN）				荷载增幅		
	$P_{cr,sh}$	P_{cr}	P_y	P_u	$P_{cr,s}/P_{cr,c}$	$P_{y,s}/P_{y,c}$	$P_{u,s}/P_{u,c}$
CB-A0（对比梁）	—	5	26	29.85	1.00	1.00	1.00
CB-A1	7	10	29	31.00	2.00	1.12	1.04
CB-A2	9	11	33	37.30	2.20	1.27	1.25
CB-A3	6	8	26	30.00	1.60	1.00	1.01
CB-B1	7	10	30	35.65	2.00	1.15	1.19
CB-B3	10	11	35	38.00	2.20	1.35	1.27
CB-C0（对比梁）	—	5	27	30.70	1.00	1.00	1.00
CB-C1	7	10	31.5	35.00	2.00	1.17	1.17
CB-E0（对比梁）	—	7	31	37.30	1.00	1.00	1.00
CB-E1	8	12	36	39.25	1.71	1.16	1.05
平均值					2.019	1.202	1.163
变异系数					0.087	0.066	0.077

注：在荷载增幅计算中，下标 s 和 c 分别为修复梁和对比梁对应的特征荷载值。

从上述分析可以看出，随着界面粗糙度和修复层厚度的增加，三个特征荷载值均有不同程度的提高。表明随着界面粗糙度和 SHCC 厚度的增加，修复层对上部混凝土的约束能力也相应提高，使裂缝出现时间推迟，裂缝发展速度减缓。另外，从影响程度看，修复层的存在对梁的开裂荷载影响较大，对屈服荷载和破坏荷载的影响程度相对较小。说明加载初期，由于 SHCC 受拉，有效延迟了混凝土的开裂时间，随着荷载的增加，相对于既有混凝土梁的受力钢筋而言，SHCC 修复层对承载力的影响逐渐降低，临近钢筋屈服和破坏时，梁的变形增大，裂缝不断扩展，修复层作用逐渐失效。另外，荷载比值的变异系数分别为 0.087、0.066 和 0.077，说明各试件的制作质量和试验方法是可靠的。

6.3.5　SHCC 修复钢筋混凝土梁界面粘结破坏机理

1. 界面粘结破坏机理

根据界面裂纹的断裂概念，由于界面两侧材料的弹性性质不同，大量的界面断裂问题本质上是非对称的复合型断裂。在断裂前，裂纹前方的界面上，既作用有法向正应力，也作用有切向剪应力，而在裂纹面上既有张开位移又有滑开位移。这样二维几何的界面断裂，一般说来包含着张开型和滑开型应力强度因子。这是界面断裂的一个重要特征[189]。结合 6.3.2 节界面粘结破坏的两个阶段，其破坏机理分析如下：

（1）界面水平裂缝出现阶段：混凝土部分开裂初期，裂缝宽度较小，裂缝尖端释放的能量也较小。由于 SHCC 具备较高的耗能能力，SHCC 层内出现内力重分布，当内力产生的拉应力大于 SHCC 开裂强度后，SHCC 层内出现多条微细裂缝。随着荷载的增加，混凝土主裂缝宽度不断增加，裂缝两边的混凝土不断回缩，而此时 SHCC 层内陆续出现大量微细裂缝，裂缝间由于纤维的桥联作用，SHCC 层依然保持宏观上的连续，致使两种材料的变形出现差异，导致混凝土裂缝尖端的界面处产生较大的切向剪应力。纵向受拉钢筋屈服后，变形快速增长，混凝土主裂缝宽度迅速增大，致使应力突增，当裂缝尖端处的剪应力超过界面粘结抗剪强度后，界面出现水平裂缝。从能量释放的角度分析，当钢筋屈服后，混凝土主裂缝宽度迅速增大，SHCC 层来不及完全吸收裂缝尖端释放的能量，多余的能量通过界面开裂得到释放，或者说多余的能量达到使界面开裂所需的能量，则界面出现水平裂缝。

（2）界面水平裂缝开展阶段：水平裂缝出现后，在裂缝面上，既有张开位移又有滑开位移，水平裂缝尖端既作用有正应力，也作用有剪应力，当两者产生的复合应力大于界面粘结强度时，水平裂缝开始延伸。随后，根据前述粘结破坏的过程，界面水平裂缝的发展分以下三种不同情况：①当界面水平裂缝延伸至距主裂缝最近的裂缝后，由于该处裂缝宽度也较大，两相邻裂缝区域内发生完的界面粘结破坏，裂缝端部应力降为零，水平裂缝停止发展；从能量的角度分析，当两相邻裂缝间的界面粘结完全破坏后，裂缝尖端开裂时积聚的能量得到完全释放，裂缝停止发展。②当界面水平裂缝延伸至距主裂缝一段距离后，由于界面裂缝有一定的倾角，致使裂缝前方界面的应力方向发生改变，当水平裂缝端部的应力值小于界面粘结强度而大于混凝土抗拉强度时，该截面处混凝土开裂，裂缝张开位移产生的正应力使裂缝向上延伸至一定高度后，裂缝端部应力降为零，裂缝停止发展；从能量角度分析，界面裂缝发展至具有一定角度后，裂缝尖端的能量达到混凝土的开裂所需，致使该界面处混凝土开裂并延伸一定高度后，能量获得释放，裂缝不再发展。③当界面水平裂缝延伸至距主裂缝有一定距离后，界面的滑开位移逐渐减小，界面剪应力也随之降低直至为零，最后水平裂缝尖端的应力小于界面粘结强度，水平裂缝不再发展；从能量的角度分析，水平裂缝延伸一段距离后，裂缝尖端释放的能量逐渐减小甚至为零，当小于裂缝开展所需的能量后，裂缝停止发展。

2. 防止发生界面粘结破坏的措施

根据试验结果和上述分析可知，SHCC 修复梁发生界面粘结破坏并不像其他的外贴纤维材料加固梁那样，界面粘结破坏为脆性破坏，一旦发生，构件将不能继续承载；但考虑到实际工程中相对恶劣的工作条件和环境作用，为避免早期粘结破坏发生，从而影响构件的耐久性，建议在采用单一 SHCC 材料对钢筋混凝土构件进行修复时，应做到以下几点：

（1）老混凝土界面一定要进行粗糙处理，避免因早期粘结强度过低导致施工过程中界面提前开裂，尤其要注意防止出现内部潜在裂缝；

（2）施工过程中，要对与老混凝土直接接触的 SHCC 层表面进行震动，使 SHCC 材料能够与凸凹不平的老混凝土表面完全粘结在一起，避免粘结界面内部有空隙或孔洞；

（3）修复层应有足够长度，即其端部尽量延伸至支座（弯矩较小区段），避免因端部应力过大提前出现界面粘结破坏。

6.3.6　界面粘结破坏承载力

根据前述内容可知，界面粘结破坏发生于局部，粘结破坏发生的同时修复梁也基本到达弯曲破坏，这一点也可由前面对试验梁特征荷载统计分析结果看出。发生界面粘结破坏的四根梁的破坏荷载均不低于对比梁，其中 CB-A1、CB-A2 和 CB-B3 比对比梁 CB-A0 分别提高了 4％、25％和 27％，CB-E1 比对比梁 CB-E0 提高了 5％。

根据试验结果，可以确定 SHCC 修复钢筋混凝土梁的界面粘结破坏不是脆性破坏，或者说其不同于传统意义上的界面分层或剥离破坏。总体来说，构件最终发生的还是弯曲破坏。因此，从偏安全的角度考虑，建议采用单一 SHCC 材料对钢筋混凝土受弯构件进行修复时，其界面粘结承载力可按原构件承载力进行计算。

第7章 SHCC修复钢筋混凝土梁的裂缝与变形性能

结构在规定的设计使用年限内满足适用性和耐久性要求是结构满足其功能要求必不可少的组成部分。结构的适用性要求是指结构或构件在正常使用过程中工作性能良好，能够满足其预定的使用要求，如不出现过大的裂缝和变形等。因此，在混凝土结构设计过程中，需要对构件的裂缝宽度与变形进行验算，按允许值加以限制。SHCC在拉伸荷载作用下具有显著的应变硬化性能和多微开裂特性，具有优良的裂缝控制能力。在实际修复工程中，如能将SHCC作为修复材料外涂于既有混凝土结构表面或受拉区，暴露于工作环境中，除了能够利用其自身优势来提高现阶段整体结构的耐久性外，还可以与既有混凝土结构共同受力，对混凝土中出现的裂缝进行分散和约束，提高原结构的抗裂能力与刚度，从而减小构件的裂缝宽度与变形，满足适用性要求。针对上述问题，通过SHCC修复钢筋混凝土梁的四点弯曲试验，系统研究了界面粗糙度、修复层厚度和混凝土强度对修复梁的裂缝发生、发展与变形规律的影响，建立了SHCC修复钢筋混凝土梁的实用裂缝宽度计算模型与刚度计算模型。

7.1 SHCC修复钢筋混凝土梁的裂缝研究

7.1.1 试验梁裂缝发展特点

试验前用白色涂料将试验梁表面刷白，然后沿梁长度和高度方向画出方格栅，构成基本参考坐标系。试验过程中采用裂缝测宽仪量测裂缝宽度，在试验梁两侧面绘出裂缝出现部位、走向、发展过程及分布情况，同时记录对应荷载。根据试验结果，当SHCC开裂时，由于PVA纤维的桥联作用，修复梁各项性能（如变形、钢筋应变等）没有明显变化。当混凝土部分开裂时，开裂后的混凝土退出工作，使修复梁性能开始发生变化。因此，修复梁的开裂荷载仍以混凝土开裂为准。

1. 裂缝的出现及发展

在试验过程中，所有试验梁均发生弯曲破坏，有些梁虽然也发生了界面粘结破坏，但最终都以弯曲破坏结束，详见6.3节。此处主要对纯弯段内出现的弯曲裂缝进行分析。

对于未进行修复的钢筋混凝土对比梁，构件开裂前，梁全截面共同工作。当荷载加至极限承载力的16%～20%时，开始出现第一批裂缝；随着荷载的增加，第一批裂缝的高度不断延伸，裂缝宽度持续增大，且不断有新的裂缝形成；当加载至极限荷载的45%～60%时，裂缝数量基本稳定，此时裂缝最大宽度达0.22～0.3mm。

对于采用 SHCC 进行修复的钢筋混凝土梁，当荷载加至极限荷载的 25％～39％时，首先在 SHCC 修复层中出现第一批裂缝，此时裂缝最大宽度为 0.01～0.02mm，开裂位置处的拉力由纤维承受，裂缝宽度发展受到限制，SHCC 的初裂对梁的整体工作性能影响不大；当荷载加至极限荷载的 29％～42％时，混凝土受拉区开始出现首批裂缝；随着荷载的继续增加，SHCC 修复层中裂缝数量持续增加，纯弯段内出现大量微细裂缝，有些裂缝发展至混凝土内，有些裂缝延伸至界面处即不再上升，裂缝宽度发展缓慢；混凝土内也不断出现新的裂缝，随着荷载的增加不断延伸、扩展，当荷载加至极限荷载的 69％～87％时，裂缝数量基本稳定，此时混凝土中最大裂缝宽度达 0.16mm，SHCC 中最大裂缝宽度达 0.13mm。

2. 裂缝形态

各试验梁混凝土部分的最终裂缝形态如图 7-1～图 7-3 所示。可以看出，SHCC 修复层能够显著影响混凝土的裂缝形态。与对比梁相比，修复梁的开裂荷载显著提高；开裂后，由于 SHCC 修复层的约束作用，梁内裂缝发展速度远小于未修复梁。另外，修复梁的裂缝数量均较对比梁增多，裂缝间距减小，同时裂缝宽度也变小。

通过观测 SHCC 修复钢筋混凝土梁的裂缝发展情况，归纳出以下特点：①加载初期，有些截面处裂缝首先从 SHCC 修复层中出现，由于 SHCC 良好的抗拉性能，裂缝发展速度缓慢，有些裂缝延伸至混凝土部分，有些裂缝至界面处即停止发展；有些截面处裂缝首先从混凝土梁受拉区出现，然后向受压区和 SHCC 层逐渐延伸，如图 7-4 所示；②加载中后期，修复梁裂缝数量急剧增长；混凝土部分出现一些根状裂缝，有些裂缝延伸至 SHCC 层，有些扩展至界面后，受到 SHCC 层的约束，裂缝不再继续延伸或是被 SHCC 层分散成多条微细裂缝，如图 7-5 所示；SHCC 层中则有大量微细裂缝出现，如图 7-6 所示；③加载后期，混凝土部分主裂缝快速延伸至受压区，向两侧呈水平发展，梁顶部出现明显水平裂缝，表明受压区混凝土达到极限应变被压碎；有些梁在两相邻裂缝范围内，界面处产生水平裂缝将两者连通，同时发生界面粘结破坏和弯曲破坏（详见 6.3 节）。

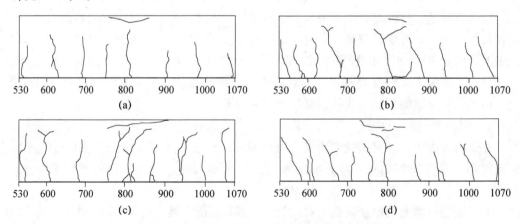

图 7-1　不同界面粗糙度下试验梁的裂缝形态图

(a) CB-A0；(b) CB-A1；(c) CB-A2；(d) CB-A3

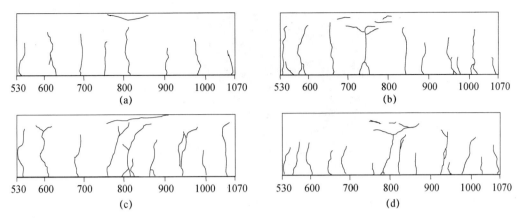

图 7-2　不同修复层厚度下试验梁的裂缝形态图

（a）CB-A0；（b）CB-B1；（c）CB-B2；（d）CB-B3

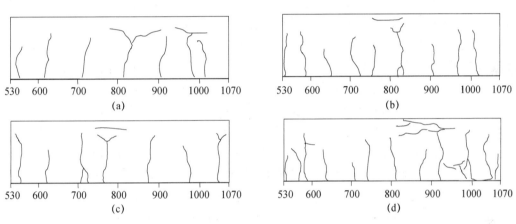

图 7-3　混凝土强度不同时试验梁的裂缝形态图

（a）CB-C0；（b）CB-C1；（c）CB-E0；（d）CB-E1

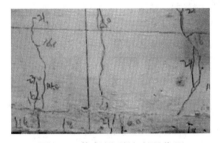

图 7-4　修复梁裂缝出现位置

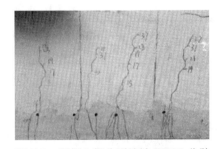

图 7-5　混凝土部分裂缝被 SHCC 分散

3. 裂缝间距

裂缝间距为试验梁混凝土部分的裂缝间距，SHCC 层内因有大量微细裂缝，较难测量。裂缝间距以荷载稳定后的裂缝间距为准，以试验梁纯弯段为测量区域，钢筋形心水平处为测量点，取两侧面的平均值；对于分岔的根状裂缝，仍按一条计。试验梁裂缝间

图 7-6　SHCC 层中的微细裂缝

距如表 7-1 所示，从实测数据可以得到以下结论：

（1）用 SHCC 进行修复后，试验梁的裂缝数量显著增加，平均裂缝间距比对比梁有大幅减小。

（2）修复梁裂缝间距的减小程度与界面粗糙度有关。在其他条件相同的情况下，随着界面粗糙度的增加，平均裂缝间距降幅增大，如图 7-7 所示。如 CB-A 系列梁，其截面尺寸和配筋相同，SHCC 修复层厚度均为 25mm，而 CB-A1、CB-A2 和 CB-A3 的界面粗糙度不同，其中 CB-A1 界面未进行粗糙处理，CB-A2 界面采用凿毛处理（平均灌砂深度为 1.3mm），根据试验结果，两者的平均裂缝间距分别为 58.4mm 和 47.3mm，与对比梁 CB-A0 的 75mm 相比，分别减少了 22.1% 和 36.9%；CB-A3 的界面进行了开槽处理，其平均裂缝间距为 56.8mm，比对比梁减少了 24.3%，与 CB-A1 的效果接近。

（3）修复梁裂缝间距的减小程度与 SHCC 修复层厚度有关。在其他条件相同的情况下，随着 SHCC 修复层厚度的增加，平均裂缝间距减小，如图 7-8 所示。如 CB-B 系列梁，其截面尺寸和配筋完全相同，界面均进行凿毛处理（平均灌砂深度为 1.3～1.9mm），CB-B1、CB-B2 和 CB-B3 的修复层厚度分别为 15mm、25mm 和 35mm，而纯弯段内的平均裂缝间距分别为 55.1mm、47.3mm 和 42.9mm，比对比梁 CB-A0 的 75mm，分别减少了 26.5%、36.9% 和 42.8%。

表 7-1　试验梁裂缝间距试验结果

构件编号		裂缝数量	最大裂缝间距（mm）	最小裂缝间距（mm）	单面平均裂缝间距（mm）	双面平均裂缝间距（mm）
CB-A0	A 面	8	92	60	75.7	75.0
	B 面	8	100	55	74.2	
CB-A1	A 面	10	85	40	58.9	58.4
	B 面	10	90	10	57.8	
CB-A2	A 面	12	75	10	47.3	47.3
	B 面	12	75	25	47.3	
CB-A3	A 面	9	90	40	65.0	56.8
	B 面	11	90	10	48.5	
CB-B1	A 面	10	90	10	62.2	55.1
	B 面	11	90	10	48	

续表

构件编号		裂缝数量	最大裂缝间距（mm）	最小裂缝间距（mm）	单面平均裂缝间距（mm）	双面平均裂缝间距（mm）
CB-B2	A面	12	75	10	47.3	47.3
	B面	12	75	25	47.3	
CB-B3	A面	14	85	10	40.7	42.9
	B面	13	80	10	45.0	
CB-C0	A面	7	110	30	78.3	80.0
	B面	7	105	50	81.7	
CB-C1	A面	9	80	45	63.8	62.6
	B面	9	75	40	61.3	
CB-E0	A面	6	105	80	97.0	89.7
	B面	7	115	55	82.5	
CB-E1	A面	12	85	15	48.6	48.2
	B面	12	90	5	47.7	

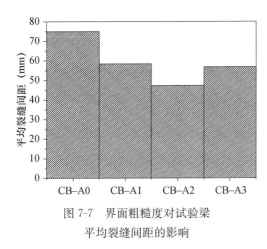

图 7-7　界面粗糙度对试验梁
平均裂缝间距的影响

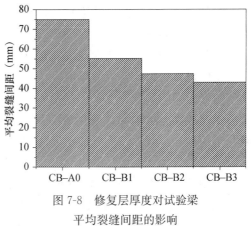

图 7-8　修复层厚度对试验梁
平均裂缝间距的影响

（4）对于混凝土强度不同的梁，修复后裂缝间距的变化程度也很不相同，如图 7-9 所示。如 CB-C、A 和 E 系列梁的混凝土强度级别分别为 C20、C30 和 C40，编号为 0 的代表未修复的对比梁，编号 1 为修复梁；各试验梁截面尺寸和配筋均相同，修复梁界面采用凿毛处理（平均灌砂深度为 1.3～1.78mm），SHCC 修复层厚度均为 25mm。根据试验结果，CB-C1 的平均裂缝间距为 62.6mm，比对比梁 CB-C0 的 80mm 减少了21.8%；CB-A1 的平均裂缝间距为 47.3mm，比 CB-A0 的 75mm 减少了 36.9%；CB-E1 的平均裂缝间距为 48.2mm，比 CB-E0 的 89.7mm 减少了 46.3%。

4. 裂缝宽度

试验过程中分别对各试验梁纯弯段内的混凝土和 SHCC 层的裂缝宽度进行测量，混凝土裂缝宽度测量点位于钢筋形心水平处，以纯弯段内裂缝宽度的最大值为最大裂缝

155

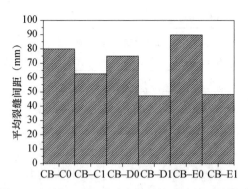

图 7-9　混凝土强度对试验梁平均裂缝间距的影响

宽度，所有裂缝宽度的平均值为平均裂缝宽度；SHCC 层的裂缝宽度测量点位于修复层底面，以纯弯段内测得的裂缝宽度最大值为其最大裂缝宽度。SHCC 层只给出最大裂缝宽度原因如下：①SHCC 层裂缝数量较多，尤其在加载的中后期，大量微细裂缝陆续出现，有些裂缝由于前期距离很近，后期宽度增加的时候重合到一起，无法继续测读；②由于测读位置在底面，要保持当级荷载不变的情况下，很难将所有裂缝准确测量；③试验过程中能够观测到的裂缝绝大多数进行了测读，但试验结束后，发现底面还有大量未观测到的裂缝，因此所读裂缝数量有误，无法计算平均裂缝宽度。

（1）混凝土裂缝宽度

各试验梁混凝土部分最大裂缝宽度和平均裂缝宽度对比曲线如图 7-10～图 7-12 所示。从图中可以看出，各修复梁混凝土的开裂时间均晚于相应对比梁，最终裂缝宽度也小于相应对比梁的裂缝宽度；修复梁裂缝宽度发展速度明显慢于对比梁，且"突变点"位置高于对比梁。这表明，采用 SHCC 修复钢筋混凝土梁，不仅能够在一定程度上提高其开裂荷载和承载力，而且能够显著减小裂缝宽度，减缓裂缝宽度的发展速度，有效推迟裂缝宽度发生"突增"的时间。

结合图 7-10～图 7-12，可以看出不同影响参数下裂缝宽度的发展有以下特点：

① 总体上看，不管何种情况，最大裂缝宽度和平均裂缝宽度均随着 M 的增加而增加，钢筋屈服前，裂缝宽度基本呈线性增加；钢筋屈服后，对比梁的裂缝宽度急剧增加，而修复梁由于 SHCC 的约束作用，其裂缝宽度的增加要缓慢得多；在相同的 M/M_u 下，修复梁最大裂缝宽度和平均裂缝宽度均小于未修复的对比梁。

② 从图 7-10 可以看出，在相同 M/M_u 下，随着界面粗糙度增大，最大裂缝宽度和平均裂缝宽度均有所减小。不同界面粗糙度下各试验梁裂缝宽度实测值如表 7-2 所示。很明显，对比梁 CB-A0 裂缝宽度远大于各修复梁，其中 CB-A1、CB-A2 和 CB-A3 的混凝土最大裂缝宽度与 CB-A0 的比值分别是 0.67、0.46 和 0.54，平均裂缝宽度的比值分别为 0.71、0.57 和 0.60。表明修复层对最大裂缝宽度的影响更为明显；界面粗糙度较大的 CB-A2 裂缝宽度明显小于界面未处理的 CB-A1；而界面经切槽处理的 CB-A3 裂缝宽度位于 CB-A1 和 CB-A2 之间。由此可知，界面粗糙度越大，SHCC 修复层对混凝土梁的约束力越大，对裂缝宽度的抑制越强。

③ 从图 7-11 可以看出，在相同 M/M_u 下，随着 SHCC 修复层厚度的增加，最大裂

缝宽度和平均裂缝宽度均减小。不同 SHCC 厚度下各试验梁的裂缝宽度实测值如表 7-3 所示。CB-B1、CB-B2 和 CB-B3 的最大裂缝宽度与 CB-A0 的比值分别为 0.54、0.46 和 0.42，平均裂缝宽度的比值分别为 0.61、0.57 和 0.43，可以看出，随着修复层厚度的增加，裂缝宽度减小的幅度越大，这说明在其他条件相同的情况下，SHCC 修复层厚度越大，对混凝土裂缝扩展的约束作用也越大。

④ 从图 7-12 可以看出，三根对比梁的裂缝宽度明显大于修复梁，随着混凝土强度的增大，裂缝宽度有减小趋势，但变化不大。不同混凝土强度下试验梁裂缝宽度实测值如表 7-4 所示。CB-C1 与 CB-C0 的最大裂缝宽度比值为 0.2，平均裂缝宽度比值为 0.53；CB-A2 与 CB-A0 的最大裂缝宽度比值为 0.46，平均裂缝宽度比值为 0.57；CB-E1 与 CB-E0 的最大裂缝宽度比值为 0.44，平均裂缝宽度比值为 0.50。可以看出，除了 CB-C 系列的最大裂缝宽度比值差别较大外（可能为测读误差，也可能为试件的差异性较大），其他比值较为接近，表明混凝土强度对裂缝宽度的影响不大。

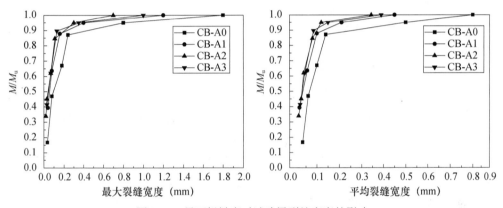

图 7-10　界面粗糙度对试验梁裂缝宽度的影响

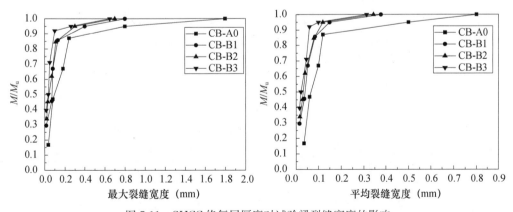

图 7-11　SHCC 修复层厚度对试验梁裂缝宽度的影响

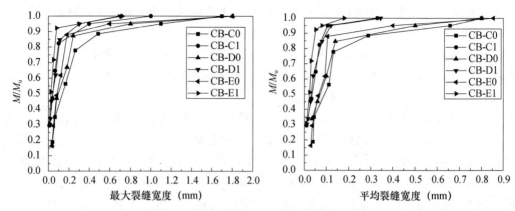

图 7-12 混凝土强度对试验梁裂缝宽度的影响

表 7-2 不同界面粗糙下试验梁裂缝宽度实测值

构件编号	平均灌砂深度（mm）	屈服荷载（kN）	最大裂缝宽度 w_{max}（mm）	$w_{max,1}/w_{max,0}$	平均裂缝宽度 w_m（mm）	$w_{m,1}/w_{m,0}$
CB-A0	—	26	0.24	1	0.14	1
CB-A1	—	29	0.16	0.67	0.1	0.71
CB-A2	1.3	33	0.11	0.46	0.08	0.57
CB-A3	—	26	0.13	0.54	0.0845	0.60

注：w_{max} 和 w_m 分别指最大裂缝宽度和平均裂缝宽度；下标 1，0 分别为修复梁和对比梁。以下各表同。

表 7-3 不同 SHCC 厚度下试验梁裂缝宽度实测值

构件编号	SHCC 厚度（mm）	屈服荷载（kN）	最大裂缝宽度 w_{max}（mm）	$w_{max,1}/w_{max,0}$	平均裂缝宽度 w_m（mm）	$w_{m,1}/w_{m,0}$
CB-A0	—	26	0.24	1	0.14	1
CB-B1	15	30	0.13	0.54	0.085	0.61
CB-B2	25	33	0.11	0.46	0.08	0.57
CB-B3	35	35	0.10	0.42	0.06	0.43

表 7-4 不同混凝土强度下试验梁裂缝宽度实测值

梁编号	混凝土抗压强度实测值（MPa）	屈服荷载（kN）	最大裂缝宽度 w_{max}（mm）	$w_{max,1}/w_{max,0}$	平均裂缝宽度 w_m（mm）	$w_{m,1}/w_{m,0}$
CB-C0	24.87	27	0.49	1	0.13	1
CB-C1		31.5	0.10	0.20	0.069	0.53
CB-A0	32.80	26	0.24	1	0.14	1
CB-A2		29	0.11	0.46	0.08	0.57
CB-E0	39.25	31	0.18	1	0.105	1
CB-E1		36	0.08	0.44	0.052	0.50

（2）SHCC 最大裂缝宽度

各修复梁 SHCC 层和混凝土部分最大裂缝宽度与对比梁最大裂缝宽度对比图如

图 7-13所示。从图 7-13 中可以看出，修复梁 SHCC 层最大裂缝宽度比混凝土部分最大裂缝宽度稍小，但差别不大，多数情况下两者的曲线接近重合（这与测量位置的不同有一定关系），但与对比梁相比要小得多；另外，钢筋屈服前，修复梁的最大裂缝宽度可以控制在较小范围内。根据试验结果，钢筋屈服时，修复梁混凝土最大裂缝宽度为 0.16mm，SHCC 层最大裂缝宽度为 0.13mm；钢筋屈服后，试件变形突然增大，裂缝宽度出现"拐点"，SHCC 层内主裂缝位置的纤维被拔出，裂缝宽度急剧增长。所以，采用 SHCC 对结构或构件进行修复，在正常使用情况下具有较强的裂缝控制能力。

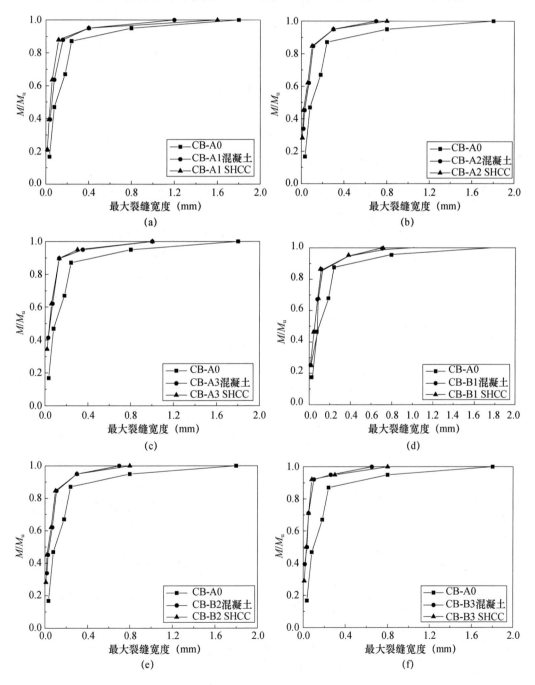

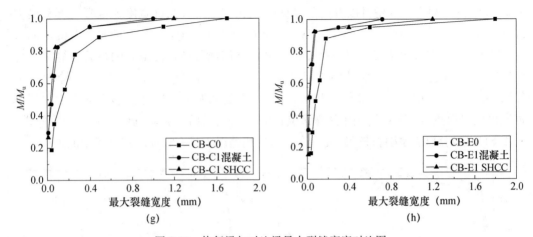

(g) (h)

图 7-13 修复梁与对比梁最大裂缝宽度对比图

（a）CB-A1；（b）CB-A2；（c）CB-A3；（d）CB-B1；（e）CB-B2；（f）CB-B3；（g）CB-C1；（h）CB-E1

7.1.2 平均裂缝宽度与最大裂缝宽度的关系

　　根据试验结果，正常使用情况下，SHCC 修复层的裂缝宽度能控制在较小范围内，因此以下内容主要针对修复梁混凝土部分的裂缝特征进行分析。

　　各试验梁混凝土的平均裂缝宽度和最大裂缝宽度关系如图 7-14 所示。拟合式（7-1）和式（7-2）分别为对比梁和修复梁平均裂缝宽度与最大裂缝宽度关系式。由拟合结果可以看出，平均裂缝宽度与最大裂缝宽度之间存在较好的线性关系。对比梁的斜率大于修复梁，表明对比梁的最大裂缝宽度增长速度较快，SHCC 修复层的存在，对混凝土梁的裂缝宽度发展起到较好的抑制作用。

$$w_{\max} = 1.68652w_{\mathrm{m}} \tag{7-1}$$

$$w_{\max,\mathrm{s}} = 1.49263w_{\mathrm{m,s}} \tag{7-2}$$

　　式中，$w_{\max}$ 和 $w_{\max,\mathrm{s}}$ 分别为对比梁和修复梁的最大裂缝宽度；w_{m} 和 $w_{\mathrm{m,s}}$ 分别为两者对应的平均裂缝宽度。

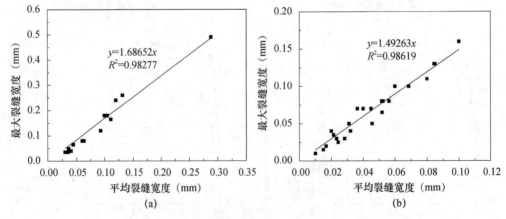

(a) (b)

图 7-14 试验梁平均裂缝宽度-最大裂缝宽度关系

（a）对比梁；（b）修复梁

7.1.3　SHCC 修复钢筋混凝土梁裂缝影响因素分析

由试验结果可知，SHCC 修复钢筋混凝土梁仍然保持着混凝土受弯构件的基本力学性能，影响混凝土梁开裂性能的因素同样是影响 SHCC 修复梁开裂性能的因素；另外，根据试验结果，界面粗糙度与 SHCC 修复层厚度等因素也对梁的开裂有较大影响。对修复梁开裂性能的主要影响因素进行探讨，以助于实用计算模型的建立。

（1）混凝土保护层：根据无滑移理论，混凝土保护层厚度是影响裂缝间距的主要因素。在 SHCC 修复钢筋混凝土梁中，SHCC 对裂缝间距的影响主要表现在粘结-滑移所提供的粘结剪应力造成的影响方面。因此对于混凝土保护层厚度的影响仍考虑采用与钢筋混凝土梁中相同的方式。

（2）受拉钢筋配置情况：钢筋混凝土梁裂缝形成的原因是受拉区混凝土的拉应力达到其极限抗拉强度，钢筋与混凝土之间通过两者之间的粘结应力进行力的传递。根据粘结-滑移理论，受拉钢筋配置情况是钢筋混凝土梁裂缝间距和裂缝宽度的主要影响因素。

（3）SHCC 配置情况：由于 SHCC 的引入，使得修复梁的裂缝开展情况与钢筋混凝土梁有所不同。因此 SHCC 的配置情况对修复梁的裂缝开展有着显著的影响。主要表现在以下几个方面：①界面粗糙度。SHCC 与混凝土之间通过其界面粘结应力进行力的传递，因此其界面粘结性能对周围混凝土中的应力有显著影响，当界面粗糙度不同时，SHCC-混凝土界面粘结-滑移性能也不同，从而影响混凝土中拉应力的分布，造成修复梁裂缝分布的变化。②SHCC 修复层厚度。SHCC 修复层的存在使构件中的内力状态发生了变化，使得钢筋和混凝土的应力相对于钢筋混凝土梁都有明显的不同。SHCC 修复层厚度影响了混凝土的应力分布，同时影响了钢筋应力的分布及钢筋应变，从而影响了裂缝的分布及裂缝的开展宽度。

7.1.4　SHCC 修复钢筋混凝土梁平均裂缝间距计算模型

（1）计算模型的建立

由钢筋混凝土梁裂缝出现和开展过程可知，第一条（批）裂缝出现后，钢筋通过粘结应力将拉应力逐渐传递给混凝土，经过一定的传递长度，使混凝土的拉应力值增大到混凝土抗拉强度 f_t，则在此截面将出现第二条裂缝。这一传递长度为理论上的最小裂缝间距 l_{cr}。根据平衡条件可求得平均裂缝间距 l_m。在分析过程中，采用如下假定：①平截面假定；②受拉区混凝土不参与受力；③考虑 SHCC 的受拉作用；④其他未提及的情况同普通钢筋混凝土梁。

取第一条裂缝刚出现截面与相邻第二条裂缝即将出现截面之间的一段长度 l_{cr} 为隔离体，则这两个截面的应力图形如图 7-15 所示，其中 1 代表开裂截面，2 代表即将开裂截面；σ_{s1} 和 σ_{s2} 分别为 1 截面和 2 截面的钢筋应力；σ_{sh1} 和 σ_{sh2} 分别为 1 截面和 2 截面的 SHCC 应力；τ_{sm} 为混凝土-钢筋平均粘结应力；τ_{shm} 为 SHCC-混凝土界面平均粘结应力；M_k 为 1 截面的弯矩，M_{ct} 为 2 截面受拉区混凝土承受的弯矩；A_s 为钢筋的截面面积，A_{sh} 为 SHCC 的截面面积；η_1 和 η_2 分别为 1 截面和 2 截面内力臂系数；h_0 为梁的有效高度；a 为受拉钢筋重心到 SHCC 修复层重心的距离；公式中有上标 0 的参数为对比梁的对应参数。

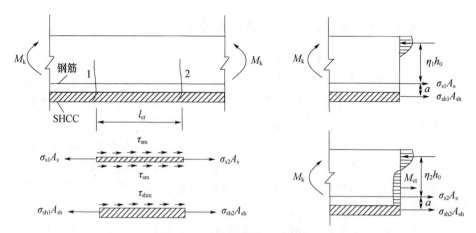

图 7-15　平均裂缝间距计算简图

由开裂截面弯矩平衡条件可得：

$$M_k = \sigma_{s1} A_s \eta_1 h_0 + \sigma_{sh1} A_{sh} (\eta_1 h_0 + a)$$

$$\Rightarrow \sigma_{s1} A_s = \frac{M_k - \sigma_{sh1} A_{sh} (\eta_1 h_0 + a)}{\eta_1 h_0} \tag{7-3}$$

由即将开裂截面弯矩平衡条件可得：

$$M_k = \sigma_{s2} A_{sh} \eta_2 h_0 + \sigma_{sh2} A_{sh} (\eta_2 h_0 + a) + M_{ct}$$

$$\Rightarrow \sigma_{s2} A_s = \frac{M_k - M_{ct} - \sigma_{sh2} A_{sh} (\eta_2 h_0 + a)}{\eta_2 h_0} \tag{7-4}$$

由两相邻裂缝截面间钢筋的平衡条件可得：

$$\sigma_{s1} A_s - \sigma_{s2} A_s = \tau_{sm} p_s l_{cr} \tag{7-5}$$

式中，p_s 为纵向受拉钢筋截面总周长。

将式（7-3）、式（7-4）代入式（7-5），可得：

$$\frac{M_k - \sigma_{sh1} A_{sh} (\eta_1 h_0 + a)}{\eta_1 h_0} - \frac{M_k - M_{ct} - \sigma_{sh2} A_{sh} (\eta_2 h_0 + a)}{\eta_2 h_0} = \tau_{sm} p_s l_{cr} \tag{7-6}$$

为简便计算，近似取 $\eta_1 \approx \eta_2$ 代入式（7-6），可得：

$$\frac{M_{ct} - (\sigma_{sh1} - \sigma_{sh2}) A_{sh} (\eta_1 h_0 + a)}{\eta_1 h_0} = \tau_{sm} p_s l_{cr} \tag{7-7}$$

由两相邻裂缝间 SHCC 修复层的平衡条件可得：

$$\sigma_{sh1} A_{sh} - \sigma_{sh2} A_{sh} = \tau_{shm} p_{sh} l_{cr} \tag{7-8}$$

式中，p_{sh} 为 SHCC 与混凝土界面的粘结宽度。

对于未修复的对比梁，式（7-7）中与 SHCC 相关的参数可按零计，则可得对比梁的表达式为：

$$\frac{M_{ct}^0}{\eta_1^0 h_0} = \tau_{sm} p_s l_{cr}^0 \tag{7-9}$$

根据 6.3.4 节可知，修复梁的开裂荷载比对比梁的提高了 $71\% \sim 120\%$，偏安全考虑，此处取修复梁的开裂弯矩为对比梁的 1.5 倍，即：

$$M_{ct} = 1.5 M_{ct}^0 \tag{7-10}$$

将式（7-8）、（7-9）、（7-10）代入式（7-7）简化后可得：

$$l_{cr} = \frac{1.5}{\frac{\eta_1}{\eta_1^0} + \frac{\tau_{shm}}{\tau_{sm}} \cdot \frac{p_{sh}}{p_s} \cdot \frac{\eta_1 h_0 + a}{\eta_1 h_0} \cdot \frac{\eta_1}{\eta_1^0}} l_{cr}^0 \tag{7-11}$$

本式表达了修复梁的理论最小裂缝间距 l_{cr} 与对比梁的理论最小裂缝间距 l_{cr}^0 之间的关系。根据现行规范，对于普通钢筋混凝土梁，平均裂缝间距可取 $l_m^0 = 1.5 l_{cr}^0$。本试验中对修复梁裂缝间距的影响因素将在下面的分析中考虑，故此处根据式（7-11）建立修复梁平均裂缝间距与对比梁平均裂缝间距的关系式为：

$$l_m = \frac{1}{\frac{\eta_1}{\eta_1^0} + \frac{\tau_{shm}}{\tau_{sm}} \cdot \frac{p_{sh}}{p_s} \cdot \frac{\eta_1 h_0 + a}{\eta_1 h_0} \cdot \frac{\eta_1}{\eta_1^0}} l_m^0 \tag{7-12}$$

研究表明，内力臂系数 η 的取值与截面形式和有效配筋率有关。本试验中采用单一 SHCC 对钢筋混凝土梁进行修复，虽然考虑 SHCC 承担了一定的拉力，相当于增加了一定量的受拉钢筋，但是与修复前的初始配筋率相比，SHCC 修复层增加的相当配筋率很小，所以内力臂系数的变化不大，为简化计算，此处取 $\eta_1^0 \approx \eta_1$。另外，考虑到一般情况下保护层厚度的设置范围和本试验中 SHCC 修复层的厚度，近似取 $(\eta_1 h_0 + a)/\eta_1 h_0 \approx 1.3$，则式（7-12）可简化为：

$$l_m = \frac{1}{1 + 1.3 \frac{\tau_{shm}}{\tau_{sm}} \cdot \frac{p_{sh}}{p_s}} l_m^0 = \frac{1}{1 + 1.3 \frac{\tau_{shm}}{\tau_{sm}} \cdot \frac{b}{\sum \pi d}} l_m^0 = \frac{1}{1 + \alpha \cdot \frac{b}{\sum d}} l_m^0 \tag{7-13}$$

式中，b 为 SHCC 与混凝土界面粘结宽度；d 为纵向受拉钢筋直径；系数 $\alpha = \frac{1.3}{\pi} \cdot \frac{\tau_{shm}}{\tau_{sm}}$，根据本书试验结果，建议取 $\alpha = 0.166$。

考虑到：①钢筋表面粗糙度对粘结力的影响；②混凝土保护层厚度与平均裂缝间距呈线性关系；③SHCC 与混凝土粘结界面粗糙度和修复层厚度对 τ_{shm} 有影响，引入界面粗糙度影响系数 μ_1 和修复层厚度影响系数 μ_2。根据试验结果对现有钢筋混凝土受弯构件的平均裂缝间距计算公式进行修正，可得 SHCC 修复钢筋混凝土受弯构件的平均裂缝间距计算表达式如式（7-14）所示：

$$l_m = \left(1.9 \frac{c}{\mu_2} + 0.08 \cdot \frac{\mu_1}{1 + \mu_2 \alpha \cdot \frac{b}{\sum d}} \cdot \frac{d_{eq}}{\rho_{te}} \right) \tag{7-14}$$

式中，ρ_{te} 为有效配筋率，$\rho_{te} = \frac{A_s + A_{sh} E_{sh}/E_s}{0.5bh}$；$\mu_1$ 为界面粗糙度影响系数，对凿毛处理界面，取为 1.0，未处理界面，取为 2.2，开槽式界面应考虑开槽间距，本书情况亦取 2.2；μ_2 为修复层厚度影响系数，根据试验结果，与修复层厚度 t_{sh} 的关系式为：$\mu_2 = 0.012 t_{sh} + 0.9$，建议采用单一 SHCC 材料进行修复时，厚度不宜超过 50mm，其余符号意义同普通钢筋混凝土受弯构件。

（2）计算模型的验证

利用式（7-14）对试验梁的平均裂缝间距进行计算，计算结果与试验结果如表 7-5 和图 7-16 所示。很明显，除 CB-C1 差别较大外，其他试件的吻合性均较好，表明所建模型和给出的相关参数具有很好的适用性，对工程应用具有一定的指导意义。

表 7-5 平均裂缝间距计算值与实测值

构件编号	平均裂缝间距计算值 $l_{\mathrm{m},\mathrm{计}}$（mm）	平均裂缝间距实测值 $l_{\mathrm{m},\mathrm{实}}$（mm）	$l_{\mathrm{m},\mathrm{计}}/l_{\mathrm{m},\mathrm{实}}$
CB-A1	58.93	58.4	1.009
CB-A2	48.38	47.3	1.022
CB-A3	58.93	56.8	1.038
CB-B1	55.47	55.1	1.007
CB-B2	48.38	47.3	1.023
CB-B3	43.01	42.9	1.003
CB-C1	48.38	62.6	0.773
CB-E1	48.38	48.2	1.004
平均值	—	—	0.985
标准差	—	—	0.081

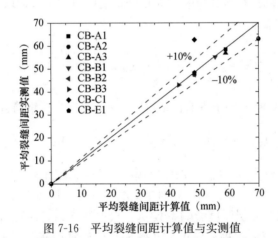

图 7-16 平均裂缝间距计算值与实测值

7.1.5 SHCC 修复钢筋混凝土梁裂缝宽度计算模型

（1）计算模型的建立

对 SHCC 修复构件，SHCC 和混凝土部分均会出现裂缝，裂缝的发展情况大相径庭。当裂缝产生后，SHCC 部分的拉力由 PVA 纤维承担，同时由于大量微细裂缝的出现，裂缝宽度的发展得到抑制。在钢筋屈服前，SHCC 中的最大裂缝宽度为 $0.07\sim0.13\mathrm{mm}$，对于粘结面进行粗糙处理，且修复层厚度不小于 25mm 的修复梁，其最大裂缝宽度均不超过 $100\mu\mathrm{m}$；而混凝土部分出现裂缝后，混凝土回缩而钢筋则不断伸长，造成裂缝不断延伸、开展，虽有 SHCC 层约束，但其裂缝宽度还是稍大于 SHCC 层。因此，仍以钢筋重心水平处的裂缝宽度作为衡量构件裂缝性能的控制指标。

裂缝宽度是构件在出现裂缝之后，两条裂缝之间受拉钢筋与相同水平处受拉混凝土伸长值之差。平均裂缝宽度可由裂缝间纵向受拉钢筋的平均伸长值与混凝土平均伸长值之差求得，即：

$$\omega_m = \varepsilon_{sm} l_m - \varepsilon_{cm} l_m = \varepsilon_{sm}\left(1 - \frac{\varepsilon_{cm}}{\varepsilon_{sm}}\right) l_m \qquad (7\text{-}15)$$

令 $\alpha_c = 1 - \dfrac{\varepsilon_{cm}}{\varepsilon_{sm}}$，并定义 $\varepsilon_{sm} = \psi \varepsilon_s = \psi \dfrac{\sigma_s}{E_s}$，则：

$$\omega_m = \alpha_c \psi \frac{\sigma_s}{E_s} l_m \qquad (7\text{-}16)$$

式中，α_c 为考虑裂缝间混凝土自身伸长对裂缝宽度的影响系数；ψ 为裂缝间纵向受拉钢筋应变不均匀系数；σ_s 为裂缝截面处纵向受拉钢筋应力；l_m 为构件平均裂缝间距，按式（7-14）计算。

设计中控制的裂缝宽度是最大裂缝宽度，对于普通混凝土受弯构件，短期荷载作用下最大裂缝宽度 ω_{max} 的计算根据平均裂缝宽度 ω_m 引入一个"扩大系数" τ_s（取为 1.66），此处对修复梁的最大裂缝宽度计算仍采用相同公式：

$$\omega_{max} = \tau_s \omega_m = \tau_s \alpha_c \psi \frac{\sigma_s}{E_s} l_m \qquad (7\text{-}17)$$

根据本书试验统计结果，此处"扩大系数" τ_s 取为 1.5。

（2）参数分析

1）裂缝截面处纵向受拉钢筋应力 σ_s

修复梁裂缝截面处应力分布情况如图 7-17 所示，在分析过程中，采用如下假定：①平截面假定；②受拉区混凝土不参与受力；③钢筋未屈服；④考虑 SHCC 的受拉作用。

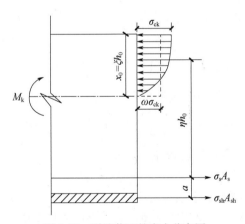

图 7-17　裂缝截面的应力分布图

由截面平衡条件可得：

$$M_k = \sigma_s A_s \cdot \eta h_0 + \sigma_{sh} A_{sh} \cdot (\eta h_0 + a) \qquad (7\text{-}18)$$

即

$$\sigma_s = \frac{M_k - \sigma_{sh} A_{sh} \cdot (\eta h_0 + a)}{A_s \eta h_0} = \frac{k_1 M_k}{A_s \eta h_0} \qquad (7\text{-}19)$$

式中，η 为内力臂系数，根据试验结果，此处仍取为 0.87；k_1 为 SHCC 修复层影响系数，$k_1 = 1 - \dfrac{\sigma_{sh} A_{sh} (\eta h_0 + a)}{M_k}$，根据试验结果，取为 0.85。

2）钢筋应变不均匀系数 ψ

开裂截面处，受拉区混凝土退出工作，而裂缝间的混凝土仍与钢筋一起共同受拉，因此钢筋应变沿构件长度分布不均匀，开裂截面处应变最大，离开裂截面越远，混凝土参与受拉的程度越大，钢筋应变越小。根据 ψ 的定义，其表达式为：

$$\psi = \frac{\varepsilon_{sm}}{\varepsilon_s} = \frac{\sigma_{sm}}{\sigma_s} \tag{7-20}$$

式中，ε_{sm}，σ_{sm} 分别为平均裂缝间距范围内的平均应变和平均应力；ε_s，σ_s 分别为开裂截面处的钢筋应变和钢筋应力。

定义 $l_m/2$ 截面处的钢筋应力 σ_{s2} 与 σ_{sm} 之间的关系为 $\sigma_{sm} = S_1 \sigma_{s2}$，则式（7-20）可改写为：

$$\psi = S_1 \frac{\sigma_{s2}}{\sigma_s} \tag{7-21}$$

式中，S_1 为系数，σ_{s2} 可根据该截面处的平衡条件求得。该截面为 $l_m/2$ 截面处，此时尚未开裂，受拉区边缘混凝土的拉应力还未达到 f_{tk}，为便于分析，此处暂取为 f_{tk}，则由平衡条件可得：

$$M_k = \sigma_{s2} A_s \cdot \eta_2 h_0 + \sigma_{sh2} A_{sh} \cdot (\eta_2 h_0 + a) + M_{ct} \tag{7-22}$$

式中，σ_{sh2} 为即将开裂截面 SHCC 的拉应力；M_{ct} 为即将开裂截面混凝土承受的弯矩。

则钢筋应力 σ_{s2} 可表达为：

$$\sigma_{s2} = \frac{M_k - \sigma_{sh2} A_{sh} \cdot (\eta_2 h_0 + a) - M_{ct}}{A_s \eta_2 h_0} = \frac{k_2 M_k - M_{ct}}{A_s \eta_2 h_0} \tag{7-23}$$

式中，k_2 为修复层影响系数，$k_2 = 1 - \dfrac{\sigma_{sh2} A_{sh} (\eta_2 h_0 + a)}{M_k}$。

将式（7-19）和式（7-23）代入式（7-21），并近似取 $\eta_2 = \eta$，整理可得：

$$\psi = S_1 \frac{k_2 M_k - M_{ct}}{k_1 M_k} = S_1 \frac{k_2}{k_1} - S_1 \frac{M_{ct}}{k_1 M_k} \tag{7-24}$$

根据即将开裂截面的弯矩平衡条件，可得：

$$M_{ct} = A_{te} f_{tk} \cdot \eta_3 h \tag{7-25}$$

其中，A_{te} 为有效受拉混凝土截面面积，对于矩形截面，$A_{te} = 0.5bh$；$\eta_3 h$ 为受压区混凝土压应力合力中心至受拉区混凝土拉应力合力中心的距离。

近似取 $k_2/k_1 = 1$，其他情况同普通混凝土受弯构件一样，考虑到混凝土收缩的不利影响及将 $l_m/2$ 截面处拉区混凝土的应力取为 f_{tk} 等因素，将 M_{ct} 乘以降低系数 0.8，并近似取 $\eta_3/\eta = 0.67$，$h/h_0 = 1.1$，$S_1 = 1.1$，则 ψ 可近似表达为：

$$\psi = 1.1 - 0.65 \frac{f_{tk}}{\rho_{te} \sigma_s} \tag{7-26}$$

7.1.6 模型的验证

各修复梁在钢筋屈服前的实测裂缝宽度与采用本书计算模型所得的裂缝宽度对比结

果分别如图 7-18～图 7-25 所示。可以看出，本书给出的计算模型能够很好地预测该类构件在正常使用阶段的裂缝宽度。

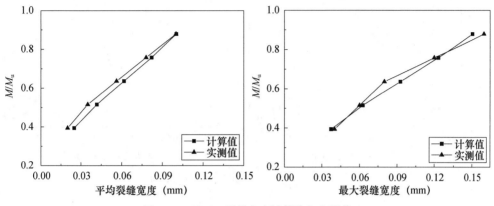

图 7-18　CB-A1 裂缝宽度计算值与实测值

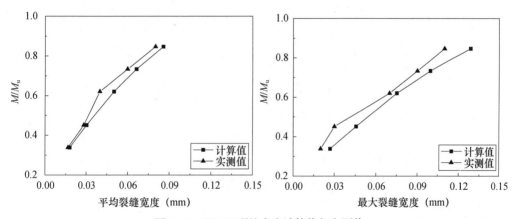

图 7-19　CB-A2 裂缝宽度计算值与实测值

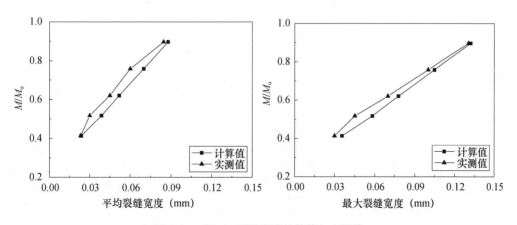

图 7-20　CB-A3 裂缝宽度计算值与实测值

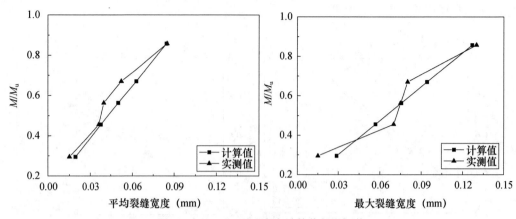

图 7-21　CB-B1 裂缝宽度计算值与实测值

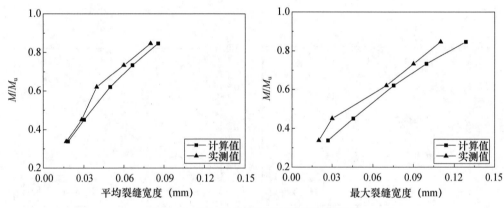

图 7-22　CB-B2 裂缝宽度计算值与实测值

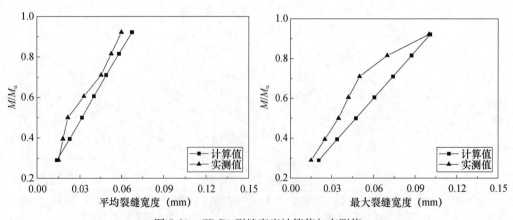

图 7-23　CB-B3 裂缝宽度计算值与实测值

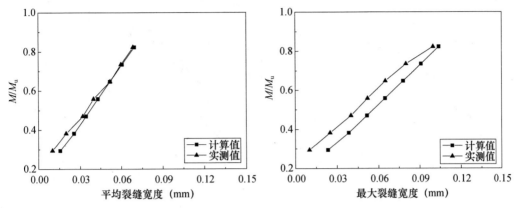

图 7-24　CB-C1 裂缝宽度计算值与实测值对比

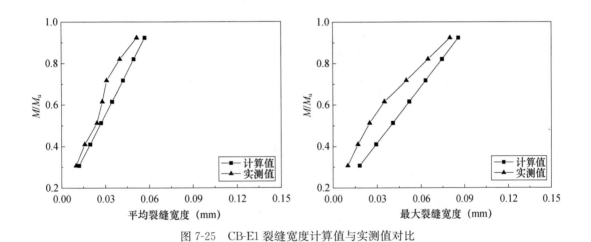

图 7-25　CB-E1 裂缝宽度计算值与实测值对比

7.2　SHCC 修复钢筋混凝土梁的变形研究

7.2.1　界面粗糙度、修复层厚度、混凝土强度对试验梁荷载-挠度曲线的影响

通过 SHCC 修复钢筋混凝土梁抗弯性能试验获得各试验梁荷载-跨中挠度曲线（详见 6.3 节），不同影响参数下各试验梁的荷载-挠度对比图如图 7-26 所示。

界面粗糙度对试验梁荷载-跨中挠度曲线的影响如图 7-26（a）所示。从图中可以看出，相同荷载下，修复梁 CB-A1、CB-A2 和 CB-A3 的挠度均小于对比梁 CB-A0，说明截面刚度都高于对比梁。随着界面粗糙度的增加，CB-A2 比 CB-A1 的截面刚度明显增大，尤其是构件开裂后的阶段，这说明界面粗糙度较大时，修复层对上层混凝土裂缝的发展起到较强的抑制作用，从而使其刚度明显增大。CB-A3 的界面由于开槽，对截面有一定程度的削弱，因此其刚度略高于对比梁，两者曲线较为接近，如表 7-6 所示。

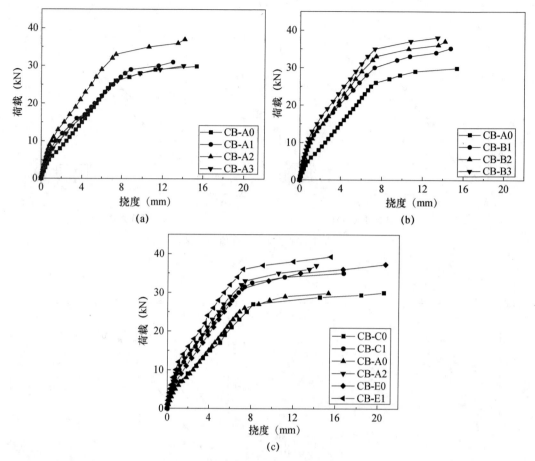

图 7-26　各试验梁荷载-跨中挠度曲线对比图

（a）界面粗糙度的影响；（b）修复层厚度的影响；（c）混凝土强度的影响

表 7-6　界面粗糙度对试验梁跨中挠度的影响

荷载	CB-A0	CB-A1	CB-A2	CB-A3
5kN	0.786/100%	0.548/69.7%	0.376/47.8%	0.573/72.9%
15kN	3.973/100%	3.041/76.5%	2.26/56.9%	3.456/87.0%
25kN	6.906/100%	7.125/103.2%	4.916/71.2%	7.104/102.9%
30kN	15.332/100%	11.555/75.4%	6.338/41.3%	14.051/91.6%
35kN	—		10.583	—

注：①15kN、15kN 和 25kN 分别为对比梁屈服荷载的 19.2%、57.7% 和 96.2%。②30kN 为对比梁的极限荷载；"—"表示超过极限荷载而无法测到。③挠度单位为 mm。④百分数是与对比梁的挠度相比较。下同。

SHCC 修复层厚度对试验梁荷载-跨中挠度曲线的影响如图 7-26（b）所示。从图中可以看出，修复梁 CB-B1、CB-B2 和 CB-B3 的截面刚度均高于对比梁 CB-A0。开裂前修复梁各曲线基本重合，开裂后的曲线逐渐分出不同，说明 SHCC 修复层厚度对开裂荷载的影响不大，开裂之后，修复层厚度越大，截面刚度的提高也相应越大，如表 7-7 所示。

表 7-7　SHCC 修复层厚度对试验梁跨中挠度的影响

荷载	CB-A0	CB-B1	CB-B2	CB-B3
5kN	0.786/100%	0.363/46.2%	0.376/47.8%	0.339/43.1%
15kN	3.973/100%	2.215/55.8%	2.26/56.9%	1.658/41.7%
25kN	6.906/100%	5.467/79.2%	4.916/71.2%	4.276/61.9%
30kN	15.332/100%	7.238/47.2%	6.338/41.3%	5.692/37.1%
35kN	—	14.711	10.583	7.273

　　混凝土强度对试验梁荷载-跨中挠度曲线的影响如图 7-26（c）所示。从图中可以看出，各混凝土强度修复梁的截面刚度均高于对比梁。混凝土强度较低时，修复梁截面刚度的增加更为明显，说明采用单一 SHCC 对一般强度构件进行修复时，可有效提高其截面刚度，如表 7-8 所示。

表 7-8　混凝土强度对试验梁跨中挠度的影响

荷载	CB-C0	CB-C1	CB-A0	CB-A2	CB-E0	CB-E1
5kN	0.606 /100%	0.392 /64.7%	0.786 /100%	0.376 /47.8%	0.418 /100%	0.282 /67.5%
15kN	4.112 /100%	2.412 /58.7%	3.973 /100%	2.260 /56.9%	2.880 /100%	1.757 /61.0%
25kN	7.570 /100%	5.150 /68.0%	6.906 /100%	4.916 /71.2%	5.443 /100%	4.122 /75.7%
30kN	20.57 /100%	6.805 /33.1%	15.332 /100%	6.338 /41.3%	6.813 /100%	5.429 /79.7%
35kN	—	16.753	—	10.583	12.662 /100%	6.947 /54.9%
37kN	—	—	—	14.159	20.712 /100%	9.092 /43.9%

7.2.2　修复梁截面刚度变化规律

　　从图 7-26 可以看出，SHCC 修复梁的正截面抗弯刚度变化过程与普通钢筋混凝土梁十分相似，分为三个阶段：

　　第 I 阶段，加载初期至混凝土开裂。此阶段中，修复梁荷载-跨中挠度曲线基本呈直线，截面刚度保持不变。但直线斜率比普通混凝土梁大，即修复梁的刚度比普通混凝土梁的刚度高。这是因为本阶段梁受力比较小，个别截面处 SHCC 虽有开裂，但因为纤维的桥联作用，裂缝宽度都不超过 $20\mu m$，并且混凝土和钢筋均处于弹性阶段。所以截面整体上表现出较好的弹性性质，只是 SHCC 的存在及其约束力使得截面的弹性性质较对比梁更充分，所以刚度更大。

　　第 II 阶段，混凝土开裂至受拉钢筋屈服。受拉区混凝土开裂时，修复梁荷载-跨中挠度曲线上出现一个明显的拐点，曲线斜率减小，但其刚度比对比梁的刚度大。这是因为混凝土中裂缝的扩展趋势受到 SHCC 的约束。此阶段 SHCC 中有大量微细裂缝出现，由于纤维的桥联作用，SHCC 中的裂缝宽度发展缓慢，始终小于普通混凝土裂缝。而修复梁中混凝土的裂缝数量也较对比梁增多，裂缝宽度的增长受到一定限制，因而使截面刚度稍高，表明 SHCC 的存在很好地抑制了修复梁裂缝的延伸和扩展。

第Ⅲ阶段，钢筋屈服至极限状态。纵向受力钢筋屈服时，修复梁荷载-跨中挠度曲线上又出现了一个明显的拐点，曲线斜率又一次减小，截面刚度进一步下降，直到极限状态。从整体上看，此阶段修复梁刚度较对比梁的刚度没有明显提高。这是因为钢筋屈服后，位于受拉区最外部的 SHCC 中拉力突然增大，致使跨中附近裂缝宽度突然增加而形成主裂缝。此时 SHCC 对混凝土的约束力减小，混凝土中裂缝迅速开展。接近极限荷载时，个别梁还在主裂缝周围发生界面剥离，从而使混凝土受压高度迅速减小导致刚度迅速退化。

7.2.3　SHCC 修复钢筋混凝土梁的抗弯刚度计算模型

混凝土梁截面抗弯刚度有短期刚度与长期刚度两个概念，区别是长期刚度考虑荷载长期效应，根据试验情况，本节所涉及的刚度为短期刚度。由于混凝土的开裂，混凝土梁截面抗弯刚度随荷载增大而减小。而且，截面抗弯刚度沿梁体纵向分布不均匀，纯弯区刚度较小，剪跨区刚度略大。研究表明，可近似按纯弯区平均截面抗弯刚度简化考虑整个梁体的抗弯刚度。钢筋混凝土梁刚度计算的基本方法可以分为曲率法与等效刚度法两种。曲率法通过引入纵向受拉钢筋应变不均匀系数考虑受拉区混凝土参与工作，而等效刚度法采用分配比系数考虑受拉区混凝土参与作用。我国《混凝土结构设计规范（2015 年版）》（GB 50010—2010）推荐公式采用的是曲率法。根据规范规定，钢筋混凝土矩形截面受弯构件的短期刚度 B_s 可按式（7-27）计算。

$$B_s = \frac{E_s A_s h_0^2}{\dfrac{\psi}{\eta} + 0.2 + 6\alpha_E \rho} \tag{7-27}$$

式中，ψ 为裂缝间纵向受拉钢筋应变不均匀系数；η 为内力臂系数，取为 0.87；E_s 为钢筋弹性模量；α_E 为钢筋弹性模量与混凝土弹性模量的比值，即 E_s/E_c，E_c 为混凝土弹性模量；h_0 为截面有效高度；ρ 为纵向受拉钢筋配筋率：对钢筋混凝土受弯构件，取为 $A_s/(bh_0)$。

由上述内容可知，SHCC 修复钢筋混凝土梁的截面刚度发展规律与普通混凝土梁类似，因此按曲率法对修复梁的抗弯刚度进行计算。

（1）平均曲率

试验结果表明：修复梁在正常使用阶段，截面平均应变符合平截面假定。则截面的平均曲率 φ_m，如图 7-27 所示，可以表示为

$$\varphi_m = \frac{1}{r_m} = \frac{\varepsilon_{sm} + \varepsilon_{cm}}{h_0} \tag{7-28}$$

从而有

$$B_s = \frac{M_k}{\varphi_m} = \frac{M_k}{1/r_m} = \frac{M_k h_0}{\varepsilon_{sm} + \varepsilon_{cm}} \tag{7-29}$$

式中，r_m 为平均中和轴的平均曲率半径；ε_{sm} 为纵向受拉钢筋重心处的平均拉应变；ε_{cm} 为受压区边缘混凝土的平均压应变；ε_{shm} 为 SHCC 修复层重心处的平均拉应变；h_0 为截面有效高度；M_k 为梁的弯矩；B_s 为受弯构件的短期刚度。

（2）平衡条件

由 SHCC 直接拉伸试验结果可知，SHCC 开裂后，其拉应力并不会立即下降，而是出现应变硬化现象。因此修复梁中 SHCC 开裂后，由于 PVA 纤维的桥联作用，SHCC 仍可继续承受拉应力；混凝土开裂后，其裂缝的发展虽受到 SHCC 的约束，但考虑约束情况的有限及计算的简便，此处依然忽略受拉区混凝土的受拉作用。由此，裂缝截面的应力分布如图 7-28 所示。

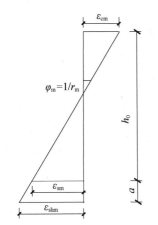

图 7-27　梁纯弯段内各截面应变

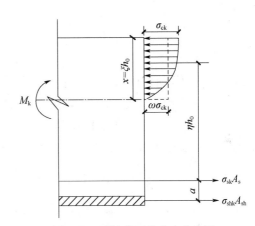

图 7-28　裂缝截面的应力分布图

建立平衡方程如下：

$$M_k = \omega\sigma_{ck} \cdot \xi h_0 b \cdot \eta h_0 + \sigma_{shk}A_{sh} \cdot a \tag{7-30}$$

$$M_k = \sigma_{sk}A_s \cdot \eta h_0 + \sigma_{shk}A_{sh} \cdot (\eta h_0 + a) \tag{7-31}$$

式中，ω 为受压区压应力图形丰满程度系数；η 为内力臂系数；ξ 为相对受压区高度，$\xi = x/h_0$；σ_{ck} 为受压区混凝土边缘的压应力；σ_{sk} 为受拉钢筋的拉应力；A_s 为受拉钢筋计算截面面积；A_{sh} 为 SHCC 修复层计算截面面积；a 为受拉钢筋重心处至 SHCC 修复层重心处的距离。

由式（7-30）整理可得

$$\sigma_{ck} = \frac{M_k - \sigma_{shk}A_{sh} \cdot a}{\eta\omega\xi h_0^2 b} \tag{7-32}$$

由式（7-31）整理可得

$$\sigma_{sk} = \frac{M_k - \sigma_{shk}A_{sh} \cdot (\eta h_0 + a)}{\eta A_s h_0} \tag{7-33}$$

（3）平均应变

梁在受力的第 Ⅱ 阶段时，由于受压区混凝土的塑性变形，裂缝截面的压应力呈曲线分布，设受压区边缘混凝土压应变不均匀系数为 ψ_c，计算中采用混凝土的变形模量 $E_c' = \lambda E_c$（λ 为混凝土的弹性系数），则

$$\varepsilon_{cm} = \psi_c \varepsilon_{ck} = \psi_c \frac{\sigma_{ck}}{\lambda E_c} = \frac{\psi_c}{\eta} \cdot \frac{M_k - \sigma_{shk} A_{sh} \cdot a}{\omega \lambda \xi h_0^2 b E_c} \tag{7-34}$$

梁在使用阶段（第Ⅱ阶段）纵向钢筋尚未屈服，其平均应力-应变关系符合弹性规律；考虑裂缝间纵向受拉钢筋重心处的拉应变不均匀系数 ψ，可得裂缝间纵向钢筋的平均应变 ε_{sm} 为

$$\varepsilon_{sm} = \psi \varepsilon_{sk} = \psi \frac{\sigma_{sk}}{E_s} = \frac{\psi}{\eta} \cdot \frac{M_k - \sigma_{shk} A_{sh} \cdot (\eta h_0 + a)}{A_s h_0 E_s} \tag{7-35}$$

（4）修复梁短期刚度 B_s 基本公式

将式（7-34）和式（7-35）代入式（7-29），并尽量与普通钢筋混凝土梁的短期刚度公式保持一致，可得

$$B_s = \frac{M_k h_0}{\varepsilon_{sm} + \varepsilon_{cm}} = \frac{E_s A_s h_0^2}{\zeta_1 \cdot \dfrac{\psi}{\eta} + \zeta_2 \cdot \dfrac{\alpha_E \rho}{\zeta}} \tag{7-36}$$

式中，α_E 为钢筋与混凝土的弹性模量比，$\alpha_E = E_s / E_c$；ρ 为纵向受拉钢筋的配筋率，$\rho = A_s / b h_0$；ψ 为钢筋应变不均匀系数，按规范取 $\psi = 1.1 - 0.65 f_{tk} / \rho_{te} \sigma_{sk}$；$\rho_{te}$ 按有效受拉混凝土截面面积计算的纵向受拉钢筋配筋率；当截面为矩形时，$\rho_{te} = A_s / 0.5 bh$；$\alpha_E \rho / \zeta$ 根据规范，对矩形截面为 $0.2 + 6\alpha_E \rho$；ζ_1、ζ_2 分别为 SHCC 修复层对刚度的影响系数，其中 $\zeta_1 = 1 - \dfrac{\sigma_{shk} A_{sh} (\eta h_0 + a)}{M_k}$，$\zeta_2 = 1 - \dfrac{\sigma_{shk} A_{sh} a}{M_k}$。

对于普通钢筋混凝土梁，内力臂系数 η 值为 0.83～0.93，近似取其平均值 $\eta = 0.87$，根据本书对修复梁试验的结果，单一的 SHCC 修复层开裂后，对 η 值的影响有限，另外考虑到计算的简便，此处依然取 $\eta = 0.87$ 或 $1/\eta = 1.15$。

系数 ζ_1、ζ_2 由试验结果统计得到。钢筋混凝土梁采用 SHCC 修复后，极限承载力有所提高，根据试验结果，修复梁的正常使用阶段（即 SHCC 发挥作用的主要阶段）仍可认为是从受拉区混凝土开裂到受拉纵筋屈服，所以取各试验梁荷载-挠度曲线上从混凝土开裂至钢筋屈服时的试验值进行统计分析，可得 ζ_1、ζ_2 的表达式分别为

$$\zeta_1 = \beta (-0.0021 t_{sh} + 0.1763) M_k \times 10^{-6} - 0.25 \tag{7-37}$$

式中，t_{sh} 为 SHCC 修复层厚度（mm），采用单一 SHCC 进行修复时，建议厚度为 25～50mm；β 为界面粗糙度影响系数，建议取值：界面不进行粗糙处理时，取为 1.67；界面进行粗糙处理时，取为 1；界面进行开槽处理时，取为 2。

$$\zeta_2 = -0.005 t_{sh} + 0.975 \tag{7-38}$$

将各参数表达式代入式（7-36），可得 SHCC 修复梁的短期刚度计算公式为

$$B_s = \frac{E_s A_s h_0^2}{\beta \left[(-0.021 t_{sh} + 0.1763) M_k \times 10^{-6} - 0.25 \right] \cdot 1.15 \psi + (-0.005 t_{sh} + 0.975) \cdot (0.2 + 6\alpha_E \rho)} \tag{7-39}$$

7.2.4　模型的验证

根据力学知识，跨间等间距布置两个相等的集中荷载下的最大挠度在梁的跨中，其计算公式为

$$f_{max} = \frac{6.81P_k l^3}{384B_s}$$ (7-40)

式中，f_{max} 为梁跨中的最大挠度，mm；P_k 为荷载标准值，kN；l 为梁跨度，mm。

将式（7-27）和（7-39）分别代入式（7-40）可得到各试验梁在各级荷载下的跨中挠度理论值，其与实测值的对比图如图 7-29～图 7-39 所示。很明显，理论计算值与实测值基本一致，表明所建立的计算公式计算精度非常高。

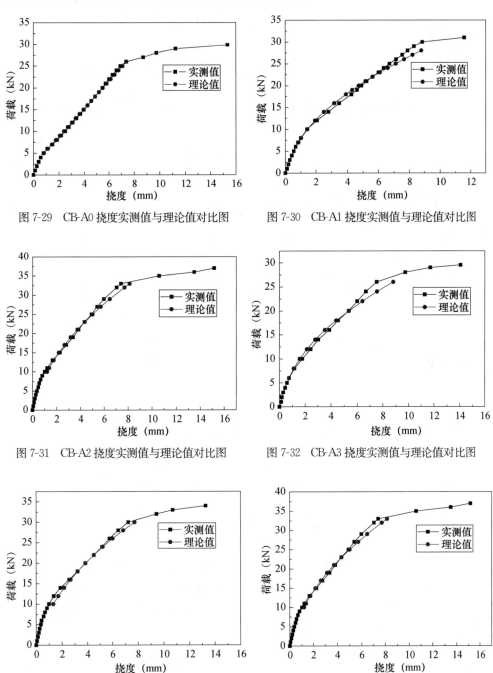

图 7-29　CB-A0 挠度实测值与理论值对比图　　图 7-30　CB-A1 挠度实测值与理论值对比图

图 7-31　CB-A2 挠度实测值与理论值对比图　　图 7-32　CB-A3 挠度实测值与理论值对比图

图 7-33　CB-B1 挠度实测值与理论值对比图　　图 7-34　CB-B2 挠度实测值与理论值对比图

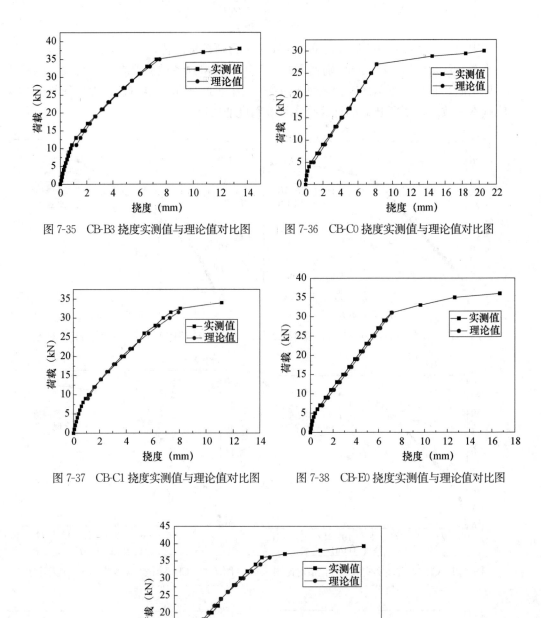

图 7-35 CB-B3 挠度实测值与理论值对比图　　图 7-36 CB-C0 挠度实测值与理论值对比图

图 7-37 CB-C1 挠度实测值与理论值对比图　　图 7-38 CB-E0 挠度实测值与理论值对比图

图 7-39 CB-E1 挠度实测值与理论值对比图

第8章 持续荷载作用下 SHCC 修复钢筋混凝土梁裂缝与变形性能

目前，国内外已开展 SHCC 修复加固混凝土构件的相关研究[190-193]，但是这些研究主要是针对短期荷载作用时的开裂强度、承载力、截面弯曲刚度、裂缝宽度等，对于 SHCC 修复构件在持续荷载作用下的研究还比较少，而实际工程是受长期荷载作用的，所以有必要开展持续荷载下 SHCC 修复构件的性能。针对上述问题，通过对持续荷载作用下 SHCC 修复钢筋混凝土梁四点弯曲试验，研究了修复梁裂缝和变形的时变规律，为其实际工程应用提供理论依据。

8.1 试验方案

1. 试件设计

设计 8 根钢筋混凝土矩形截面适筋梁，包括 1 根未修复的普通钢筋混凝土对比梁，1 根用于修复后不加载的约束收缩对比梁，6 根待修复的试验梁。截面尺寸均为 120mm× 200mm，试件长度均为 2000mm，跨度为 1800mm，采用 C30 混凝土；纵向受拉钢筋为 2⌀14；架立筋为 2φ8；在弯剪段设置φ6@100，纯弯段不设置箍筋；钢筋保护层厚度为 20mm，如图 8-1 所示。

混凝土梁在试验前 6 个月制作完成，根据相关研究，混凝土成型 3 个月后可完成大部分收缩，因此本试验中混凝土性能已基本稳定，可看作既有混凝土构件。根据第 7 章研究结果可知，粘结面粗糙度、修复层厚度、加载时修复材料的龄期等参数是影响修复效果的重要因素[194]。因此，本试验主要以这 3 个参数为变量开展试验。各修复梁的修复长度相同，与两端支座间的净距一致，宽度同梁宽；界面类型分别为Ⅰ（平均灌砂深度约 0mm），Ⅱ（平均灌砂深度约 2.5mm）；修复层厚度分别为 15mm、25mm、35mm、45mm；加载时间为 SHCC 7d 龄期和 28d 龄期两种情况；试验梁试验参数如表 8-1 所示。

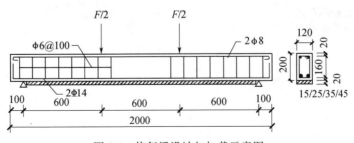

图 8-1　修复梁设计与加载示意图

表 8-1　修复梁试验参数

构件编号	界面类型（平均灌砂深度）（mm）	修复层厚度（mm）	SHCC 修复钢筋混凝土龄期（d）
RCB-A0	—	—	
RCB-A1	Ⅰ（0）	25	
RCB-A2	Ⅱ（2.72）	25	
RCB-B1	Ⅱ（2.66）	15	
RCB-B2	Ⅱ（2.72）	25	28
RCB-B3	Ⅱ（2.63）	35	
RCB-B4	Ⅱ（2.96）	45	
RCB-C1	Ⅱ（2.63）	25	7
RCB-C2	Ⅱ（2.72）	25	28
RCB-D	Ⅱ（3）	25	—

注：① A 组变量为粘结面粗糙度，B 组变量为修复层厚度，C 组变量为修复材料龄期，其中 RCB-A2、RCB-B2、RCB-C2 为同一根梁。RCB-D 为修复后不加载的约束收缩对比梁；②粗糙度：Ⅰ型：仅用钢丝刷刷毛混凝土梁待修复表面，除去表面浮浆。Ⅱ型：考虑到梁截面尺寸较小，人工凿毛易使粘结面损坏，所以在混凝土入模 2h 后在拟修复范围内随意插入最大粒径为 25mm 的石子，8h 后拔出石子形成具有较大粗糙度的表面（平均灌砂深度约为 2.77mm），如图 8-2 所示。

2. 材料性能

（1）混凝土

混凝土所用材料为 P·O 42.5 级普通硅酸盐水泥；最大粒径为 5mm 的河砂；5～25mm 连续级配碎石；自来水。混凝土 28d 抗压强度实测值为 37.47MPa。

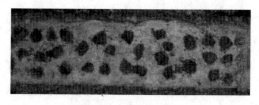

图 8-2　Ⅱ型粘结面

（2）SHCC

SHCC 配合比如表 6-1 所示，7d 和 28d 单轴拉伸应力-应变曲线如图 8-3 所示，抗拉性能参数如表 8-2 所示。

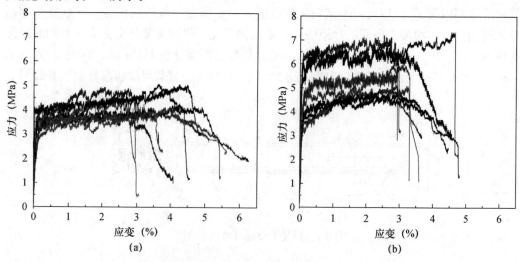

图 8-3　不同龄期 SHCC 单轴拉伸应力-应变曲线

(a) 7d；(b) 28d

表 8-2 SHCC 单轴抗拉性能参数

龄期（d）	f_t（MPa）	ε_t（%）	E_t（GPa）	f_{tu}（MPa）	ε_{tu}（%）
7	1.984	0.017	12.041	4.293	3.574
28	3.588	0.023	15.401	5.920	3.161

注：f_t 为开裂应力，ε_t 为开裂应变，E_t 为拉伸弹性模量，f_{tu} 为抗拉强度，ε_{tu} 为极限拉应力。

（3）纵向受拉钢筋

纵向受拉钢筋采用 2ϕ14，其力学性能参数实测值如表 8-3 所示。

表 8-3 受拉钢筋性能测试结果

规格	直径实测值 d（mm）	屈服强度 f_y（MPa）	抗拉强度 f_u（MPa）	伸长率 δ（%）
ϕ14	14.1	511.15	621.53	19.13

3.试件制作

（1）浇筑钢筋混凝土梁

按设计尺寸制作浇筑混凝土梁，同时预留（100×100×100）mm³ 的混凝土立方体试块，拆模后覆盖塑料薄膜，在室内进行定期洒水养护 28d 后置于自然条件下待用。

（2）混凝土表面处理

混凝土梁浇筑完成 6 个月后，收缩基本完成，进行待修复表面的粗糙处理，Ⅰ型面采用钢丝刷刷毛，Ⅱ型面在浇筑时已处理。采用灌砂法测试粘结面粗糙度。

（3）浇筑 SHCC 修复层

浇筑过程同 6.3 节，成型后的修复梁如图 8-4 所示。

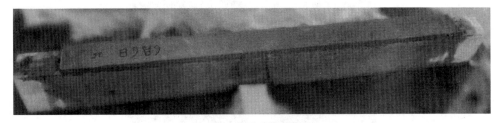

图 8-4 成型后的修复梁

4.加载方案

采用悬挂重物法进行加载：直接在加载点悬挂重物、以重力施加稳定荷载，如图 8-5 和图 8-6 所示。在正式加载前称量重物、钢绞线、垫块、钢筋网的质量，然后对试件进行试压以确保百分表正常工作。将重物置于钢筋网上，用钢绞线配合吊车、液压车分级将重物吊在试验梁上部三分点处。施加第一级荷载时将重物放在液压车上，然后升高液压车，将钢绞线上下端固定在相应位置并保持钢绞线松弛，缓慢降低液压车高度以便尽可能稳定连续地施加荷载至重物离开液压车，随后撤离液压车；从二级荷载后使用吊车和人力加载，加载过程中务必缓慢并保持装置的稳定性和操作人员的安全。加载过程中严格按照《混凝土结构试验方法标准》（GB/T 50152—2012）中 5.2.10 条对重物的要求和堆放原则进行加载。加载等级约为持续荷载值的 10%，在裂缝出现前后及临近持续荷载值时适当加密加载等级，约为持续荷载值的 5%，每级荷载稳定后测定所需数据，直至预定荷载值为止。

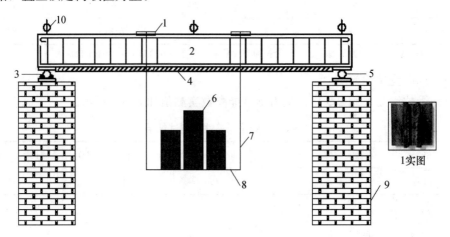

图 8-5　试验加载装置示意图

1—钢垫板；2—试验梁；3—固定支座；4—SHCC；5—滚动支座；
6—重物（铸铁）；7—钢绞线；8—钢筋网；9—砖墩；10—百分表

图 8-6　实际加载图

5. 持续荷载值的确定

根据《混凝土结构设计规范（2015 年版）》（GB 50010—2010）[195]，在一般环境条件下，普通钢筋混凝土结构构件允许的最大裂缝宽度为 0.2mm。本次试验的目的主要考虑长期荷载效应的影响，根据文献［196］，普通钢筋混凝土梁在长期荷载作用下最大裂缝宽度的扩大系数平均值为 1.66，所以取对比梁在短期荷载作用下最大裂缝宽度达到 0.12mm 时对应的荷载值作为持续荷载值。通过既有混凝土梁的正截面受弯承载力试验测出极限荷载平均值 F（69.62kN），受拉钢筋形心位置处的最大裂缝宽度达到 0.12mm 时的荷载值 $F_{0.12}$（19.37kN）即持续荷载参考值。

6. 测量内容

（1）挠度测量

在梁跨中和两支座处各安放一块百分表，如图 8-7 所示，跨中的实际挠度等于跨中所测位移值减掉两端支座位移值的平均值。

（2）应变测量

用电阻应变片测量混凝土和 SHCC 的应变，如图 8-7 所示。混凝土应变片于跨中截面沿高度等间距布置 5 片；SHCC 层在跨中截面和加载点底部布置 3 片；钢筋应变测点在两根受拉钢筋的跨中位置处，两侧各布置 1 片。

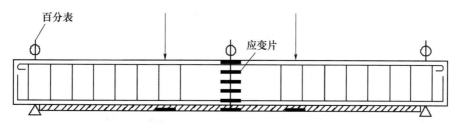

图 8-7　百分表及应变片布置示意图

（3）裂缝测量

试验前先将构件两侧混凝土部分表面刷白，画成 5cm×5cm 的方格网以便观察、记录裂缝。①裂缝发展过程的观测：裂缝的出现以目测为主，并借助放大镜、手电筒仔细观察，结合挠度和应变的变化来确定；裂缝出现后通过放大镜来观察并记录各位置处裂缝的扩展情况，包括裂缝的形态、扩展速度及走势。②裂缝宽度的测量：每级荷载稳定后，利用 DJCK-2 智能裂缝测宽仪测量混凝土及 SHCC 层上能观测到的裂缝宽度；混凝土裂缝宽度取钢筋形心位置处的裂缝宽度进行测量。由于装置的复杂性，SHCC 底面裂缝不易观察和测量，所以只对侧面裂缝进行测量，测量位置在纯弯段内梁侧面 1/2SHCC 高度处，取所有裂缝宽度的平均值作为裂缝平均宽度，本级荷载作用下裂缝宽度最大值作为最大裂缝宽度。③裂缝间距的测量：钢筋形心位置高度处侧面裂缝间水平距离作为混凝土裂缝间距，无特别指明裂缝条数指的是纯弯段两侧面裂缝数量的和，不计次生裂缝和未经过钢筋形心位置处的裂缝；1/2SHCC 高度处的裂缝间水平距离作为 SHCC 层裂缝间距。每级荷载稳定后，测量混凝土和 SHCC 层裂缝的间距，取每级荷载作用下的间距最大值作为最大间距，所有间距的平均值作为本级荷载下的平均间距。

7. 试验过程

持续加载时间为 5 个月。试验期间环境条件：温度 11.9～32.9℃，相对湿度 35.9%～92.6%，温湿度曲线如图 8-8 和图 8-9 所示。试验过程分为短期加载阶段（图 8-10）和持续加载阶段（图 8-11）。对于短期加载阶段，每级荷载稳定后分别对挠度、裂缝宽度测量一次。对于后期持续加载阶段中挠度和裂缝宽度的测量，第 1 个月每 2 天测量一次，第 2 个月每 4 天测量一次，之后每周测量一次。

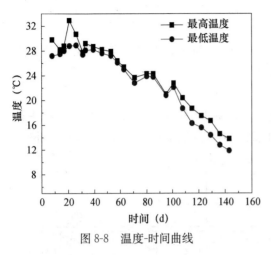

图 8-8 温度-时间曲线

图 8-9 相对湿度-时间曲线

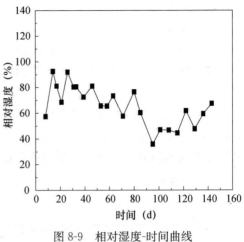

图 8-10 短期加载阶段

图 8-11 持续加载阶段

8.2 试验结果及分析

8.2.1 试验现象

（1）对比梁

短期加载阶段：对比梁从荷载为 0 加载至最大裂缝宽度为 0.12mm，该过程为短期加载阶段。加载至 6kN 时混凝土开裂，A 面出现 1 条裂缝，宽度约 0.05mm，高 60mm，距跨中右侧 180mm，B 面出现 2 条裂缝，高度均为 30mm，未到达钢筋形心位置处，位于跨中两侧 230mm、200mm 处。随着荷载增加，不断出现新的裂缝，已有裂缝也有不同程度地延伸。加至 11kN 时，两侧面纯弯段内共有 6 条裂缝，最大裂缝宽度为 0.08mm，平均裂缝宽度为 0.054mm，裂缝最高为 70mm。荷载加至 19kN 时，B 面有一条裂缝的宽度最大且首次达到预期裂缝宽度 0.12mm，停止加载进入持载加载阶段，即 19kN 为所有试验梁所承担的持续荷载值。稳定后，两侧面共出现 8 条裂缝，最大裂缝宽度 0.12mm，平均裂缝宽度 0.081mm，裂缝最高延伸 100mm，最大间距

190mm，平均间距 124.2mm。挠度为 1.662mm。持续加载阶段：当对比梁最大裂缝宽度达到 0.12mm 后保持荷载不变，进入持续加载阶段。试验结束时已持续加载 5 个月，大部分变形已经完成，裂缝宽度和挠度仍在缓慢增长但基本趋于稳定。在前 2 个月裂缝扩展和变形增加较明显，最大裂缝宽度可达到稳定值的 90%，挠度可达到终值的 88%。3 个月之后裂缝形态和变形趋于稳定。试验结束时最大裂缝宽度 0.21mm，平均裂缝宽度 0.138mm，挠度为 3.221mm。由于荷载水平较低，在持载过程中仍会有新的裂缝出现，裂缝间距也随之变化。加载后新裂缝的出现大多集中在前 3 个月（第 5d、35d、63d、95d），其中有些能上升至钢筋形心位置处，有些始终位于该位置下方。最终新增 5 条裂缝，其中 2 条经钢筋形心位置处，试验结束时最大间距 150mm，平均间距为 110.7mm。加载后主要是前 3 个月（第 5d、8d、12d、27d、39d、95d）发现部分裂缝有不同程度地升高，上升高度从 10mm 到 70mm 不等，也有些裂缝顶端出现分叉或次生水平缝、斜裂缝，试验结束时裂缝最高延伸 170mm。

（2）修复梁

试验前提前将梁两侧表面刷白、粘贴应变片，24d 龄期时发现不同情形的修复梁中 SHCC 表面均出现许多垂直梁长度方向的收缩裂缝，如图 8-12 所示，从侧面观察可以发现有一些裂缝从粘结面贯通至表面，26d 龄期时发现 SHCC 表面裂缝不仅数量增多，并且呈现出龟裂状（图 8-13），无法计数，宽度约 0.02mm。根据文献［197］可知，50μm 以内的裂缝对于耐久性、抗渗性无害，可称为"无缝混凝土"。

图 8-12　SHCC 收缩裂缝　　　　　图 8-13　SHCC 表面龟裂

由于试验现象相似，此处以 RCB-B2 为例进行描述。修复梁 RCB-B2 粘结面是 Ⅱ 型，平均灌砂深度为 2.72mm，SHCC 厚度为 25mm（表 8-1）。加载前，SHCC 全长范围内两侧面共有 51 条裂缝，平均间距为 41.7mm，1/3 跨中范围内侧面贯通至粘结面的收缩裂缝中，A 面有 7 条，平均间距为 45.8mm，B 面有 8 条，平均间距为 43.3mm，均为 20μm 左右的微细裂缝。

短期加载阶段：加载至 11kN 时，SHCC 层新增 2 条裂缝，分别位于跨中两侧 10mm、5mm 位置处，最大裂缝宽度为 0.05mm。加载至 12kN 时，混凝土开裂，A 面出现 2 条裂缝，分别距跨中左侧 250mm、80mm，高度分别为 15mm（未到钢筋形心位置处）、55mm，宽度 0.03mm，B 面混凝土没有开裂。SHCC 层共出现 17 条裂缝，最大裂缝宽度为 0.06mm，平均裂缝宽度为 0.025mm。随着荷载逐渐增大，混凝土部分和 SHCC 修复层均不断产生新裂缝，且已有裂缝宽度不断扩展，部分混凝土裂缝逐渐向上延伸。加载至 19kN 时达到预定荷载水平，进入稳定持载状态，此级荷载稳定后，混凝土部分纯弯段内共有 13 条裂缝，最大裂缝宽度 0.09mm，平均裂缝宽度 0.062mm，最高裂缝 75mm，最大间距 170mm，平均间距 86.5mm。SHCC 层共出现 31 条裂缝，最大裂缝宽度为 0.08mm，平均裂缝宽度为 0.036mm，平均间距 38.7mm。跨中挠度为 1.198mm。

持续加载阶段：和对比梁相似，裂缝扩展和挠曲变形在前 2 个月变化显著，混凝土部分和 SHCC 修复层最大裂缝宽度均可达到稳定值的 93%，挠度可达终值的 92%，3 个月以后趋于稳定。试验结束时混凝土最大裂缝宽度和平均裂缝宽度分别为 0.14mm、0.118mm，SHCC 层最大裂缝宽度和平均裂缝宽度分别增长至 0.14mm、0.088mm，跨中挠度增长至 2.272mm；对于混凝土部分，在加载后前 3 个月内（第 5d、12d、20d、66d、71d）有新裂缝出现共计 8 条，或从混凝土底端产生或从中间开裂，有些裂缝和下部 SHCC 层的裂缝相通，有些裂缝和 SHCC 层的裂缝没有直接关系，其中只有 2 条到达钢筋形心位置处，试验结束时最大间距为 150mm，平均间距为 70.3mm。同样在前 3 个月内（第 5d、8d、46d、71d）部分裂缝有不同程度地向上延伸，高度从 10mm 到 50mm 不等，裂缝最高 150mm。对于 SHCC 修复层中的弯曲裂缝，只有在第 1 个月内（第 12d、10d、20d）出现新裂缝共计 7 条，试验结束时平均裂缝间距 31.2mm。对于纯弯段粘结面，加载后第 21d 发现 B 面跨中附近出现第 1 条水平粘结裂缝，长 40mm，宽度为 0.05mm，10d 后延长至 75mm。之后主要在前 2 个月（第 27d、31d、35d、46d、66d）有新的粘结裂缝产生，共计 8 条，长度从 10mm 到 85mm 不等，所有的粘结裂缝中最大裂缝宽度为 0.12mm，裂缝最长 100mm；对于弯剪段粘结面，加载后第 16d 时两端 4 个面均出现开裂，均位于修复层端部临近支座位置处，长度分别为 80mm、50mm、55mm、135mm，最大宽度为 0.05mm。之后主要在前 3 个月内（第 23d、39d、49d、66d、71d）有新的粘结裂缝产生共计 10 条。在前 3 个月内（第 23d、27d、31d、39d、66d、71d）部分已有裂缝沿粘结面向跨中延伸，延伸长度从 15mm 到 32mm 不等，最长裂缝长度为 165mm，试验结束时最大裂缝宽度为 0.13mm。

综上所述，所有试验梁在前 2 个月内裂缝扩展和变形增加速度较快，最大裂缝宽度和挠度可达到稳定值的 90% 左右；混凝土部分的新生裂缝大多集中在前 3 个月内出现，而 SHCC 层内的新生裂缝大多集中在第 1 个月内，且 SHCC 层内新生裂缝数量较多但宽度较小；与对比梁相比，修复梁中混凝土裂缝向上延伸高度有所降低；加载完成后 1 个月内，所有修复梁均出现粘结面开裂，随时间延长，裂缝宽度有所增加；3 个月之后裂缝形态和挠曲变形逐渐趋于稳定。

8.2.2　钢筋及混凝土应变分析

（1）截面应变分布

各试验梁跨中截面沿高度方向上的平均应变如图 8-14 所示，平均应变与高度近似呈线性关系，符合平截面假定。表明 SHCC 与混凝土梁粘结较好，可以将混凝土梁和 SHCC 修复层视为整体，在后面的计算分析过程中采用平截面假定。

（2）荷载-应变关系

由于加载至对比梁最大裂缝宽度到达 0.12mm 时停止，钢筋未屈服，荷载-应变曲线图只有前一部分（图 8-15）。从纵向受拉钢筋的荷载-应变图中可以明显看出，由于修复层的存在，推迟了混凝土的开裂，初裂荷载有不同程度地提高。各修复梁曲线在混凝土开裂后斜率下降的程度均低于对比梁，表明相同荷载增量作用下，修复梁的钢筋应变增加与对比梁相比速度缓慢一些。顶面受压混凝土的荷载-应变曲线也有类似的规律。混凝土开裂前，顶面混凝土压应变与荷载呈线性增加，开裂后斜率下降，所有的修复梁斜率下降程度都低于对比梁，说明 SHCC 对混凝土裂缝延伸起到明显的约束作用。

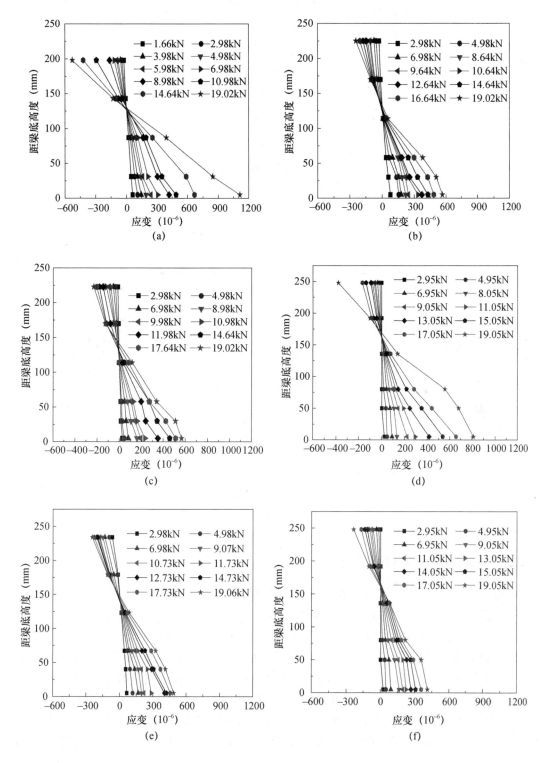

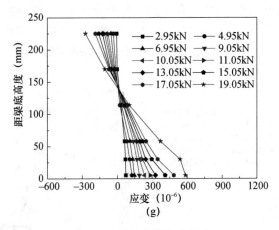

图 8-14　沿梁高的应变分布

（a）RCB-A0；（b）RCB-A1；（c）RCB-A2；
（d）RCB-B1；（e）RCB-B3；（f）RCB-B4；（g）RCB-C1

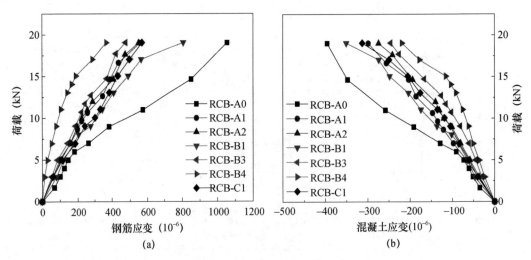

图 8-15　修复梁荷载-应变曲线

（a）钢筋荷载-应变曲线；（b）混凝土荷载-应变曲线

8.2.3　开裂荷载影响因素分析

　　因为 SHCC 开裂时由于纤维的瞬时桥联作用，开裂处 SHCC 应变并无明显变化，而且裂缝的存在对内部受拉钢筋的影响较大，而混凝土作为保护层其开裂荷载相对更重要、影响更直接，所以，仍取受拉区混凝土开裂时的荷载作为修复梁的开裂荷载。

　　各修复梁开裂荷载如图 8-16 所示。从图中可以看出，修复梁的开裂荷载与对比梁相比提高了 51.3%～151.7%。表明 SHCC 层的存在可以有效提高修复构件的开裂荷载。其他条件都相同时，修复层越厚，梁截面面积越大，混凝土底部拉应力越小，开裂荷载越大。界面粗糙度越大，SHCC 与混凝土的界面粘结强度越大，对混凝土部分的约束作用也越大，开裂荷载越大。SHCC 材料龄期越长，水化越充分，SHCC 与混凝土的粘结能力越强，对混凝土部分的约束作用也越大，开裂荷载越大。

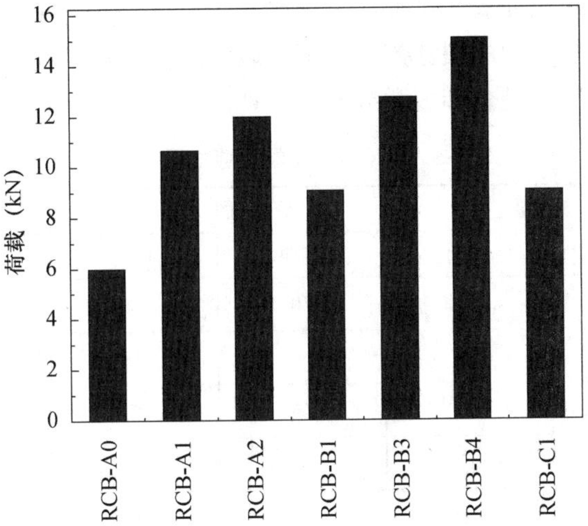

图 8-16　开裂荷载对比图

8.3　持续荷载作用下 SHCC 修复钢筋混凝土梁裂缝研究

8.3.1　裂缝间距

1. 混凝土裂缝间距

由于荷载水平较低，所有试验梁在持续加载阶段（主要是前 3 个月）仍有新裂缝产生，所以平均裂缝间距处于动态变化中。短期加载阶段和持续加载阶段混凝土部分的裂缝数量与间距如表 8-4 所示。可以看出，裂缝发展稳定以后，所有修复梁的裂缝数量均多于对比梁、裂缝间距均小于对比梁、修复梁中新生裂缝数量较多。

表 8-4　混凝土裂缝数量与间距

构件编号	裂缝数量		最大间距（mm）		平均间距（mm）	
	短期	长期	短期	长期	短期	长期（与对比梁相比减小百分比）
RCB-A0	8	10	190	150	124.2	110.7（0%）
RCB-B1	9	14	185	160	113.7	87.5（21.0%）
RCB-B2	13	15	170	150	86.5	70.3（36.5%）
RCB-B3	16	19	155	150	76.4	60.6（45.3%）
RCB-B4	4	15	280	130	190.3	51.9（53.1%）
RCB-A1	11	14	200	145	91.3	74.7（32.5%）
RCB-C1	13	14	180	150	94.6	78.1（29.4%）

2. SHCC 修复层裂缝间距

在持续荷载作用期间，所有修复梁的修复层均出现新裂缝，几乎 90% 的新裂缝在第1个月内出现，3个月后裂缝形态发展趋于稳定。短期加载阶段和持续加载阶段 SHCC 层裂缝数量与间距如表 8-5 所示。对比表 8-4 与表 8-5 可以看出，与混凝土中的裂缝相比，SHCC 修复层中的裂缝数量更多、裂缝间距大幅减小。这主要归功于 SHCC 在拉伸荷载作用下的应变硬化和多微缝开裂特性。

表 8-5　SHCC 修复层裂缝数量与间距

构件编号	裂缝数量		最大间距（mm）		平均间距（mm）	
	短期	长期	短期	长期	短期	长期
RCB-B1	18	25	70	55	65.4	45.3
RCB-B2	31	38	50	45	38.7	31.2
RCB-B3	34	39	45	45	35.4	30.6
RCB-B4	33	42	40	35	27.7	25.4
RCB-A1	11	18	95	75	81.7	61.7
RCB-C1	35	39	45	40	36.7	33.1

8.3.2　裂缝宽度时变曲线影响因素分析

1. 混凝土裂缝宽度

各试验梁混凝土中的最大裂缝宽度如表 8-6 所示，裂缝宽度时变曲线如图 8-17～图 8-19所示。（1）修复梁的裂缝宽度增长规律和对比梁的相似，前 2 个月内所有试验梁的裂缝宽度增长速度较快，3 个月以后基本趋于稳定。（2）在前 50d 内修复梁的平均裂缝宽度增长速度低于对比梁。（3）在持续荷载作用下 SHCC 层的存在可以有效抑制混凝土裂缝的开展，各修复梁的最大裂缝宽度均小于对比梁，且未超过 0.2mm，满足耐久性要求。

表 8-6　各试验梁短期加载与持续加载情况下最大裂缝宽度实测值

梁类型	构件编号	w_{max}^s（mm）	w_{max}^l（mm）	w_{max}^l/w_{max}^s
对比梁	RCB-A0	0.12	0.21	1.75
修复梁	RBC-B1	0.11	0.17	1.55
	RCB-B2	0.09	0.14	1.56
	RCB-B3	0.08	0.12	1.50
	RCB-B4	0.06	0.09	1.50
	RCB-A1	0.10	0.17	1.70
	RCB-C1	0.11	0.18	1.64
平均值				1.58

注：w_{max}^s短期最大裂缝宽度，w_{max}^l长期最大裂缝宽度。

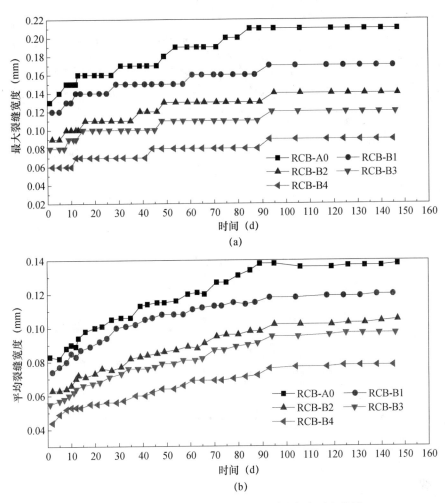

图 8-17　不同 SHCC 厚度时混凝土裂缝宽度时变曲线

（a）最大裂缝宽度；（b）平均裂缝宽度

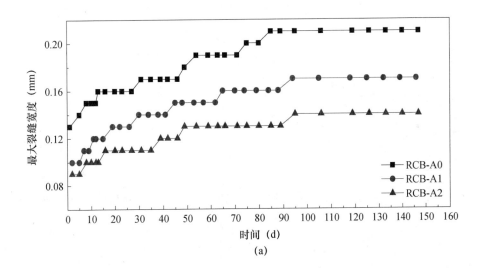

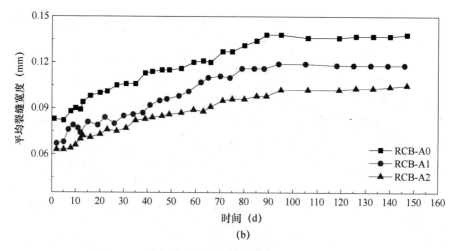

(b)

图 8-18　不同界面粗糙度时混凝土裂缝宽度时变曲线

（a）最大裂缝宽度；（b）平均裂缝宽度

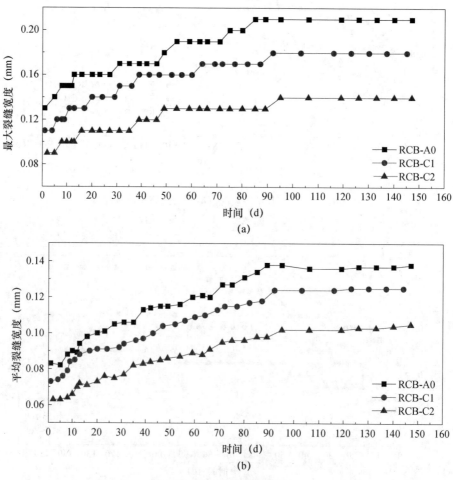

图 8-19　SHCC 龄期不同时混凝土裂缝宽度时变曲线

（a）最大裂缝宽度；（b）平均裂缝宽度

在持续荷载作用下，修复梁混凝土部分的最大裂缝宽度与平均裂缝宽度均小于对比梁，SHCC 层的存在可以有效抑制混凝土裂缝的开展。修复梁 RCB-B1～RCB-B4、RCB-A1、RCB-C1 的混凝土最大裂缝宽度扩大系数（长期最大裂缝宽度/短期最大裂缝宽度）依次为 1.55、1.56、1.5、1.5、1.70、1.64，平均值为 1.58（表 8-6）；而对比梁的最大裂缝宽度扩大系数为 1.75。根据文献[196]中普通钢筋混凝土梁在长期荷载作用下最大裂缝宽度扩大系数平均值为 1.66，文献[198]中普通钢筋混凝土梁最大裂缝宽度扩大系数为 2，文献[199]中最大裂缝宽度扩大系数为 1.8。由此可判断，用 SHCC 修复钢筋混凝土梁的最大裂缝发展程度与普通钢筋混凝土梁相比有所降低。

根据混凝土裂缝研究结果，影响混凝土收缩徐变的因素都可以影响裂缝的发展。与普通钢筋混凝土梁不同的是，修复梁只比前者底部多一层 SHCC 材料，所以在持续荷载作用过程中，除了混凝土的收缩徐变会引起裂缝宽度的变化外，SHCC 的收缩徐变也是影响裂缝宽度发生变化的重要因素。从收缩的角度来看，由于老混凝土的收缩基本完成，界面处 SHCC 的收缩受到老混凝土的约束作用而受拉，由力的相互作用可知界面处混凝土受压，与混凝土开裂后收缩会引起裂缝宽度增大。不同的是 SHCC 的收缩没有使混凝土的裂缝增大，反而起到抑制混凝土裂缝扩展的作用。从徐变的角度来看，由于 SHCC 的存在，增大了构件的截面面积，SHCC 与混凝土、钢筋共同参与受力，相同外荷载作用下，受压区混凝土的初始压应力减小，徐变程度降低[200]，钢筋应力增大程度降低，因而混凝土裂缝扩展程度降低。然而，SHCC 在拉伸作用下也具有徐变的特性，且 SHCC 中不含粗骨料，除了材料内部胶凝体的黏性流动较大造成变形增大外，SHCC 随时间的延长其内部纤维滑移、拔出也可导致裂缝宽度增大，对混凝土裂缝的扩展起促进作用。但是由文献[201]中拉伸徐变与收缩的对比试验可知，收缩仍然占据主导地位。因此在收缩和徐变的综合作用下，修复梁的裂缝扩展程度与普通钢筋混凝土梁相比有所降低。

2. SHCC 修复层裂缝宽度

SHCC 层的最大裂缝宽度、平均裂缝宽度及其混凝土裂缝宽度如表 8-7 所示。在同一根修复梁中，SHCC 层中的最大裂缝宽度与混凝土比较接近，而平均裂缝宽度明显小于混凝土。SHCC 层中的裂缝宽度时变曲线如图 8-20 所示。（1）修复梁 SHCC 层裂缝扩展速度与混凝土裂缝相似，前 2 个月内裂缝扩展速度较快，3 个月以后趋于稳定。（2）所有修复梁 SHCC 层中的最大裂缝宽度均小于 0.19mm，平均裂缝宽度不超过 0.113mm，表明 SHCC 层的裂缝宽度能够满足结构构件对耐久性的要求。

表 8-7　SHCC 最大裂缝宽度、平均裂缝宽度与混凝土裂缝宽度

构件编号	短期加载阶段				持续加载阶段			
	最大裂缝宽度（mm）		平均裂缝宽度（mm）		最大裂缝宽度（mm）		平均裂缝宽度（mm）	
	混凝土	SHCC	混凝土	SHCC	混凝土	SHCC	混凝土	SHCC
RBC-B1	0.11	0.10	0.074	0.043	0.17	0.16	0.12	0.093
RCB-B2	0.09	0.09	0.062	0.036	0.14	0.14	0.105	0.088
RCB-B3	0.08	0.07	0.054	0.031	0.12	0.13	0.097	0.079

续表

构件编号	短期加载阶段				持续加载阶段			
	最大裂缝宽度（mm）		平均裂缝宽度（mm）		最大裂缝宽度（mm）		平均裂缝宽度（mm）	
	混凝土	SHCC	混凝土	SHCC	混凝土	SHCC	混凝土	SHCC
RCB-B4	0.06	0.05	0.043	0.028	0.09	0.10	0.078	0.075
RCB-A1	0.10	0.10	0.067	0.044	0.17	0.16	0.118	0.099
RCB-C1	0.11	0.12	0.072	0.047	0.18	0.19	0.125	0.113

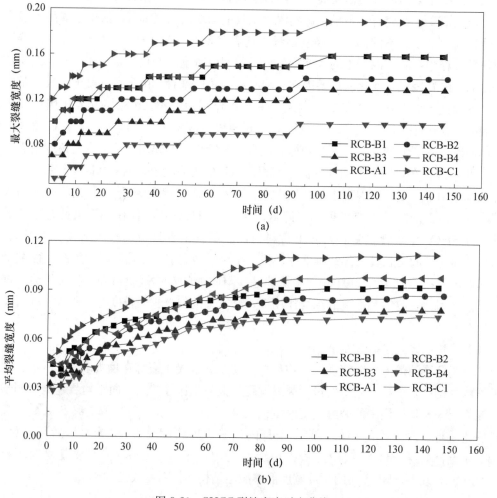

图 8-20　SHCC 裂缝宽度时变曲线

（a）SHCC 最大裂缝宽度；（b）SHCC 平均裂缝宽度

8.3.3　纯弯段内水平粘结裂缝宽度时变曲线影响因素分析

各修复梁纯弯段内水平粘结裂缝出现时间及最大裂缝宽度如表 8-8 所示。纯弯段内最大水平粘结裂缝宽度时变曲线如图 8-21 所示。可以看出：（1）在加载完成后的 5～25d 内，各修复梁纯弯段内均出现水平粘结裂缝，长度范围 15～60mm。（2）随着时间的延长，不断有新裂缝出现，裂缝宽度逐渐增大，长度沿粘结面有所延伸。3 个月后裂缝形态基本保持稳定，粘结裂缝长度 25～100mm，裂缝分布较分散，且没有出现贯通裂缝（即没有出现明显分层剥离现象），最大裂缝宽度不超过 0.2mm，满足耐久性要求。（3）修复层厚度相同时，粘结面粗糙度较小的 RCB-A1 和龄期较短的 RCB-C1 的粘结裂缝出现时间较早、最大裂缝宽度值较大，这是由于粘结面粗糙度小、SHCC 龄期较短时对混凝土的约束作用较小引起的。（4）SHCC 厚度不同的修复梁的最大水平粘结裂缝宽度之间并无明显规律。

表 8-8　纯弯段内水平粘结裂缝出现时间与最大裂缝宽度

构件编号	出现时间（d）	初值（mm）	终值（mm）
RCB-B1	5	0.03	0.04
RCB-B2	20	0.05	0.12
RCB-B3	20	0.05	0.12
RCB-B4	25	0.08	0.09
RCB-A1	12	0.05	0.13
RCB-C1	6	0.08	0.19

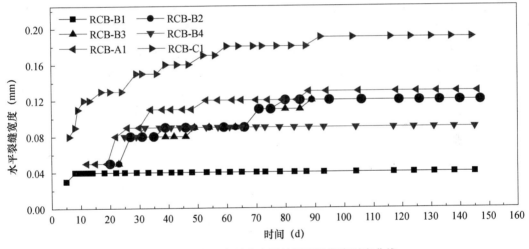

图 8-21　纯弯段内最大水平粘结裂缝宽度时变曲线

8.3.4　持续荷载作用下纯弯段内粘结开裂机理

粘结面过渡区由于晶体粗大，更多、更大的孔隙导致界面粘结强度低、易开裂，使得界面区域成为薄弱环节[202]，其抗拉、抗剪性能与整体混凝土相比均有所降低。修复构件在受力过程中，除了修复材料与老混凝土不同步的收缩变形与温度变形在粘结面产生拉、剪应力外，还常常处于拉剪和压剪复合受力状态中[203]。当垂直于粘结面的拉应力较大时粘结面会发生张拉破坏，当平行于粘结面的剪应力较大时，修复层与老混凝土会发生水平错动的剪切破坏，或者两种情况同时存在[204-205]。

由于修复层与老混凝土收缩的不同步、温湿变形，在外荷载施加之前，粘结面就存在剪应力与拉应力。观察与 RCB-B2 相同条件的未加载约束收缩对比梁 RCB-D，SHCC 修复层的收缩在老混凝土的约束作用下可产生粘结裂缝，另外混凝土部分的弯曲裂缝同样会引起粘结开裂[206]。混凝土开裂前，其与 SHCC 粘结良好且共同工作、变形协调；当混凝土开裂并未达到钢筋位置时，混凝土裂缝截面处的 SHCC 吸收混凝土开裂释放的能量，而 SHCC 具有较高的耗能能力，从而发生内力重分布；当混凝土裂缝宽度增大时，其释放的能量被钢筋和 SHCC 吸收，当 SHCC 吸收的能量超过开裂所需的能量时，SHCC 通过多条裂缝开裂的变形形式来吸收这些能量，两者仍然能够变形协调；当混凝土裂缝宽度扩展较大时，SHCC 与混凝土的变形出现较大差异，裂缝两侧的混凝土回缩的过程中会受到 SHCC 的约束，导致界面剪应力增大但仍不足以使粘结面出现裂缝；在混凝土的裂缝宽度随时间逐渐增长的过程中，SHCC 与混凝土的变形差异也逐渐增大，粘结剪应力逐渐增大，同时由于构件的变形，界面上存在粘结正应力。另外，在持续荷载作用下，随时间延长粘结面的粘结性能会下降[207,208]，当在剪应力和粘结正应力的耦合作用下超过界面粘结强度时，出现水平粘结裂缝；水平粘结裂缝延伸一段距离之后，裂缝尖端释放的能量逐渐减小，当小于裂缝开展所需要的能量时，裂缝停止向前发展[209]。

在短期荷载作用下，由于荷载水平较低，各修复梁均没有出现粘结裂缝，而在持续加载过程中陆续出现。这可能是因为持续加载过程中，由于混凝土与 SHCC 的收缩徐变作用，变形随时间逐渐增大，从而引发混凝土裂缝宽度增大，两者之间的相对变形增大，相对变形差异增大到一定程度时产生了粘结裂缝。

统计所有纯弯段内的最大粘结裂缝宽度与临近的混凝土裂缝宽度之间的关系，如图 8-22 所示。可以发现，粘结裂缝的宽度与临近混凝土裂缝的宽度大致正相关，临近的混凝土裂缝宽度越大，水平粘结裂缝宽度也越大。这可能是因为混凝土裂缝宽度越大，混凝土与 SHCC 之间的相对变形差越大，截面转动越大，相对竖向位移也越大。

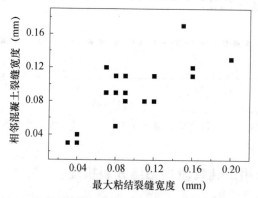

图 8-22 最大粘结裂缝宽度与相邻混凝土裂缝宽度的关系

由以上试验结果可以看出，在持续荷载作用下，SHCC 作为修复材料，不仅可以有效抑制上部混凝土裂缝的扩展，其自身的裂缝宽度也可以控制在较低的水平。虽然粘结面有开裂，但是开展长度较短、裂缝宽度较小且没有贯通，没有出现明显分层剥离破坏现象。因此采用 SHCC 作为修复层，能够克服采用传统水泥基材料进行修复的缺陷，可有效提高修复构件的耐久性。

8.4　持续荷载作用下 SHCC 修复钢筋混凝土梁的变形研究

8.4.1　短期加载下试验梁荷载-挠度曲线影响因素分析

短期加载过程中各试验梁荷载-挠度曲线如图 8-23～图 8-25 所示。从图中可以看出，相同荷载作用下，所有修复梁的挠度均小于对比梁。开裂前对比梁和修复梁的挠度相差较小，但开裂后与修复梁的挠度差距增大，详见表 8-9～表 8-11。表明 SHCC 对于混凝土开裂后构件刚度的提升更明显。这是因为 SHCC 层的超高韧性对混凝土裂缝扩展起到约束作用，所以刚度降低程度与对比梁相比明显减小。

SHCC 修复层厚度对试验梁荷载-挠度曲线的影响如图 8-23 所示。结合表 8-9 可以看出，相同荷载作用下，SHCC 层越厚，修复梁挠度越小。这是因为 SHCC 层越厚梁截面面积越大，所以截面抗弯刚度越大。SHCC 层越厚，其对上层混凝土裂缝扩展起到的约束作用越明显，所以抗弯刚度越大、挠度越小。

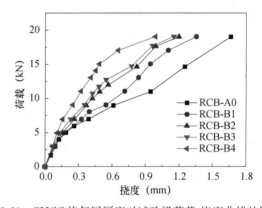

图 8-23　SHCC 修复层厚度对试验梁荷载-挠度曲线的影响

表 8-9　SHCC 层修复层厚度对试验梁跨中挠度的影响

荷载 (kN)	RCB-A0	RCB-B1		RCB-B2		RCB-B3		RCB-B4	
	挠度 (mm)	挠度 (mm)	降低百分比 (%)	挠度 (mm)	降低百分比 (%)	挠度 (mm)	降低百分比 (%)	挠度 (mm)	降低百分比 (%)
5	0.188	0.169	10.40	0.156	17.05	0.133	29.29	0.107	43.34
9	0.611	0.544	10.96	0.369	39.60	0.352	42.46	0.248	59.41
15	1.252	0.945	24.52	0.822	34.35	0.774	38.16	0.485	61.26
19	1.662	1.355	18.47	1.198	27.92	1.153	30.63	0.989	40.49

界面粗糙度对修复梁荷载-挠度曲线的影响如图 8-24 所示。结合表 8-10 可以看出，界面粗糙度较大的修复梁的挠度更低，表明截面抗弯刚度更大。这是因为界面粗糙度较大时，两者之间接触面积较大，粘结更充分，对混凝土开裂及扩展的限制作用更明显，从而使抗弯刚度越大、挠度越小。

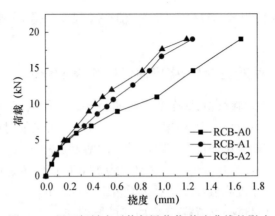

图 8-24　界面粗糙度对修复梁荷载-挠度曲线的影响

表 8-10　界面粗糙度对试验梁跨中挠度的影响

荷载 (kN)	RCB-A0	RCB-A1		RCB-A2	
	挠度（mm）	挠度（mm）	降低百分比（%）	挠度（mm）	降低百分比（%）
5	0.188	0.171	9.07	0.156	17.05
9	0.611	0.442	27.65	0.369	39.60
15	1.252	0.884	29.39	0.822	34.35
19	1.662	1.248	24.91	1.198	27.92

　　SHCC 修复层龄期对试验梁荷载-挠度曲线的影响如图 8-25 所示。结合表 8-11 可以看出，SHCC 龄期较长的 RCB-C2 的挠度更小，表明截面抗弯刚度更大。这是因为 SHCC 龄期越长水化越彻底，内部越致密，强度越高，与混凝土的粘结强度更高，对混凝土中裂缝的扩展起到的约束作用更大，所以挠度更小。

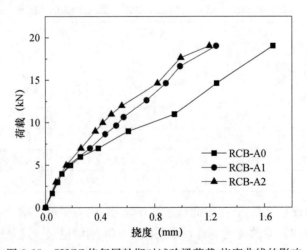

图 8-25　SHCC 修复层龄期对试验梁荷载-挠度曲线的影响

表 8-11　SHCC 修复层龄期对试验梁跨中挠度的影响

荷载 (kN)	RCB-A0	RCB-C1		RCB-C2	
	挠度（mm）	挠度（mm）	降低百分比（%）	挠度（mm）	降低百分比（%）
5	0.188	0.175	6.94	0.156	17.05
9	0.611	0.454	25.77	0.369	39.60
15	1.252	0.961	23.24	0.822	34.35
19	1.662	1.253	24.61	1.198	27.92

8.4.2　修复梁截面弯曲刚度变化规律

构件的变形与其刚度密切相关，因此研究构件刚度对研究其变形非常重要。从图 8-23～图 8-25 可以看出，修复梁的截面抗弯刚度变化规律与普通钢筋混凝土梁类似，由于本试验未加载至钢筋屈服，因此只有前两个阶段。

第 Ⅰ 阶段：从开始加载至混凝土开裂，即荷载-挠度曲线上出现明显拐点之前的部分。此阶段中，修复梁截面弯曲刚度大于对比梁，且荷载与挠度基本呈线性关系，截面弯曲刚度大致不变。虽然有部分 SHCC 已开裂，但是由于纤维桥联作用，裂缝宽度很小（小于 $20\mu m$），混凝土和钢筋还处于弹性变形阶段，所以荷载与变形线性相关。

第 Ⅱ 阶段：从混凝土开裂至停止加载。受拉区混凝土开裂后，挠度突然变大，荷载-挠度曲线出现明显拐点，曲线斜率降低，对比梁和修复梁的弯曲刚度均会下降，但是修复梁的弯曲刚度仍然高于对比梁。混凝土开裂后，虽然 SHCC 也已开裂，但是 SHCC 中的裂缝条数多、间距小、宽度小，裂缝间有纤维桥接，裂缝宽度发展缓慢，与开裂前相比性能并没有明显降低，对混凝土裂缝的扩展可以起到约束作用，故修复梁的抗弯刚度更大。

8.4.3　持续荷载作用下钢筋混凝土梁挠度时变规律

与裂缝宽度随时间增长规律类似，各试验梁的挠度前期增长较快，随后逐渐减慢，100d 之后基本趋于稳定，如图 8-26～图 8-28 所示。修复梁的挠度均小于对比梁，各试验梁的挠度均满足《混凝土结构设计规范（2015 年版）》（GB 50010—2010）中受弯构

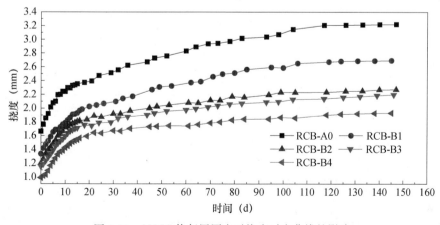

图 8-26　SHCC 修复层厚度对挠度时变曲线的影响

件的挠度限值（≤计算跨度的 1/200）。挠度增大系数 θ（长期挠度/短期挠度）如表 8-12 所示，修复梁的挠度增大系数与对比梁的挠度增大系数相比有所降低，可见 SHCC 层的存在使得修复梁的挠曲变形增长程度有所降低。

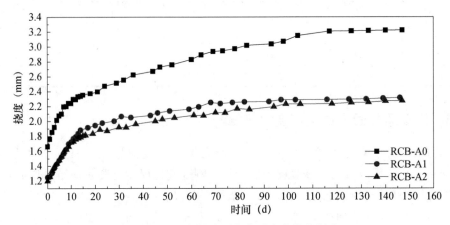

图 8-27 界面粗糙度对挠度时变曲线的影响

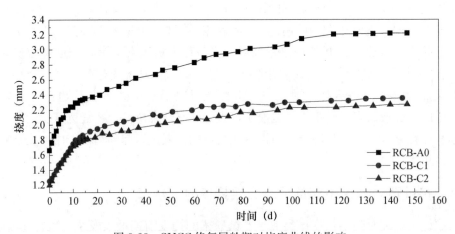

图 8-28 SHCC 修复层龄期对挠度曲线的影响

表 8-12 各试验梁短期与长期挠度

	构件编号	短期挠度（mm）	降低百分比（%）	长期挠度（mm）	降低百分比（%）	θ（长期挠度/短期挠度）
对比梁	RCB-A0	1.662	—	3.221	—	1.938
修复梁	RBC-B1	1.355	18.47	2.692	16.42	1.987
	RCB-B2	1.198	27.92	2.272	29.46	1.896
	RCB-B3	1.153	30.63	2.197	31.79	1.905
	RCB-B4	0.989	40.49	1.931	40.05	1.952
	RCB-A1	1.248	24.91	2.314	28.16	1.854
	RCB-C1	1.253	24.61	2.355	26.89	1.880
平均值	—	—	27.84	—	28.80	1.912

8.4.4　持续荷载作用下钢筋混凝土梁变形增大的原因分析

影响钢筋混凝土梁挠曲变形的因素很多，例如混凝土的抗拉强度、加载时混凝土的龄期、荷载的大小、截面配筋情形、截面尺寸等。而持续荷载作用下钢筋混凝土构件的变形会随时间不断增大，其主要原因如下：

（1）收缩与徐变

收缩与徐变是伴随着混凝土结构从施工到使用各个阶段都具有的性质，在长期持续荷载作用下，混凝土的收缩、徐变变形可达弹性变形的 3 倍。除了受压区混凝土发生徐变会导致受弯构件挠曲变形增大外，受压区混凝土塑形发展明显，压应力图形越来越接近矩形，从而使内力臂减小、钢筋应力增加，导致截面曲率增加，变形增大。如果混凝土构件截面尺寸或者配筋不对称，混凝土的收缩不一致将导致构件弯曲，从而增大挠曲变形[196,210]。

（2）裂缝

钢筋混凝土构件在持续荷载作用下的变形实质上是混凝土的自由收缩和徐变受到弹性的钢筋约束而变形协调的结果[208]。由于钢筋对混凝土自由变形的限制作用，必将引起截面内混凝土与钢筋的应力重分布，一定程度上增加了钢筋承担的拉应力，导致裂缝宽度会逐渐增加，高度不断上升，偶尔会出现次生裂缝，增加了截面曲率，降低了长期刚度，造成变形增大。

（3）弹性模量

混凝土的弹性模量主要影响受压区的变形性能，混凝土在恒定的持续荷载作用下，其有效弹性模量（混凝土的应力与应变的比值）会受到徐变的影响而随时间降低，从而导致构件刚度降低、变形增大[210]。

（4）粘结徐变

在长期持续荷载作用下，粘结徐变会使钢筋慢慢从混凝土中拔出，使得受拉区混凝土应力松弛不断退出工作、钢筋应力应变增加、或产生新裂缝，这些都会使截面曲率增加，加大变形[211]。

以上几种因素中，（2）～（4）不同程度受到徐变的影响。因此受压区混凝土的徐变是影响受弯构件挠度变化最主要的因素，因此，凡是影响混凝土徐变的因素（例如受压区钢筋的配置、加载时混凝土的龄期、所处环境的温湿度等）都会对钢筋混凝土受弯构件挠度增大有影响。

以上分析同样适合于 SHCC 修复梁在持续荷载作用下挠度随时间增长的机理，但是由于 SHCC 层的存在，两者必然存在一些不同。不同主要体现在以下几个方面：（1）由于 SHCC 中不含粗骨料，在持续拉伸过程中纤维的粘结滑移或拔出导致其徐变与混凝土相比较大；（2）SHCC 与混凝土之间的粘结面会随时间延长出现粘结性能下降[212-213]、粘结裂缝的出现；（3）SHCC 裂缝宽度的增大均会增加截面曲率、降低修复梁的刚度导致挠曲变形随时间逐渐增大；（4）由于 SHCC 层的存在，加大了截面面积，SHCC 参与了修复梁短期加载过程中的截面应力分配，降低了受压区混凝土的应力，所以降低了混凝土徐变的程度、降低了挠度增加的程度；（5）由于 SHCC 的收缩会限制上层混凝土的弯曲变形，所以在各种因素的相互作用下，与未修复梁相比，SHCC 修复梁的挠度增长幅度有所降低。

参考文献

［1］ P. K. Metha. Durability of concrete-fifty years of progress：durability of concrete ［C］. Proceeding of 2nd International Conference on Concrete Durability，1991，126（1）：1-31.

［2］ 吴中伟. 纤维增强——水泥基材料的未来. 混凝土与水泥制品 ［J］.1999（1）：5-6.

［3］ 沈荣熹，崔琦，李清海. 新型纤维增强水泥基复合材料 ［M］. 北京：中国建材工业出版社，2004.

［4］ Li V C，Leung C K Y. Steady state and multiple cracking of short random fiber composites ［J］. Journal of Engineering Mechanics，1992，188（11）：2246-2264.

［5］ 徐世烺，李贺东. 超高韧性水泥基复合材料研究进展及其工程应用 ［J］. 土木工程学报，2008，41（6）：45-60.

［6］ Liebscher M，Curosu I，Mechtcherine V，et al. High-Strength，Strain-Hardening Cement-Based Composites（HS-SHCC）Made ［C］. International Congress on Polymers in Concrete（ICPIC 2018）：Polymers for Resilient and Sustainable Concrete Infrastructure. Springer，2018：375-381.

［7］ Lu C，Leung C K Y，Pan J. The Effect of Fiber Orientation on the Mechanical Properties of SHCC ［C］. International Conference on Strain-Hardening Cement-Based Composites. Springer，Dordrecht，2017：46-54.

［8］ de Oliveira A M，de Andrade Silva F，Fairbairn E M R，et al. Coupled temperature and moisture effects on the tensile behavior of strain hardening cementitious composites（SHCC）reinforced with PVA fibers ［J］. Materials and Structures，2018，51（3）：65-77.

［9］ Li J，Qiu J，He S，et al. Micromechanics-based design of strain hardening cementitious composites（SHCC）［C］. International Conference on Strain-Hardening Cement-Based Composites. Springer，Dordrecht，2017：12-27.

［10］ Li V C. Reflections on the Research and Development of Engineered Cementitious Composites（ECC）［C］. Proceedings of the JCI international workshop on ductile fiber Reinforced Cementitious Composites，2002：91-98.

［11］ Ogura H，Nerella V N，Mechtcherine V. Developing and testing of strain-hardening cement-based composites（SHCC）in the context of 3D-printing ［J］. Materials，2018，11（8）：1375-1392.

［12］ van Zijl G P A G，de Beer L. Sprayed strain-hardening cement-based composite overlay for shear strengthening of unreinforced load-bearing masonry ［J］. Advances in Structural Engineering，2019，22（5）：1121-1135.

［13］ Li V C. On Engineered Cementitious Composites：a Review of the Material and its Applications ［J］. Journal of Advanced Concrete Technology，2003，1（3）：215-230.

［14］ 张君，公成旭，居贤春. 高韧性低收缩纤维增强水泥基复合材料特性及应用 ［J］. 水利学报，2011，42（12），1452-1461.

［15］ 施惠生，王琼. 混凝土中氯离子迁移的影响因素研究 ［J］. 建筑材料学报，2004，7（3）：286-290.

[16] Djerbi A, Bonnet S, Khelidj A, Baroghel-bouny V. Influence of traversing crack on chloride diffusion into concrete [J]. Cement & Concrete Research, 2008, 38 (6): 877-883.

[17] 张士萍, 刘加平, 董良峰. 收缩裂缝对混凝土氯离子传输的影响 [J]. 武汉理工大学学报, 2011, 33 (6): 90-93.

[18] 延永东, 金伟良, 王海龙. 饱和状态下开裂混凝土内的氯离子输运 [J]. 浙江大学学报（工学版）, 2011, 45 (12): 2127-2133.

[19] Zhang J, Li V C. Effect of inclination angle on fiber rupture load in fiber reinforced cementitious composites [J]. Composites Science and Technology, 2002, 62 (6): 775-781.

[20] Lepech M H, Li V C. Water Permeability of Engineered Cementitious Composites [J]. Cement and Concrete Composites, 2009 (31): 744-753.

[21] Sahmaran M, Li V C. Durability Properties of Micro-Cracked ECC Containing High Volumes Fly Ash [J]. Cement and Concrete Research, 2009 (39): 1033-1043.

[22] 张鹏, F. H. Wittmann, 赵铁军, 等. 高韧性 PVA-SHCC 多缝开裂后吸水特性研究 [J]. 建筑材料学报, 2011, 14 (3): 324-328.

[23] Schrofl C, Mechtcherine V, Kaestner A, et al. Transport of water through strain-hardening cement-based composite (SHCC) applied on top of cracked reinforced concrete slabs with and without hydrophobization of cracks-Investigation by neutron radiography [J]. Construction and Building Materials, 2015 (76): 70-86.

[24] Wittmann F H, Zhao T, Tian L, et al. Aspects of Durability of Strain Hardening Cement-based Composites under Imposed Strain [C]. Proceedings of the 1st RILEM International Conference on Strain Hardening Cementitious Composites, 2009: 173-179.

[25] Sahmaran M, Li V C. Influence of Micro-cracking on Water Absorption and Sorptivity of Engineered Cementitious Composites [J]. Materials and Structures, 2009, 42 (5): 593-603.

[26] Kamal A, Kunieda M, Ueda N S, et al. Evaluation of crack opening performance of a repair material with strain hardening behavior [J]. Cement and Concrete Composites, 2008 (30): 863-871.

[27] Li M, Li V C. Cracking and Healing of Engineered Cementitious Composites under Chloride Environment [J]. ACI Materials Journal, 2011, 108 (3): 333-340.

[28] van Zijl G P A G, Boshoff W P, Wagner C, et al. Introduction: Crack Distribution and Durability of SHCC [M]. A Framework for Durability Design with Strain-Hardening Cement-Based Composites (SHCC). Springer, Dordrecht, 2017: 1-26.

[29] Boshoff W P, Adendorff C J. Modeling SHCC cracking for durability [C]. Fracture and Damage of Advanced Fiber-Reinforced Cement-Based Materials, 2010: 195-202.

[30] Wang Penggang, Wittmann Folker H, Zhao Tiejun, et al. Evaluation of crack patterns on SHCC as function of imposed strain [C]. Proceedings of the 2ed RILEM International Conference on Strain Hardening Cementitious Composites, 2011: 217-224.

[31] Wagner C, Bretschneider N, Slovik V, Evaluation of crack patterns in strain hardening cement-based composites (SHCC) with respect to structural durability [J]. Journal of Restoration of Buildings and Monuments, 2011 (17): 221-236.

[32] Wagner C, Villmann B, Slowik V, et al. Capillary absorption of cracked strain-hardening cement-based composites [J]. Cement and Concrete Composites, 2019 (97): 239-247.

[33] Zhang J, Li V C. Influences of Fibers on the Drying Shrinkage of Fiber Reinforced Cementitious Composites [J]. ASCE Journal of Engineering Mechanics, 2001, 127 (1): 37-44.

［34］ Lim Y M，Wu H C，Li V C. Development of flexural composite properties and drying shrinkage behavior of high performance fiber reinforced cementitious composites at early ages ［J］. ACI Materials Journal，1999，96 (1)：20-26.

［35］ Li V C. Horii H，Kabele P et al. Repair and Retrofit with Engineered Cementitiouse Composites ［J］. Engineering Fracture Mechanics，2000 (65)：317-334.

［36］ 公成旭. 高韧性低收缩纤维增强水泥基复合材料研发 ［D］. 北京：清华大学，2008.

［37］ Sahmaran M，Lachemi M，Hossain K M A et al. Internal Curing of Engineered Cementitious Composites for Prevention of Early Age Autogenous Shrinkage Cracking ［J］. Cement and Concrete Research，2009，39 (10)：893-901.

［38］ 刘志凤. 超高韧性水泥基复合材料干燥收缩及约束收缩下抗裂性能研究 ［D］. 大连：大连理工大学，2009.

［39］ 刘有志，张国新，朱岳明. 基于细观损伤模型的混凝土湿度及干缩特性研究 ［J］. 工程力学，2008 (8)：204-208.

［40］ Hedenblad G. Moisture permeability of mature concrete，cement mortar and cement past ［R］. Report TVBM-1014，IUND Institute of Technology，Lund，1993.

［41］ Bazant Z P. Mathematical models for creep and shrinkage of concrete ［C］. Proceedings of International Conference on Creep and Shrinkage in Concrete Structure，1982：163-226.

［42］ Bazant Z P，Kim J K. Consequences of diffusion theory for shrinkage of concrete ［J］. Materials and Structures，1991 (24)：232-326.

［43］ Bazant Z P，Xi Y. Drying creep of concrete：constitutive model and experiments separating its mechanics ［J］. Materials and structures，1994 (27)：3-14.

［44］ Xi Y. A model for moisture capacities of composite materials Part Ⅰ：formulation ［J］. Computational Materials Science，1995 (4)：65-77.

［45］ Villmann B，Slowik V，Michel A. Determination of the diffusion coefficient by inverse analysis of drying experiments ［C］. Proceedings of 5th International Essen Workshop：Transport in Concrete：Nano- to Macrostructure，2007：43-50.

［46］ Villmann B，Slowik V. Infinitesimal shrinkage as determined by inverse analysis ［C］. Proceedings of ASMES International Workshop，2011：231-252.

［47］ 虞维平. 含湿多空介质热湿迁移特性研究 ［D］. 北京：清华大学，1987.

［48］ 牛焱洲，涂传林. 混凝土浇筑块的湿度场与干缩应力 ［J］. 水利发电学报，1991 (2)：87-95.

［49］ 王同生. 混凝土结构的随机温度应力 ［J］. 水利学报，1985 (1)：23-32.

［50］ 刘有志. 水工混凝土温控和湿控防裂方法研究 ［D］. 南京：河海大学，2006.

［51］ Yuan Y，Wan Z L. Prediction of cracking within early-age concrete due to thermal，drying and creep behavior ［J］. Cement and Concrete Research，2002 (32)：1053-1059.

［52］ Weimann M B，Li V C. Hygral Behavior of Engineered Cementitious Composites (ECC) ［J］. Restoration of Buildings and Monuments，2003，9 (5)：513-534.

［53］ 余红发. 盐湖地区高性能混凝土耐久性、机理与使用寿命预测方法 ［D］. 南京：东南大学，2004.

［54］ Khayat K H，Tagnit-Hamou A，Petrov N. Performance of concrete wharves constructed between 1901 and 1928 at the Port of Montre′al ［J］. Cement and Concrete Research，2005，35 (2)：226-232.

［55］ Powers T C. A working hypothesis for further studies of frost resistance of concrete ［J］. ACI Materials Journal，1945（41）：245-272.

[56] Powers T C，Helmuth R A. Theory of volume change in hardened Portland cement paste during freezing [C] . Proceedings of Highway Research Board，1953：285-297.

[57] Livan G G. Plase transitions of adsorbates Ⅲ：Heat effects and dimensional changes in nonequilibrium temperature cycles [J] . Colloid and Interface Science，1972（38）：75-83.

[58] Livan G G. Plase transitions of adsorbates Ⅳ：Mechanism of frost action in hardened cement paste [J] . Colloid and Interface Science，1972（55）：38-42.

[59] Livan G G. Plase transitions of adsorbates Ⅴ：Aqueous sodium chloride solutions adsorbed of porous silica glass [J] . Colloid and Interface Science，1973（45）：154-169.

[60] Fagerlund G. The international cooperative test of the critical degree of saturation method of assessing the freeze-thaw resistance of concrete [J] . Cement and Concrete Research，1977（4）：211-223.

[61] Setzer M J. Micro-Ice-Lens formation in porous solid [J] . Colloid and Interface Science，2001（201）：193-201.

[62] Lepech M，Li V C. Durability and long term performance of Engineered Cementitious Composites [C] . Proceedings of Internal RILEM workshop on HPFRCC in structural applications，2006：165-174.

[63] 徐世烺，蔡新华，李贺东 . 超高韧性水泥基复合材料抗冻耐久性能试验研究 [J] . 工程力学，2009，42（9）：42-46.

[64] 蔡新华 . 超高韧性水泥基复合材料耐久性能试验研究 [D] . 大连：大连理工大学，2009.

[65] Sahmaran M，Li V C. De-icing Salt Scaling Resistance of Mechanically Loaded Engineered Cementitious Composites [J] . Journal of Cement and Concrete Research，2007（37）：1035-1046.

[66] 刘曙光，王志伟，闫长旺，等 . PVA 纤维水泥基复合材料盐冻损伤分析及寿命预测 [J] . 混凝土与水泥制品，2012（11）：46-48.

[67] Sahmaran M，Lachemi M，Li V C. Assessing the durability of Engineered Cementitious Composites under freezing and thawing cycles [J] . Journal of ASTM International，2009，6（7）：1-13.

[68] 朱方之 . 冻融循环对混凝土耐久性及持载下钢筋混凝土粘结性能影响 [D] . 西安：西安建筑科技大学，2013.

[69] 徐有邻 . 变形钢筋-混凝土粘结锚固性能的试验研究 [D] . 北京：清华大学，1990.

[70] 张伟平，张誉 . 锈胀开裂后钢筋混凝土粘结滑移本构关系研究 [J] . 土木工程学报，2011，34（5）：40-44.

[71] 徐港，王青 . 锈蚀钢筋与混凝土粘结性能研究 [J] . 混凝土，2006（5）：13-17.

[72] 冀晓东 . 冻融后混凝土力学性能及钢筋混凝土粘结性能的研究 [D] . 大连：大连理工大学，2007.

[73] Yasuhiko Sato，Hassan Muttaqin. Mechanical behavior of concrete and RC members damaged by freezing-thawing action [C] . Durability of Reinforced Concrete under Combined Mechanical and Climatic Loads，Qingdao，China，Aedificatio Publishers，2005：263-275.

[74] 何世钦 . 氯离子环境下钢筋混凝土构件耐久性能试验研究 [D] . 大连：大连理工大学，2004.

[75] 徐世烺，王洪昌 . 超高韧性水泥基复合材料与钢筋粘结本构关系的试验研究 [J] . 工程力学，2008，25（11），53-61.

[76] 蔡新华 . 超高韧性水泥基复合材料耐久性能试验研究 [D] . 大连：大连理工大学，2009.

[77] Lukovic M，Ye G，Schlangen E，et al. Strain-Hardening Cementitious Composite（SHCC）For

Durable Concrete Repair [J].2019.

[78] 徐世烺, 张秀芳. 钢筋增强超高韧性水泥基复合材料 RUHTCC 受弯梁的计算理论与试验研究 [J]. 中国科学 E 辑：技术科学, 2009, 39 (5)：878-896.

[79] Gao S, Jin J, Hu G, et al. Experimental investigation of the interface bond properties between SHCC and concrete under sulfate attack [J]. Construction and Building Materials, 2019 (217)：651-663.

[80] 徐世烺, 王楠. 后浇 UHTCC 加固既有混凝土复合梁的弯曲控裂性能 [J]. 中国公路学报, 2011, 24 (3)：36-43.

[81] Tian L, Zhang Y E, Li F M, et al. Research on fine structure of Strain Hardening Cement-based Composites (SHCC) by inside saline waterproof [C]. Proceeding of International Conference on Green Building, Materials and Civil Engineering, Shangri-La, China, 2011：1209-1212.

[82] Li V C, Horii H, Kabele P, et al. Repair and retrofit with Engineered Cementitious Composites [J]. Engineering Fracture Mechanics, 2000, 65 (2)：317-334.

[83] Kamada T, Li V C. The effects of surface preparation on the fracture behavior of ECC/concrete repair system [J]. Cement & Concrete Composites, 2000, 22 (6)：423-431.

[84] 郭平功, 田砾, 李晓东, 等. PVA-ECC 在工程维修中的应用 [J]. 国外建材科技, 2006, 27 (4)：82-84.

[85] 李庆华, 徐世烺. 钢筋增强超高韧性水泥基复合材料弯曲性能计算分析与试验研究 [J]. 建筑结构学报, 2010 (3)：51-61.

[86] 徐世烺, 王楠, 李庆华. 超高韧性水泥基复合材料增强普通混凝土复合梁弯曲性能试验研究 [J]. 土木工程学报, 2010 (5)：17-22.

[87] 张秀芳, 徐世烺, 李贺东. 超高韧性水泥基复合材料增强普通混凝土复合梁弯曲性能的理论分析 [J]. 土木工程学报, 2010 (7)：51-62.

[88] 侯利军. 超高韧性水泥基复合材料弯曲性能及剪切性能试验研究 [D]. 大连：大连理工大学, 2012.

[89] 王冰. 超高韧性水泥基复合材料与混凝土的界面粘结性能及其在抗弯补强中的应用 [D]. 大连：大连理工大学, 2011.

[90] 张林俊, 宋玉普, 吴智敏. 混凝土轴拉试验轴拉保证措施的研究 [J]. 实验技术与管理, 2003, 20 (2)：99-124.

[91] 顾惠琳, 彭勃. 混凝土单轴直接拉伸应力-应变全曲线试验方法 [J]. 建筑材料学报, 2003, 6 (1)：66-71.

[92] 王晓刚. PVA 纤维 ECC 的实验方法研究及数值模拟 [D]. 青岛：青岛理工大学, 2005.

[93] 柳炳康, 吴胜兴, 周安. 工程结构鉴定与加固改造 [M]. 北京：中国建筑工业出版社, 2008.

[94] 赵铁军, 毛新奇, 田砾. PVA-ECC 的弯曲韧性 [C]. 纤维混凝土的技术进展与工程应用——第十一届全国纤维混凝土学术会议论文集. 大连：2006.

[95] Vasillag X. Investigating the shear characteristics of high performance fiber reinforced concrete [D]. Toronto：University of Toronto, 2003.

[96] William P. Boshoff, Christo J. Adendorff. Effect of sustained tensile loading on SHCC crack widths [J]. Cement & Concrete Composites, 2013 (37)：119-125.

[97] 田砾. 应变硬化水泥基复合材料性能及修复机理研究 [D]. 西安：西安建筑科技大学, 2010.

[98] 周立霞, 王起才. 粉煤灰粒度分布及其活性的灰色关联分析 [J]. 硅酸盐通报, 2011 (6)：56-66.

［99］ 战洪艳. 有机硅防水处理技术及混凝土表面氯离子隔离层建立［D］. 青岛：青岛建筑工程学院，2004.

［100］ Mehta P K. Durability- Critical issues for the future［J］. Concrete Structure，1997（19）：1-3.

［101］ Hall C. Barrier performance of concrete-a review of fluid transport theory［J］. Materials and Structures，1994（27）：291-306.

［102］ Kelham S A. A water absorption test for concrete［J］. Magazine of Concrete Research，1988（40）：106-110.

［103］ Lunk P. Penetration of water and salt solutions into concrete by capillary suction［J］. Restoration of Buildings and Monuments，1998（4）：399-422.

［104］ 洪乃丰. 混凝土中钢筋腐蚀与防护技术——钢筋腐蚀危害与对混凝土的破坏作用［J］. 工业建筑，1999，29（8）：66-68.

［105］ 洪定海. 混凝土中钢筋的腐蚀与保护［M］. 北京：中国铁道出版社，1998.

［106］ Feldman R F，Chan G W，Brousseau R J，et al. Investigation of the rapid chloride permeability test［J］. ACI Materials Journal，1994，91（2）：246-255.

［107］ Park S S，Kwon S J，Jung S H，et al. Modeling of water permeability in early aged concrete with cracks based on micro pore structure［J］. Construction and Building Materials，2012，27（1）：597-604.

［108］ Gerdes A，Oehmichen D，Preindl B，et al. Chemical reactivity of silanes in cement-based materials［C］. Proceedings of Hydrophobic Ⅳ，Water Repellent Treatment of Building Materials，2005：47-58.

［109］ Carmeliet J. Water transport - liquid and vapour in porous materials：understanding physical mechanisms and effects from hydrophobic treatment［C］. Proceedings of the 3rd International Conference on Surface Technology with Water Repellent Agents，2001：171-178.

［110］ De V J，Polder R B，Borsje H. Durability of hydrophobic treatment of concrete［C］. Proceedings of the 2nd International Conference on Water Repellent Treatment of Building Materials，1998：77-90.

［111］ 赵陈超，蔡文玉，俞剑峰. 高渗透型有机硅防水剂［J］. 上海涂料，2007（12）：24-28.

［112］ 党俐，陆文雄，梁晶晶. 新型混凝土防护涂层的合成及其性能研究［J］. 混凝土，2006（10）：91-93.

［113］ Wittmann F H，Xian Y Z，Zhao T J，et al. Drying and shrinkage of integral water repellent concrete［J］. Int. J. Restoration of Buildings and Monuments，2006，12（3）：229-242.

［114］ 咸永珍. 内掺有机硅防水处理对混凝土性能的影响［D］. 青岛：青岛建筑工程学院，2006.

［115］ Wagner C，Bretschneider N，Slowik V. Evaluation of crack patterns in strain hardening cement-based composites（SHCC）with respect to structure durability［J］. Restoration of Building and Monuments，2011，17（3）：221-236.

［116］ Edvardsen C. Water permeability and autogenous healing of cracks in cracked concrete［J］. ACI Material Journal，1999，96（4）：448-454.

［117］ Aldea C M，Shah S P，Karr A. Permeability of cracked concrete［J］. Materials and Structures，1999，32（6）：370-376.

［118］ Lunk P，Wittmann F H. The behavior of cracks in water repellent concrete structures with respect to capillary water transport［C］. Proceedings of the 2nd International Conference on Water Repellent Treatment of Building Materials，ETH Zürich，Switzerland：Aedificatio Publisher，1998：63-76.

[119] Boshoff W P, Adendorff C J. Modeling SHCC cracking for durability [C]. Fracture and Damage of Advanced Fiber-reinforced Cement-based Material, 2010: 195-202.

[120] Reinhardt H W, Jooss M. Permeability and self-healing of cracked concrete as a function of temperature and crack width [J]. Cement and Concrete Research, 2003, 33 (7): 981-985.

[121] 黄光远, 刘小军. 数学物理反问题 [M]. 济南: 山东科学技术出版社, 1993.

[122] Franklin J N. Well posed stochastic extensions of i11 posed linear problems [J]. Journal of mathematics application, 1970 (31): 682-716.

[123] 杨文采. 地球物理反演的理论与方法 [M]. 北京: 地质出版社, 1997.

[124] 吉洪诺夫, 阿尔先宁. 不适定问题的解法 [M]. 王秉忱, 译. 北京: 地质出版社, 1979.

[125] 范鸣玉. 张莹. 最优化技术基础 [M]. 北京: 清华大学出版社. 1982.

[126] 沈振中. 三维粘弹性位移反分析的可变容差法们 [J]. 水利学报, 1997 (9): 66-70.

[127] 孙道恒, 胡俏, 徐灏. 力学反问题的神经网络分析法 [J]. 计算结构力学及其应用, 1996, 13 (2): 115-118.

[128] 朱台华, 摄动粘弹性模型的反演分析 [C]. 首届全国青年岩石力学学术研讨会论文集 [C]. 上海, 1991: 313-316.

[129] 陈彩营, 基于 BP 神经网络的混凝土热学参数反分析 [D]. 郑州: 华北水电水利大学, 2013.

[130] 朱岳明, 林志祥. 混凝土温度场热力学参数的并行反分析 [J]. 水电能源科学, 2005, 23 (2): 69-72.

[131] 刘有志. 水工混凝土温控和湿控防裂方法研究 [D]. 南京: 河海大学, 2006.

[132] 张宇鑫. 大体积混凝土温度应力仿真分析与反分析 [D]. 大连: 大连理工大学, 2002.

[133] 施占新. 深大基坑考虑动态施工的数值模拟与参数反分析研究 [D]. 南京: 东南大学, 2007.

[134] Xin D, Zollinger D G, Allent G D. An approach to determine diffusivity in hardening concrete based on measured humidity profiles [J]. Advanced cement based materials, 1995 (2): 138-144.

[135] Kim J K, Lee C S. Prediction of differential drying shrinkage in concrete [J]. Cement and concrete research, 1998, 28 (7): 985-994.

[136] Vimann B, Slowik V, Michel A. Determination of the diffusion coefficient by inverse analysis of drying experiments [C]. Proceedings of the 5th international essen workshop, transport in concrete: nano- to macrostructure, 2007: 127-136.

[137] Harmathy T Z. Simultaneous moisture and heat transfer in porous systems with particular reference to drying [J]. Industrial and Engineering Chemistry Fundamentals, 1969, 8 (1): 92-103.

[138] Hilsdorf H K. A method to estimate the water content of concrete shields [J]. Nuclear Engineering and Design, 1967, 6 (3): 251-263.

[139] Carlson R W. Drying shrinkage of large concrete members [J]. American Concrete Institute Journal, 1937, 33 (3): 327-336.

[140] Pickett G. The effect of change in moisture content on the creep of concrete under a sustained load [J]. American Concrete Institute Journal, 1942, 38 (4): 333-355.

[141] Bažant Z P, Najjar L J. Drying of concrete as a nonlinear diffusion problem [J]. Cement and Concrete Research, 1971, 1 (5): 461-473.

[142] Pihlajavaara S E, Vaisanen J. Numerical solution of diffusion equation with diffusivity concentration dependent [R]. Helsinki, Finland: State Institute for Technical Research, No. 87, 1965.

[143] Pihlajavaara S E. On the main features and methods of investigation of drying and related phenome-

na in concrete [D] . Helsinki，Finland：State Institute for Technical Research，1965.

[144] Mensi R，Acker P，Attolou A. Drying of concrete：analysis and modeling [J] . Materials and Structures，1988，21（1）：3-12.

[145] 黄达海，刘光廷. 混凝土等温传湿过程的试验研究 [J] . 水利学报，2002，33（6）：96-100.

[146] Asad M，Baluch M H，Al-Gadhib A H. Dring shrinkage stresses in concrete patch repair systems [J] . Magazine of Concrete Research，1997，49（8）：283-293.

[147] Xi Y，Bažant Z P，Jennings H M. Moisture diffusion on cementitious material - adsorption isotherms [J] . Advanced Cement Based Materials，1994，1（6）：248-257.

[148] Torrenti J M，Granger L，Diruy M. Modeling concrete shrinkage under variable ambient conditions [J] . American Concrete Institute Journal，1999，96（1）：35-39.

[149] Carmeliet J，Hens H，Roels S，et al. Determination of the liquid water diffusivity from transient moisture transfer experiments [J] . Building Physics，2004，27（4）：277-305.

[150] Häupl P. Feuchtetransport in Baustoffen und Bauwerksteilen [D] . Dissertation，Universität Dresden，1987.

[151] Häupl P，Fechner H. Hygric material properties of porous building materials [J] . Building Physics，2003（26）：259-284.

[152] Krus M. Feuchtetransport- und speicherkoeffizienten poröser mineralischer baustoffe [D] . Theoretische Grundlagen und neue Messtechniken，Dissertation，Universität Stuttgart，1995.

[153] Villmann B，Slowik V，Wittmann F H，et al. Time-dependent moisture distribution in drying cement mortars- Results of neutron radiography and inverse analysis of drying tests [J] . Restoration of Buildings and Monuments，2014（1）：12-25.

[154] Press W H，Flannery B P，Teukolsky S，et al. Numerical recipes in pascal [M] . U. K. ：Cambridge University Press，1989.

[155] Bažant Z P，Raftshol W J. Effect of cracking in drying and shrinkage specimens [J] . Cement and Concrete Research，1982，12（2）：209-226.

[156] Jensen，Mejlhede O. Thermodynamic limitation of self-desiccation [J] . Cement and Concrete Research，1995，25（1）：157-164.

[157] Jensen O. Mejlhede，H P. Freiesleben. Influence of temperature on autogenous deformation and relative humidity change in hardening cement paste [J] . Cement and concrete reseach，1999，29（4）：567-575

[158] 郑翥鹏. 高强与高性能混凝土的抗裂影响因素及理论分析 [D] . 福州：福州大学，2002.

[159] Li V C. Horii H，Kabele P，et al. Repair and retrofit with Engineered Cementitiouse Composites [J] . Engineering Fracture Mechanics，2000，65：317-334.

[160] 公成旭. 高韧性低收缩纤维增强水泥基复合材料研发 [D] . 北京：清华大学，2008.

[161] Sahmaran M，Lachemi M，Hossain K M A，et al. Internal curing of Engineered Cementitious Composites for prevention of early age autogenous shrinkage cracking [J] . Journal of Cement and Concrete Research，2009，39（10）：893-901.

[162] Shah S，Chengsheng O，Marikunte S，et al. A method to predict shrinkage cracking of concrete [J] . ACI Materials Joumal，1998，95（4）：339-346.

[163] 闫国亮. 改进的圆环法测试混凝土早期收缩 [D] . 秦皇岛：燕山大学，2010.

[164] Zhang J，Gao Y，Wang Z Evaluation of shrinkage induced cracking performance of low shrinkage engineered cementitious composite by ring tests [J] . Composites Part B：Engineering，2013（52）：21-29.

［165］李珍珍．应变硬化水泥基复合材料（SHCC）收缩与抗裂性能研究［D］．焦作：河南理工大学，2016.

［166］韩菊红．新老混凝土粘结断裂性能研究及工程应用［D］．大连：大连理工大学，2002.

［167］赵志方，周厚贵，袁群，等．新老混凝土粘结机理研究与工程应用［M］．北京：中国水利水电出版社，2003.

［168］Katrin Habel. Structural behaviour of elements combining ultra-high performance fiber reinforced concretes（UHPFRC）and reinforced concrete［D］. Karlsruhe，2004.

［169］Zhou J，Ye G，Schlangen E，et al. Modelling of stresses and strains in bonded concrete overlays subjected to differential volume changes［J］. Theoretical and Applied Fracture Mechanics，2008，49（2）：199-205.

［170］Wittmann F H，Martinola G. Decisive properties of durable cement-based coatings for reinforced concrete structures［J］. International Journal for Restoration of Buildings and Monuments，2003，9（3）：235-264.

［171］Li M. Multi-scale design for durable repair of concrete structures［D］. Michigan，2009.

［172］王楠．超高韧性水泥基复合材料与既有混凝土粘结工作性能试验研究［D］．大连：大连理工大学，2011.

［173］Gillum，Arnol J，Shahrooz Bahrain M，Cole Jeremiah R. Bond strength between sealed bridge decks and concrete overlays［J］. ACI Structural Journal，2001，98（6）：872-879.

［174］Li Gengying. A new way to increase the long term bond strength of new-to-old concrete by the use of fly ash［J］. Cement and Concrete Research，2003，33（6）：799-806.

［175］朱安民．混凝土碳化与钢筋混凝土耐久性［J］．混凝土，1992（6）：18-22.

［176］许丽萍，黄士元．预测混凝土中碳化深度的数学模型［J］．上海建材学院学报，1991（12）：347-357.

［177］张誉，蒋利学．基于碳化机理的混凝土碳化深度实用数学模型［J］．工业建筑．1998（1）：16-19.

［178］The EuropeanUnion-Brite EuRam Ⅲ. Models for Environmental Actions on Concrete Strucres：174.

［179］中国工程建设标准化协会标准．混凝土结构耐久性评定标准 CECS 220—2007［S］．北京：中国建筑工业出版社，2007.

［180］徐有邻．变形钢筋-混凝土粘结锚固性能的试验研究［D］．北京：清华大学，1990.

［181］郭进军．高温后新老混凝土的力学性能研究［D］．大连：大连理工大学，2003.

［182］王振领，林拥军，钱永久．新老混凝土结合面抗剪性能试验研究［J］．西南交通大学学报，2005，40（5）：600-604.

［183］陈峰，郑建岚．自密实混凝土与老混凝土粘结强度的直剪试验研究［J］．建筑结构学报，2007，28（1）：59-63.

［184］Hofbeck J A，Ibrahim I O，Mattock A H. Shear transfer in feinforced concrete［J］. ACI Journal，1969，66（2）：119-128.

［185］赵志方，赵国藩，黄承逵．新老混凝土粘结的拉剪性能研究［J］．建筑结构学报，1999，20（6）：26-31.

［186］日本土木工程协会．Recommendations for Design and Construction of High Performance Fiber Reinforced Cement Composites with Multiple Fine Cracks（HPFRCC），2008：3.

［187］赵志方，李铭，赵志刚．逆推混凝土软化曲线及其断裂能的研究［J］．混凝土，2010，（7）：4-7.

［188］孙志伟．表面能对水泥基材料断裂能及强度的影响［D］．青岛：青岛理工大学，2008.

［189］张自强．界面断裂力学简介与展望［J］．力学与实践，1991，13（4）：1-8.

[190] 刘问，徐世烺，李庆华．后浇 UHTCC 既有混凝土复合梁弯曲疲劳性能试验研究 [J]．东南大学学报（自然科学版），2013，43（2）：409-413.

[191] 刘问，徐世烺．超高韧性水泥基复合材料/混凝土复合梁在弯曲疲劳荷载下的变形计 [J]．中国公路学报，2014，27（1）：76-83.

[192] 卜良桃，李易越，袁超．PVA-ECC 加固 RC 方柱轴压性能试验研究 [J]．建筑结构，2012，42（7）：97-102.

[193] 罗敏．绿色高性能纤维增强水泥基复合材料加固钢筋混凝土柱试验研究 [D]．济南：山东建筑大学，2013.

[194] 胡春红．SHCC 修复既有混凝土构件的界面粘结性能研究 [D]．西安：西安建筑科技大学，2013.

[195] 中华人民共和国住房和城乡建设部．混凝土结构设计规范（2015 年版）：GB 50010—2010 [S]．北京：中国建筑工业出版社，2016.

[196] 梁兴文，邓明科，童岳生．混凝土结构基本原理 [M]．重庆：重庆大学出版社，2011.

[197] 李贺东．超高韧性水泥基复合材料试验研究 [D]．大连：大连理工大学，2008.

[198] Brendel G，Ruhle H. Tests on Reinforced Concrete Beams Under Long-Term Loads [C]．Procedings of Seventh IABSE Congress. Zruich，Switzerland，1964.

[199] Illston J M，Stevens R F. Long-term cracking in reinforced concrete beams [J]．Proceedings of the Institution of Civil Engineers，1972，53（2）：445-459.

[200] 黄国兴，惠荣炎，王秀军．混凝土徐变与收缩 [M]．北京：中国电力出版社，2011.

[201] Boshoff W P，Van Zijl G P A G. Time-dependent response of ECC：Characterisation of creep and rate dependence [J]．Cement and concrete research，2007，37（5）：725-734.

[202] 王楠．超高韧性水泥基复合材料与既有混凝土粘结工作性能试验研究 [D]．大连：大连理工大学，2011.

[203] 郭进军．高温后新老混凝土粘结的力学性能研究 [D]．大连：大连理工大学，2003.

[204] 王振领，林拥军，钱永久．新老混凝土结合面抗剪性能试验研究 [J]．西南交通大学学报，2005，40（5）：600-604.

[205] 杨勇新，乐清瑞，叶列平．碳纤维加固钢筋混凝土梁受弯剥离承载力计算 [J]．土木工程学报，2004，37（2）：23-32.

[206] Katri Habel. Structural behavior of elements combining ultra-high performance fibre reinforced concrete（UHPFRC）and reinforced concrete [D]．Switzerland：The university of St. Gallen，2004.

[207] 张君，张自明，郭自力．自流平砂浆地面收缩应力的计算及其影响因素 [J]．建筑材料学报，2008，11（4）：380-383.

[208] 傅学怡．实用高层建筑结构设计 [M]．北京：中国建筑工业出版社，1999.

[209] 陈昊．外贴碳纤维片材加固足尺混凝土梁的剥离破坏研究 [D]．长沙：中南大学，2007.

[210] 贡金鑫，魏巍巍，胡加顺．中美欧混凝土结构设计 [M]．北京：中国建筑工业出版社，2007.

[211] 冯乃谦，顾晴霞，郝挺宇．混凝土结构的裂缝与对策 [M]．北京：机械工业出版社，2006.

[212] Judge A I et al. Adhesion between Polymers and Concrete [J]．Materials and Structures，1986，19（6）：459-459.

[213] Abu-Tair A I，Lavery D，Nadjai A，et al. A new method for evaluating the surface roughness of concrete cut for repair or strengthening [J]．Construction and Building Materials，2000，14（3）：171-176.